普通高等学校机械类系列教材

现代工程训练教程

主　编　刘贵杰
副主编　刘永辉　孙　竹　葛安亮
参　编　陈　浩　舒　睿　阴昌绅
　　　　李相坤　李延龙　许肖新
　　　　肖函林　马可欣　唐　俊

机械工业出版社

本书主要包括传统制造技术和先进制造技术两个板块。传统制造技术板块介绍了车削、铣削、钳工、刨削、磨削、焊接和铸造。先进制造技术板块介绍了数控加工、电火花线切割、3D 打印、激光加工和智能制造。本书兼顾理论知识和实践项目，着重强调理论知识在实践教学过程中的应用，以有效培养学生动手解决实际问题的能力。

为深入贯彻落实党的二十大精神，强化思政教育，本书还介绍了大国工匠事迹和振奋人心，并有影响力的事件，旨在讴歌时代楷模，赞颂劳模精神，弘扬中国故事，展现中国力量，以使学生具备良好的思想觉悟、道德情感和社会责任感。

本书围绕新一轮工业革命转型发展需求，介绍了 3D 打印、激光加工和智能制造等新兴技术，以期在较短时间内帮助学生掌握和运用现代新兴技术的综合能力，激发学生学习新兴技术的能动性。

本书可作为普通高等学校机械类及近机械类专业的实习实训教材，也可作为相关领域工程技术人员的参考用书。

图书在版编目（CIP）数据

现代工程训练教程／刘贵杰主编. -- 北京：机械工业出版社，2025. 3. --（普通高等学校机械类系列教材）. -- ISBN 978-7-111-78006-9

Ⅰ. TH16

中国国家版本馆 CIP 数据核字第 2025B7P960 号

机械工业出版社（北京市百万庄大街 22 号　邮政编码 100037）
策划编辑：段晓雅　　　　　　责任编辑：段晓雅　王　良
责任校对：郑　婕　陈　越　封面设计：张　静
责任印制：任维东
唐山楠萍印务有限公司印刷
2025 年 9 月第 1 版第 1 次印刷
184mm×260mm·12. 25 印张·298 千字
标准书号：ISBN 978-7-111-78006-9
定价：42. 80 元

电话服务　　　　　　　　　　网络服务
客服电话：010-88361066　　机 工 官 网：www.cmpbook.com
　　　　　010-88379833　　机 工 官 博：weibo.com/cmp1952
　　　　　010-68326294　　金 书 网：www.golden-book.com
封底无防伪标均为盗版　　机工教育服务网：www.cmpedu.com

前言

赋能工程教育，必须大力提高工程实践教学质量，促使工程教育回归实践。在新工科背景下，工程训练是学生获得工程知识、掌握实践技能、培养创新思维的主要教学形式，也是学生接触实际生产、获得生产技术及管理知识的必要途径。推动工程训练内涵式发展，既要在生产劳动中培养学生解决复杂工程问题的能力，还要将工程意识根植于劳动实践，训练学生的系统性思维。

本书根据教育部高等学校机械基础课程教学指导分委员会编制的《高等学校机械基础系列课程现状调查分析报告暨机械基础系列课程教学基本要求》，综合新一轮工业革命转型发展对创新应用型人才的需求和实践教学改革成果编撰而成，旨在帮助学生了解机械制造技术，指导学生实践，掌握操作技能，获得实战经验，进而培养学生发现、分析和解决问题的能力，养成精益求精的工匠作风和求真务实的工作态度。因此，本书是一本面向高等学校机械类及近机械类专业本科生的实训教材。

本书具有以下特点：

1）内容丰富。保留基本的传统制造技术，使学生了解金属切削的一般概念，理解制造工艺的实质。通过引入新兴制造技术，扩充和强化数控加工、3D打印、激光加工、智能制造等内容的介绍，达到接轨行业发展现状、拓宽学生知识面的目的。

2）理实一体。强调理论与实践的结合，在教学过程中突出强化"学以致用"和"用以致学"的双边理念，同时面向工程实际，培养学生解决复杂工程问题的能力。

3）强化应用。以培养学生动手实践能力为目的，在遵循制造工艺国家标准的基础上，结合生产实际精选实践教学内容，注重对各项工艺的具体应用，并通过工程实践教学案例和练习与思考题，加深学生对知识的图解，提高发现问题和解决问题的能力。

4）资源可视。通过二维码所链接的视频，弥补内容知识点抽象、学生实践经验匮乏的问题，有针对性地传授技能，切实提升人才培养质量。

本书由刘贵杰任主编，刘永辉、孙竹、葛安亮任副主编。参与本书编写的人员有：刘贵杰（第1、12、13章），刘永辉（第11章），孙竹（第2章），葛安亮（第7章），陈浩、马可欣（第6章），舒睿（第9章），阴昌绅（第4章），李相坤（第8章），李延龙（第3章），许肖新、唐俊（第5章），肖函林（第10章）。本书由刘贵杰、孙竹统稿。

在编写过程中，编者参考了许多相关文献，同时用到了很多软件设备，在此向文献作者、出版社及相关企业表示衷心的感谢！

由于编者水平有限，书中难免出现错误或不妥之处，敬请读者批评指正。

编　者

目录

第1章

绪论

工程训练是学生获得工程知识、掌握实践技能、培养创新思维的主要教学形式，也是学生接触实际生产、获得生产技术及管理知识的必要途径。

1.1 现代工程训练的特点

工程训练，是理工科专业学生学习工艺知识、培养实践技能、提高工程素质的重要教学环节。对机械专业而言，工程训练是工程材料及机械制造系列课程的组成部分；对非机械专业而言，工程训练是培养学生大工程意识和认知实践技能的唯一课程。

传统意义上的工程训练包括车削、铣削、刨削、磨削、钳工、焊接、铸造、锻压和热处理等内容，注重强调学生对技能的掌握度，使学生获得制造工艺的感性认识，并掌握设备、工具、刀具、量具和夹具的使用方法。

近年来，随着社会对先进制造技术的重视，工程训练的内容得到了极大丰富，形成了包括传统制造工种和以 3D 打印、激光加工为先进技术代表的数字化加工设备。相比之前，虽然学生能够更加深切地受到实际生产环境的熏陶，并初步建立起工程观意识、质量观意识和系统观意识，但在实际教学过程中，工程训练课程仍然缺少具有先进性和综合性的实训教材，不能满足新工科的要求。

在新工科背景下，现代工程训练有以下主要特点。

（1）训练目标的引领性　以培养"基础宽、能力强、素质高"的复合型创新人才为主要目标，在强调工程实践能力的同时，更加注重工程意识和创新能力的培养。

（2）训练内容的先进性　新工科背景下，以大数据、数字孪生和增材制造等为代表的智能技术得到空前发展，由此对现代工程技术人才的知识、能力、职业素养提出了新要求。为主动适应这种变化，现代工程训练应对传统实训内容进行重新布局和升级改造，引领传统工程训练向智能化和信息化转变，使新形势下的工程训练具备技术上的先进性，从而培养出适应国家经济社会发展所需要的高级工程技术人才。

（3）训练内容的综合性　与传统工科专业门类不同，新工科具有跨行业、跨领域特性，更加强调学科之间的交叉融合。随着新业态、新形势的到来，大多数工程问题不再是单一领域的技术问题，而是涉及多领域、多学科的"集成性"问题。这就要求在建构工程训练体系及建设实训教材时，应着重考虑如何培养学生解决复杂工程问题能力的问题。面对新一轮工业革命转型发展趋势，当今的工程训练已远远不同于传统意义上的机械制造训练，而应是集工程设计、工程制造、工程创新和工程管理于一体的综合认知与实践。

（4）工程训练与思政融合发展　作为一门实践基础课程，工程训练既承担着培养学生发现、分析、解决问题能力的重任，同时也扮演着新时代课程思政化的重要角色。工程训练思政化是指以工程训练实践内容为载体，将思想政治教育的价值观念和精神追求融入教学环节，实现育人要素的有效聚合和协同运作，以便更好地服务于立德树人这一根本任务。

1.2 现代工程训练的目的

1.2.1 工程训练的基本目标

工程教育与工程训练呈现"正向回归、反向赋能"的耦合关系。作为工程教育的核心要素，工程训练是满足本科生，特别是工程类学生参与工程通识、工程基础、工程综合和工程创新训练的基本教学单元，既注重知识技能的传授，也强调实践创新的发挥，具有综合培养学生工程基本素质、工程实践能力、工程创新思维的多重属性。根据国内工程训练教学发展趋势和创新人才培养要求，工程训练课程具有以下目标。

（1）学习工艺知识 学习制造工艺知识，了解机械加工设备，进而构建起生产过程的感性认识是工程训练的首要目标。在工程训练中，学生既要正确理解各工程术语、工程图样表达的技术要求，还要掌握各技术工种及支撑设备的加工工艺、基本结构、工作原理和操作方法，为学生后续专业课程的学习和毕业设计打下基础。

（2）增强实践能力 工程训练是学生在生产过程中将知识转化为实践的初级教学活动。学生通过操作设备，使用工具、夹具和量具，独立完成简单零件的加工制造与装配，初步获得选择加工方法和分析加工工艺的实践能力，具备了工程师应有的基础知识和基本技能。

（3）提高综合素质 以工程现场风险、工程团队合作、社会公众集体、环境生态保护、工程创新优化为核心要素培养工程意识；以求真务实的科学精神、独具匠心的创新精神、精益求精的劳动精神、一丝不苟的行为作风、永志不忘的家国情怀为核心要素培养工程素养。

（4）培养创新思维 首先，训练中所接触到的各种设备，尤其是转型后的数字化设备，蕴含着创造者的巧妙构思与智慧，在这样的环境下学习有利于学生创新意识和创新能力的培养；其次，教师应积极将学生遇到新事物、产生新想法的好奇心转变为提出和解决问题的动力；最后，掌握各类工种的工艺知识和实践技能，能够为学生后续的创新发展奠定良好的基础。

1.2.2 现代工程意识的培养

邵新宇院士指出："新工科背景下的工程训练，要着力培养学生的工程观、质量观和系统观"。通过工程训练，切实提升学生的工程素养，使学生具备安全意识、质量意识、创新意识、系统意识、效益意识和服务意识。

（1）安全意识 安全意识是工程师在从事生产活动中对安全现实的认识及对自身和他人安全的重视程度。安全意识关系到广大职工的人身利益、国家企业的财产风险、经济社会的健康发展和安全稳定。

（2）质量意识 质量意识是工程师对质量的认识、理解和重视程度。工程训练要全力帮助学生深化技能，使他们在尺寸公差、表面粗糙度等控形基础上建立起覆盖微观组织和力学特征的控性认知，深层次理解新工科背景下工程训练的质量内涵，以达到"宏观控形、微观控性"的高度。

（3）创新意识 当今社会，提高创新意识尤为重要。工程训练是培养创新意识的重要载体，对大学生的创新意识具有唤醒、培育和发展功能。创新意识是指推崇创新、追求创新、主动创新的意识，即创新的积极性和主动性、创新的愿望与激情。创新意识具体表现为强烈的求知欲、创造欲、自主意识、问题意识以及执着不懈的创新追求等。

（4）系统意识 传统意义上的工程训练，系统观强调得并不多。由于现代工业生产系统复杂，采用大规模生产模式，树立系统观成为当代大学生的必备素养。首先，要注重培养学生的系统思维，要让他们知道，解决一个工程问题，通常需要具备多学科的知识；其次，要培养学生大工业生产背景下的系统观，特别要实际体验智能调度、远程控制、在线检测、运行优化等新技术；最后，要培养学生一定的系统能力，建立起包括社会效益在内的全链条整体分析能力。

（5）效益意识 效益意识指的是工程师在工程活动中对经济和社会效益的重视程度及对二者关系的认识水平。经济效益是指工程活动中成本与成果的对比，是评价一项工程活动是否应该进行的重要指标。社会效益是指工程活动所产生的好的社会后果和影响，以及给企业带来的好的社会形象、影响和信誉等。良好的效益意识要求工程师在工程活动中同步追求经济效益和社会效益，工程训练也是如此。

（6）服务意识 服务意识是人们自觉主动地为服务对象提供热情和周到服务的观念愿望，是现代企业为应对日益激烈的市场竞争而要求员工必须具备的重要品质。工程师的服务意识不仅反映在设计和研发阶段，还反映在产品售后或工程项目交付使用后的保养、维护、维修和更新阶段。

1.3 现代工程训练的教学内容

传统机械制造的具体过程是将原材料通过铸造、锻造、冲压、焊接等方法制成零件毛坯（或半成品、成品），然后经过切削加工、特种加工制成零部件，并将零部件和电子元器件组装成机电产品，如图1-1所示。习惯上把铸造、锻造、焊接和热处理等称为热加工，把切削加工和装配等称为冷加工。

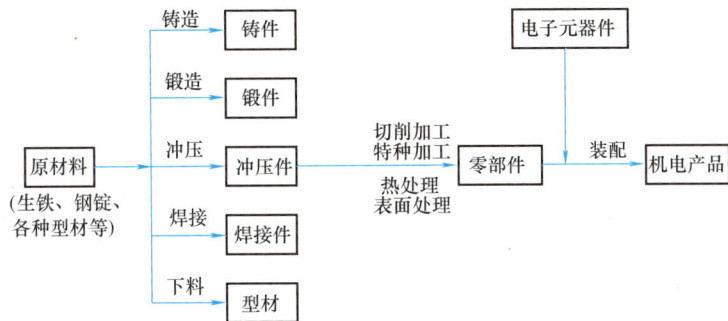

图 1-1 机械制造过程

近年来，3D 打印、激光加工、智能制造等新兴技术掀起新工业革命的浪潮。新工科背景下，很多高校的工程训练开始引入 3D 打印、激光打标、激光内雕、激光切割、智能制造生产线等数字化设备，并将机械制造技术扩展到更宽广的领域。

按照普通高等学校机械制造工程训练教学的基本要求，工程训练应同时覆盖车削、铣削、刨削、磨削、钳工、焊接、铸造等常规制造技术，以及数控加工、3D 打印、激光加工、智能制造等先进制造技术的训练，训练内容包括：

1）冷加工、热加工的主要方法工艺。

2）冷加工、热加工所用设备及其配套工具、夹具、量具、刀具的结构、工作原理和使用方法。

3）3D 打印、激光加工、智能制造等新兴技术的原理、工艺和应用。

1.4　现代工程训练的教学方法

1. 教的方法

常见的工程训练教学方法有虚拟仿真、实际操作和综合实践。

（1）虚拟仿真　采用线上仿真和线下实操相结合的混合式教学模式是工程训练教学发展的新趋势。开展线上仿真教学，一方面可以使学生提前熟悉机床的操作方法，减少误操作带来的人身伤害和机床损坏，提高安全性；另一方面，能够突破以往教学手段在时间和空间上的限制，弥补传统教学模式的不足，有效提高训练效果。

（2）实际操作　实际操作是工程训练的主要环节。通过这一环节，学生可以掌握相关设备、工具、量具和夹具的使用方法，从而获得各种加工工艺的感性认识。

（3）综合实践　综合实践是一种以小组为单位，以项目为载体，运用所学知识技能独立分析解决问题，并交付实践成果的训练方式，旨在强化学生发现问题、分析问题和解决问题的能力。

2. 学的方法

与理论课程不同，工程训练既没有系统的理论，也没有固定的公式，除了一些基本原则以外，大都是一些具体的工艺知识和生产经验，其学习场地不是教室，而是工作室，学习对象不是书本，而是具体的生产过程。因此，必须贯彻实用主义学习观，让学生在做中学习，掌握相关工艺、技能和创新方法。通过理论联系实践，融会贯通，培养解决复杂工程问题的能力。与此同时，要求学生完成实训报告。

1.5　现代工程训练的安全要求

现代工程训练的安全要求既包括人身安全，还包括设备和环境安全，其中最重要的是人身安全。训练之前，要求训练人员认真研读文明操作规程，并严格按照规程执行。

工程训练中的安全操作主要有冷加工、热加工和电气等方面的安全操作。

1）冷加工一般指车、铣、刨、磨、钻等切削工种，其特点是使用的夹具与被切削工件之间有相对较高的切削速度。如果设备不具备防护装置，操作者不遵守操作规程，很容易造成衣物绞缠、卷入等重大事故。

2）热加工一般指铸造、锻造、焊接和热处理等工种，其特点是生产过程中会产生高温、有害气体、粉尘和噪声，相应地会出现烫伤、灼伤、喷溅和砸碰伤害等事故。

3）电是各类机床传动、电器控制以及加热、感应热处理等方面的重要能源，训练时必须严格遵守电气安全守则，避免触电事故发生。

为避免事故的发生，必须对训练人员进行安全教育。只有安全文明生产，才能保障训练人员安全。按照学生进入工程训练中心现场的时间顺序，工程训练安全教育实施三级安全培训机制，分别是入场前的安全动员、入场时的工种教育和训练时的实操安全须知。

练习与思考

1-1 简述现代工程训练的特点。

1-2 简述现代工程训练的目的。

1-3 现代工程师应具备哪些意识？

1-4 工程训练执行哪三级安全培训机制？

第2章

切削加工基础

2.1 概　述

切削加工是指采用具有规则形状的刀具从工件表面切除多余材料，从而保证零件在几何形状、尺寸精度、表面粗糙度以及表层质量等方面符合设计要求的机械加工方法。切削加工有机械加工和钳工两种方式。机械加工是指由工人操作机床对工件进行切削加工，而钳工一般是由工人手持工具对工件进行加工。在加工过程中，工件可能是毛坯，也可能是半成品；工件材料可能是金属，也可能是非金属；切削刀具可能是单刃的，也可能是多刃的。

2.1.1 零件的典型表面

零件是由一个表面（如球面）或多个不同性质的典型表面组成的。因此，可以将各种各样的零件简化为数量有限的几个不同性质的典型表面的组合。绝大多数的零件由基本表面和型面组成。

1. 基本表面

（1）回转体表面　回转体表面指的是以直线为母线，以圆为运动轨迹，且母线与回转轴线在同一平面内（互相平行或相交）做旋转运动所形成的表面，如图 2-1 所示。若母线为折线或曲线，则形成回转体成形表面。这类表面一般在车床、钻床、磨床等机床上加工。

（2）平面　平面指的是以直线为母线，以另一直线为轨迹做平移运动所形成的表面。若母线为折线或曲线，则形成纵向成形表面，如燕尾槽、齿条。这类表面的加工一般在铣床、刨床、插床和磨床等机床上完成。

2. 型面

型面指的是以曲线为母线，运动轨迹为曲线或圆，做旋转或平移运动时所形成的表面，以各种造型模具的型腔、汽轮机叶片最为常见，如图 2-2 所示。这类表面的加工一般是在数

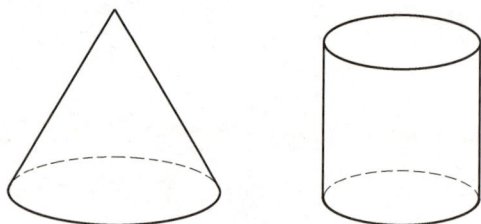

图 2-1　回转体表面

图 2-2　型面

控车床、加工中心、电火花机床上完成的。

2.1.2 切削运动

切削运动是切削加工中刀具与工件之间的相对运动，是一种表面成形运动，可分为主运动和进给运动。

1. 主运动

主运动是使工件与刀具产生相对运动以进行切削的基本运动。切削过程中，主运动可以是旋转运动，也可以是直线往复运动。主运动具有切削速度较高，消耗功率较大等特点。

主运动方向：切削刃上选定点相对于工件主运动的瞬时方向。

切削速度：切削刃上选定点相对于工件主运动的瞬时速度。

2. 进给运动

进给运动是配合主运动，使新的切削层不断投入切削运动，形成具有所需几何形状的已加工表面的一种运动。进给运动的速度较低，消耗功率较小。

进给运动方向：切削刃上选定点相对于工件瞬时进给运动的方向。

进给速度：切削刃上选定点相对于工件进给运动的瞬时速度。

一般情况下认为切削过程中的主运动只有一个，进给运动有一个或多个。通过主运动和进给运动的互相配合，就可以加工出各种表面。常见机床的切削运动见表2-1。

表 2-1   常见机床的切削运动

机床名称	主运动	进给运动
车床	工件的旋转运动	刀具的运动
铣床	铣刀的旋转运动	工件的运动
钻床	钻头的旋转运动	钻头的轴向运动
刨床	刨刀的往复运动	工件的间歇运动
磨床	砂轮的旋转运动	工件的运动

在切削过程中，工件上多余材料被不断地切除转变为切屑，形成工件新表面。工件新表面形成过程中有三个依次变化的表面，分别为已加工表面、过渡表面和待加工表面，如图2-3所示。

已加工表面：已被切去多余金属而形成的符合要求的新表面。

过渡表面：加工时主切削刃正在切削的表面。

待加工表面：加工时即将被切除的表面。

2.1.3 切削用量

1. 切削用量三要素

切削用量是切削速度、进给量和背吃刀量的统称，它们也被称为切削三要素，是切削加工过程中最为重要的工作参数，如图2-4所示。

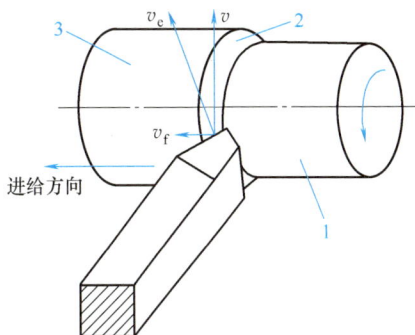

图 2-3   工件表面
1—已加工表面 2—过渡表面
3—待加工表面

（1）切削速度 v_c 切削速度指的是切削刃上选定点相对于工件主运动的瞬时速度。主运动为旋转运动时，其计算见式（2-1）。

$$v_c = \frac{\pi d n}{1000} \qquad (2\text{-}1)$$

式中 v_c——切削速度，单位为 m/min 或 m/s，常用 m/min；

　　　　d——切削速度选定点的回转直径，单位为 mm；

　　　　n——主运动的转速，单位为 r/min 或 r/s，常用 r/min。

（2）进给量 f 进给量指的是工件或刀具每回转一周，二者沿进给方向的相对位移，单位是 mm/r。

进给速度 v_f 是工件或刀具单位时间内的进给位移量，单位是 mm/s 或 mm/min。进给速度与进给量之间的关系见式（2-2）。

$$v_f = nf \qquad (2\text{-}2)$$

式中 v_f——进给速度，单位为 mm/min；

　　　　n——主运动的转速，单位为 r/min；

　　　　f——进给量，单位为 mm/r。

（3）背吃刀量 a_p 背吃刀量又称切削深度，指的是工件上已加工表面和待加工表面间的垂直距离，计算公式见式（2-3）和式（2-4）。

对于外圆车削：

$$a_p = \frac{d_w - d_m}{2} \qquad (2\text{-}3)$$

对于钻削：

$$a_p = \frac{d_m}{2} \qquad (2\text{-}4)$$

式中 a_p——背吃刀量，单位为 mm；

　　　　d_m——已加工表面直径，单位为 mm；

　　　　d_w——待加工表面直径，单位为 mm。

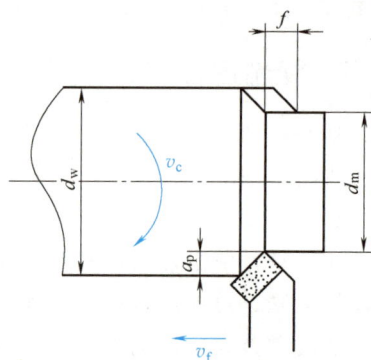

图 2-4　切削用量三要素

2. 切削用量选择原则

在工艺系统刚度允许的条件下，首先应选择较大的背吃刀量和进给量，再根据刀具寿命选择合适的切削速度。

粗加工时，为提高生产效率，首先选择大的背吃刀量，尽量在一次进给过程中切除大部分材料；其次选择较大的进给量，最后选择合适的切削速度。

精加工时，为保证加工质量，应选择较高的切削速度，再选择较小的背吃刀量和进给量。

2.2　常用量具

量具是一种计量或检验器具，主要用于测量复核零件形状尺寸，以保证零件质量。鉴于零件形状、精度要求不同，这就需要根据工件具体要求选择合适的量具。机械制造过程中常用的量具主要有游标卡尺、千分尺、内径百分表、量规等。

2.2.1 游标卡尺

游标卡尺具有结构简单、使用方便、测量尺寸范围大等特点，可直接用于测量零件的外径、内径、长度、宽度、厚度、深度和孔距，是一种应用广泛的中等精度量具。除普通游标卡尺外，还有专门用于测量深度和高度的深度游标卡尺和高度游标卡尺。

1. 结构组成

游标卡尺主要由尺身和游标尺等构成，如图2-5所示。尺身与固定卡脚制成一体，游标尺与活动卡脚制成一体，并能在尺身上滑动。根据游标尺分度值不同，游标卡尺有十分度（0.1mm）、二十分度（0.05mm）、五十分度（0.02mm）三种精度类型。

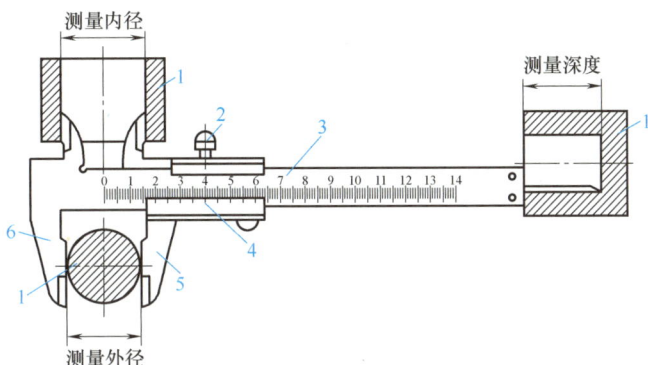

图 2-5　游标卡尺结构

1—工件 2—制动螺钉 3—尺身 4—游标尺 5—活动卡脚 6—固定卡脚

2. 刻线原理

游标卡尺主要是利用尺身与游标尺上的刻度来读数的。以准确到0.02mm的五十分度游标卡尺为例，尺身上的最小分度是1mm，游标尺上有50个小的等分刻度，总长49mm，每一分度为0.98mm，与尺身上的最小分度相差0.02mm。量爪并拢时尺身和游标尺的零刻度线对齐，它们的第一条刻度线相差0.02mm，第二条刻度线相差0.04mm，……，第50条刻度线相差1mm，即游标尺的第50条刻度线恰好与尺身的49mm刻度线对齐。

3. 测量方法

切削加工过程中常用游标卡尺测量工件外径、内径、宽度和深度，测量方法如图2-6所示。

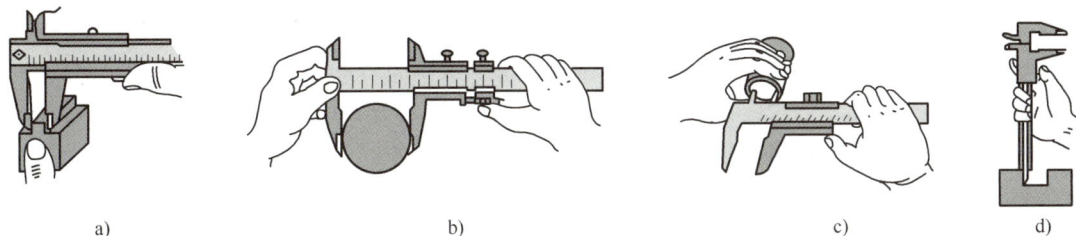

a)　　　　　　　　　b)　　　　　　　　　c)　　　　　　　　　d)

图 2-6　游标卡尺测量方法

a）测量宽度　b）测量外径　c）测量内径　d）测量深度

4. 读数方法

游标卡尺的读数由整数部分和小数部分组成，读数主要分为以下三个步骤。

1）在尺身上读出游标尺零刻线左边的第一条刻线，读出毫米的整数部分。如图 2-7 所示，在尺身上游标尺零刻线左边的第一条刻线为 23mm。

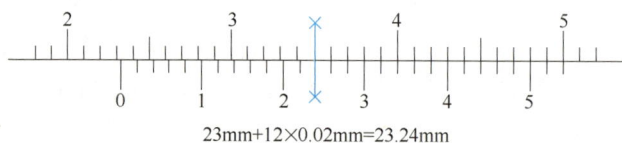

23mm+12×0.02mm=23.24mm

图 2-7　五十分度游标卡尺（精度 0.02mm）读数

2）找出游标尺上刻线与尺身上刻线对齐的位置，读出游标尺上刻线距零刻线之间的格数，将其值乘以量具的分度值，所得数为测量值的小数部分。如图 2-7 所示，游标尺上刻线距零刻线之间的格数为 12 格，因此小数部分的数值为 12×0.02mm = 0.24mm。

3）两部分尺寸相加得出测量值，被测工件测量值为 23mm+12×0.02mm = 23.24mm。

5. 注意事项

1）测量前应把卡尺擦拭干净，检查卡尺的两个测量面和测量刃口是否平直无损。两个量爪紧密贴合时，应无明显的间隙，同时要求尺身的零位刻线和游标尺相互对准。

2）移动尺框时，活动要自如，不应有过松、过紧和晃动现象。用固定螺钉固定尺框时，卡尺读数不应有所改变。在移动尺框时，不要忘记松开固定螺钉，且不宜过松以免掉落。

3）测量工件外尺寸时，卡尺两测量面的连线应垂直于被测量表面，不能歪斜。测量时，可以轻轻摇动卡尺，放正垂直位置，决不可把卡尺的两个量爪调节到接近甚至小于所测尺寸的位置，强制性将卡尺卡至零件，造成量爪变形或测量面磨损，使卡尺失去精度。

4）测量零件时，不允许过分施加压力，所用压力应使两个量爪刚好接触零件表面。若测量压力过大，不但会使量爪弯曲或磨损，且量爪在压力作用下产生弹性变形，造成测量尺寸不准确。

5）读数时，应水平拿持卡尺，朝着亮光的方向，使人的视线尽可能和卡尺的刻线表面垂直，以免视线歪斜造成读数误差。

6）为了获得正确的测量结果，允许多次测量。

2.2.2　千分尺

千分尺，又称为螺旋测微器，是一种基于精密螺旋副原理的通用长度测量工具。千分尺有外径千分尺、内径千分尺、螺纹千分尺和深度千分尺之分，通常所指千分尺为外径千分尺，主要用于测量精度较高的圆柱体外径和工件外表面尺寸。

目前常用的千分尺测量精度为 0.01mm。按测量范围不同，千分尺规格每 25mm 为一档，有 0~25mm、25~50mm、50~75mm、75~100mm 等多种规格。

1. 结构组成

外径千分尺主要由尺架、测砧、测量螺杆、固定套筒、活动套筒、棘轮和止动器等组成，如图 2-8 所示。测砧和固定套筒固定在尺架上；活动套筒、棘轮和测量螺杆连在一起。

2. 刻线原理

螺旋测微器是依据螺旋放大的原理制成的，即螺杆在螺母中旋转一周，螺杆沿着旋转轴线方向前进或后退一个螺距的距离。因此，沿轴线方向移动的微小距离就能用圆周上的读数表示出来。螺旋测微器的精密螺纹的螺距是 0.5mm，可动刻度有 50 个等分刻度，可动刻度每旋转一周，测量螺杆可前进或后退

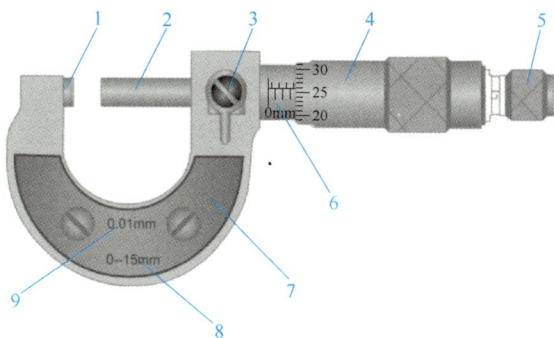

图 2-8　千分尺

1—测砧　2—测量螺杆　3—止动器　4—活动套筒
5—棘轮　6—固定套筒　7—尺架　8—测量范围　9—测量精度

0.5mm，因此旋转一个小刻度，相当于测量螺杆前进或推后 0.5/50 = 0.01mm。所以，螺旋测微器可准确到 0.01mm。

3. 测量方法

左手持尺架，右手转动活动套筒（粗调旋钮）使测量螺杆与测砧间距稍大于被测物，放入被测物，转动棘轮（微调旋钮）到夹住被测物，直到棘轮发出声音为止，拨动止动器使测杆固定后读数。

4. 读数方法

1）先读固定刻度。

2）再读半刻度，若半刻度线已露出，记作 0.5mm；若半刻度线未露出，记作 0.0mm。

3）再读可动刻度（注意估读），记作 $n \times 0.01$mm。

4）最终读数结果为固定刻度+半刻度+可动刻度+估读。如图 2-9 所示，被测工件的测量值为 2mm$+0+15 \times 0.01$mm$+0 = 2.15$mm。

5. 注意事项

1）检查零点。缓缓转动棘轮，使测量螺杆和测砧接触，到棘轮发出声音为止，此时活动套筒上的零刻线应当和固定套筒上的基准线对正，否则会有零误差。

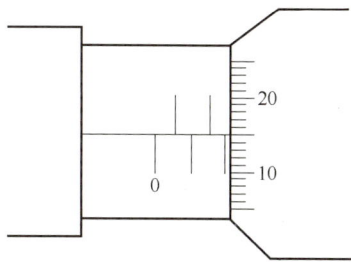

2mm$+0 \times 0.5$mm$+15 \times 0.01$mm$+0 \times 0.001$mm$=2.15$mm

图 2-9　千分尺读数方法

2）为降低测量的不确定性，一般需要对零点校准两次。

3）考虑到测量时的重复性，测量时应多取几次测量值。

4）千分尺测量轴中心线要与工件被测长度方向保持一致，不可歪斜。

5）测量完成后，应确保千分尺可以再次归零，其示值零位误差不可超过 0.002mm，否则需要重新校准。

6）测量时，一般用手握住千分尺隔热装置，否则容易因手温导致千分尺和工件温度相差太大而增加测量误差。

2.2.3 内径百分表

内径百分表，简称内径表，是一种将测头的直线位移变为百分表头指针角位移的计量器具，主要用于测量工件的形位误差，其组成部分包括百分表头、测量杆、可换测头、活动测头等，如图 2-10 所示。内径百分表测量精度为 0.01mm，测量范围有 6~10mm、10~18mm、18~35mm 等多种规格。

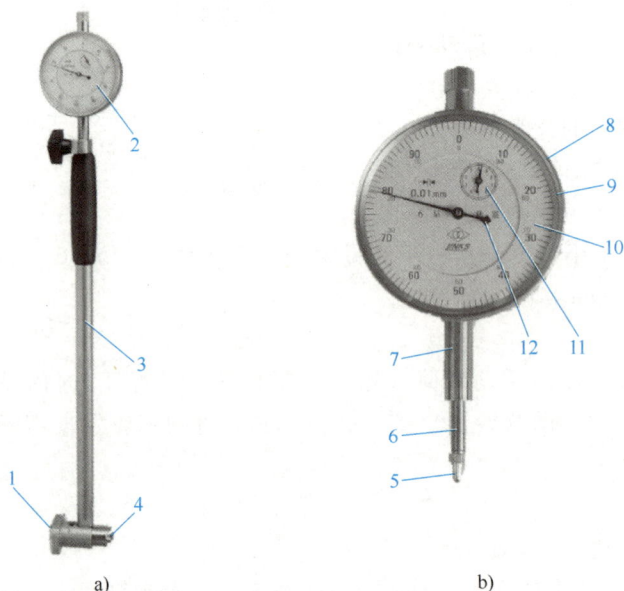

图 2-10　内径百分表

a）内径百分表　b）百分表头

1—活动测头　2—百分表头　3—测量杆　4—可换测头　5—测头　6—测杆
7—装夹套　8—表体　9—表圈　10—刻度盘　11—小指针　12—大指针

1. 刻线原理

当测量杆向上或向下移动 1mm 时，齿轮传动系统带动大指针旋转 1 圈，小指针转 1 格。大指针刻度盘在圆周上布有 100 个等分格，每格的读数值为 0.01mm，小指针每格读数则为 1mm。测量时指针读数的变动量即为尺寸变化量。

2. 测量方法

1）选取并安装可换测头，紧固，保证百分表测量端的长度比零件的被测公称尺寸长 0.5~1mm。

2）把百分表插入百分表直管轴孔中，压缩百分表一圈，紧固。

3）根据被测尺寸调整零位。用已知尺寸的环规或千分尺调整零位，以孔轴向或平面间任意方向内的最小尺寸对准零位，然后反复测量同一位置 2~3 次后检查指针是否仍与零线对齐，如若不齐则需重调。为读数方便，可用整数来确定零位位置。

4）测量时，将内径百分表测量端倾斜放入被测孔内，测量端置入孔内后将内分表竖直，然后左右摆动百分表，找到轴向平面最小尺寸（转折点）来读数。

3. 读数方法

1）先读小指针转过的刻度线（毫米整数），再读大指针转过的刻度线（小数部分）并乘0.01，然后两者相加得到数值，即0+67×0.01=0.67mm，如图2-11所示。

2）百分表数值加上零位尺寸即为最终的测量数值。假设此时已知的零位尺寸为6mm，则该内径尺寸为6.67mm。

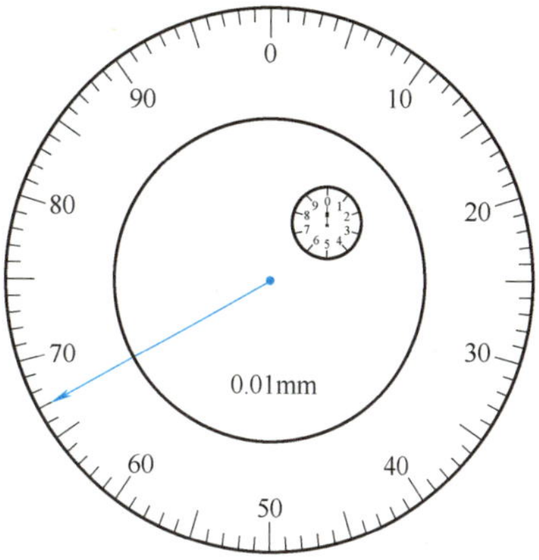

图2-11　内径百分表读数

2.2.4　量规

量规是一种具有固定尺寸的专用检验量具，具有结构简单、检验方便、使用效率高等特点。量规只用于检测零件的合格性，不做零件实际尺寸的测量，如图2-12所示。

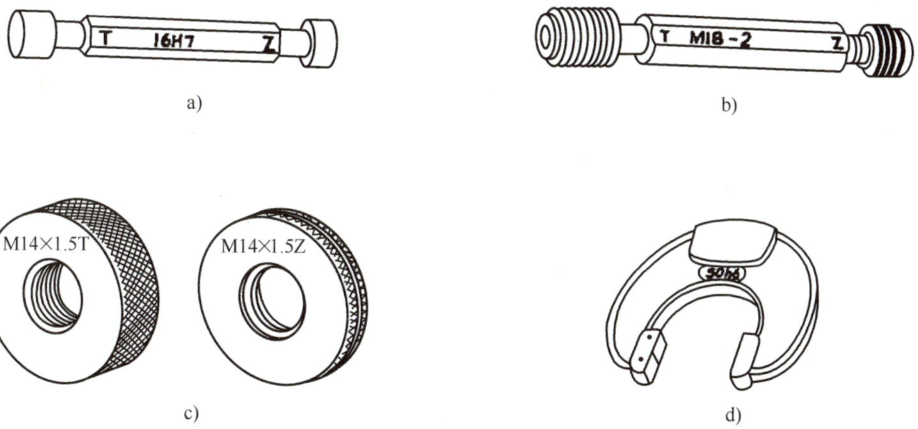

图2-12　量规

a）光滑塞规　b）螺纹塞规　c）螺纹环规　d）卡规

量规通常制成两个极限尺寸，即上极限尺寸和下极限尺寸，分别对应量规的通规（通端）和止规（止端）。量规的通规和止规成对使用。

用量规检验工件的方法通常有通止法、着色法和光隙法。

（1）通止法　利用量规的通端和止端来控制工件尺寸，使之不超出公差带的方法称为通止法。利用通止法进行检验的量规也称极限量规，常见的极限量规还有螺纹塞规、螺纹环规和卡规。

（2）着色法　着色法是一种在量规表面薄涂颜料（红丹粉）以使量规表面与被测表面研合的方法。被测表面的着色面积和分布不均匀程度表示其误差的大小。

（3）光隙法　以光源或自然光透射被测表面与量规测量面接触程度的方法称为光隙法。由于光学衍射现象使透光成为有色光，根据透光颜色可判断间隙大小，其间隙大小和不均匀程度表示被测尺寸、形状或位置误差的大小，例如用直尺检验直线度，用角尺检验垂直度等。

2.3 零件的技术要求

2.3.1 加工精度

加工精度是指零件加工后尺寸、几何形状及各表面相互位置等参数的实际值与理想值的符合程度，两者之间的偏离程度即为加工误差，如图 2-13 所示。

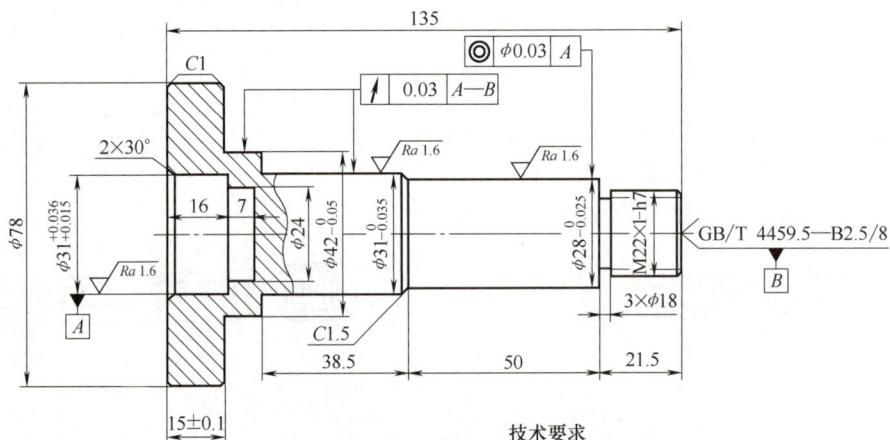

图 2-13 零件标注

技术要求
1. 不允许用锉刀及砂布抛光加工表面。
2. 未注公差按GB/T 1804—2000执行。
3. 未注倒角C1，锐边倒钝。

零件加工精度包括尺寸精度、形状精度和位置精度。

（1）尺寸精度　尺寸精度特指零件实际尺寸与理想尺寸之间的接近程度，由尺寸公差控制。尺寸公差简称公差，特指允许尺寸的变动量，用 T 表示。偏差有正负之分，而公差则是绝对值，无正负区分。国家标准将标准公差分为 20 级，分别用 IT01，IT0，IT1，IT2，…，IT18 表示。IT01 精度最高，公差值最小。常用等级为 IT6～IT11。

（2）形状精度　形状精度是指同一表面实际形状与理想形状相符合的程度。与尺寸精度类似，形状精度也需要约束，其精度大小由形状公差来控制。常见形状公差包括直线度、平面度、圆度、圆柱度、线轮廓度，其符号见表 2-2。

表 2-2 形状公差符号

公差类型	几何特征	符号	有无基准
形状公差	直线度	——	无
	平面度	▱	无
	圆度	○	无
	圆柱度	⌭	无
	线轮廓度	⌒	有或无

（3）位置精度　位置精度是指同一点、线、面的实际位置与理想位置的符合程度。国

家标准规定，位置精度大小由位置公差来限定。位置公差被认为是关联实际要素的位置对基准所允许的变动量。根据零件功能不同，位置精度分为定向、定位以及跳动三种公差类别。常见定向公差包括平行度、垂直度、倾斜度；定位误差包括位置度、同轴度、对称度；跳动误差包括圆跳动和全跳动；各公差符号见表2-3。

表2-3 位置精度公差符号

公差类型	几何特征		符号	有无基准
位置公差	定向	平行度	//	有
		垂直度	⊥	有
		倾斜度	∠	有
	定位	位置度	⊕	有或无
		同轴度	◎	有
		对称度	=	有
	跳动	圆跳动	↗	有
		全跳动	↗↗	有

2.3.2 表面质量

表面粗糙度是表面质量的核心指标，特指加工表面具有的较小间距和微小峰谷形成的微观几何形状特性。表面粗糙度越小，表面质量越高、越光滑。

不同加工方法将产生不同程度的表面粗糙度数值。常用加工方法形成的表面粗糙度见表2-4。此外，由于工件材料的不同，被加工表面留下痕迹的深浅、疏密、形状和纹理也有所差别。

国家标准规定了表面粗糙度的评定参数及其数值，其中最为常用的是轮廓算术平均偏差 Ra，其单位为 μm。

表2-4 不同表面的表面粗糙度

加工方法	表面特征	表面粗糙度 $Ra/\mu m$
粗车、粗刨、粗铣、钻孔	明显可见刀痕	$Ra100$、$Ra50$、$Ra25$
精车、精刨、精铣、粗铰、粗磨	微见刀痕	$Ra12.5$、$Ra6.3$、$Ra3.2$
精车、精磨、精铰、研磨	看不见痕迹且微辨加工方向	$Ra1.6$、$Ra0.8$、$Ra0.4$
研磨、珩磨、超精磨、抛光	暗光泽面	$Ra0.2$、$Ra0.1$、$Ra0.05$

练习与思考

2-1 切削加工的常见工种有哪些？

2-2 车削、铣削、刨削、磨削的主运动是工件运动还是刀具运动？

2-3 零件的加工精度包括哪些内容？

2-4 什么是主运动和进给运动？试以车削、铣削、钻削为例，说明它们的主运动和进给运动。

2-5 说明切削用量三要素的意义。车削时，切削速度怎样计算？

2-6 不同加工方式对表面粗糙度的影响是什么？

2-7 形状精度公差的符号有哪些？它们都代表什么含义？

2-8 位置精度公差的符号有哪些？它们都代表什么含义？

2-9 试分析尺寸精度的作用。

2-10 简要说明游标卡尺的使用方法。

2-11 简要说明千分尺的使用方法。

第3章

车削

3.1 概　　述

机器由各种零部件装配而成，而零部件的制造离不开金属切削加工，车削是最重要的金属切削加工方法之一。

车削，就是在车床上利用工件的旋转运动和刀具的直线运动来改变毛坯的形状和尺寸，以加工成符合图样要求的零件。车削加工范围很广，包括车外圆、车端面、车圆锥、车孔、切断和切槽。

车削加工具有以下特点。

（1）加工范围广　凡是回转零件均可用车床加工，常以轴类、盘类和套类零件为代表。

（2）适应性强　车削既可以满足多种材料、尺寸和精度要求的零件加工需求，还可以进行单件或小批量生产。

（3）加工精度较高　车削加工的主运动单向连续，切削力变化小，具有过程稳定、加工精度高等优势，零件加工公差一般为 IT11~IT6，表面粗糙度值可达 $Ra12.5~0.8\mu m$。

（4）生产效率高　车削时工件回转运动不受惯性力限制，且车刀与工件始终保持接触，切削过程基本无冲击现象，可以采用很高的切削速度。另外，凭借车刀自身刚度及其伸出较短长度的优势，可以采用很大的背吃刀量和进给量。

3.2 车　　床

根据加工方法和用途不同，车床分卧式车床、立式车床、转塔车床、仪表车床、仿形车床和多刀车床等。随着科技的快速发展，各种高效高精车床相继出现，为机床行业的发展提供了广阔的空间前景。即便如此，卧式车床仍是各类车床的基础。

3.2.1 车床型号

依据车床类型和规格，可按类、组、型三级编成不同型号。车床型号由拼音字母和数字组成，现以 CA6140 车床为例进行说明，如图 3-1 所示。

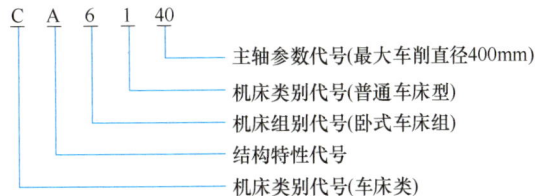

C A 6 1 40

主轴参数代号（最大车削直径400mm）
机床类别代号（普通车床型）
机床组别代号（卧式车床组）
结构特性代号
机床类别代号（车床类）

图 3-1　车床型号

3.2.2 车床的结构

CA6140 卧式车床如图 3-2 所示，按其部件和功能大致可将其分为床身、

主轴箱、进给箱、溜板箱、刀架、尾座等几部分，以下就其主要部分做简单介绍。

（1）床身 床身是卧式车床的基础部件，用于安装和支撑车床各部件，保证部件相互之间的正确位置和相对运动轨迹。

（2）主轴箱 主轴箱是装有主轴和主轴部件的箱体，主要用于支撑主轴，使主轴实现旋转、起停、变速和换向。主轴为空心结构，其端部可安装卡盘，用以夹持工件，带动工件旋转，实现主运动。

（3）进给箱 进给箱是装有进给变速机构的箱体，用以控制光杠与丝杠的进给运动及不同进给量的变换。

（4）溜板箱 溜板箱是车床进给运动的操纵箱，主要作用是实现纵横向进给运动的变换，带动拖板、刀架实现进给运动。

（5）刀架 刀架主要用于装夹车刀并带动车刀做横向、纵向、斜向的进给运动。

（6）尾座 尾座安装在床身内侧导轨上，可沿导轨纵向移动调整位置，既可用于支承长工件，也可通过安装钻头、铰刀等工具进行孔加工。

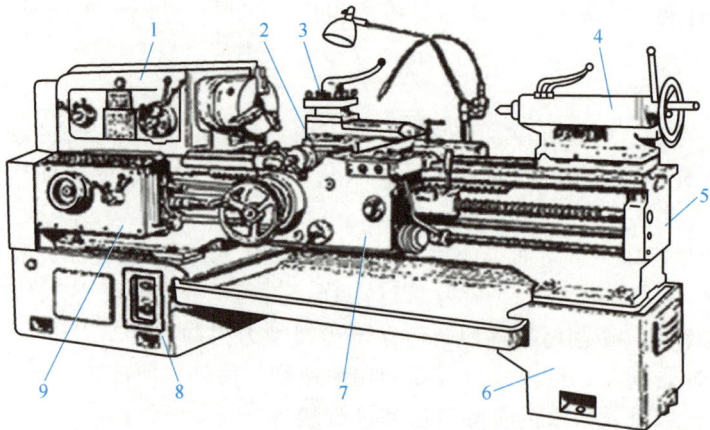

图 3-2 CA6140 卧式车床

1—主轴箱 2—中滑板 3—刀架 4—尾座 5—床身 6、8—床腿 7—溜板箱 9—进给箱

3.3 车 刀

3.3.1 车刀的种类

车刀主要用于切除工件的多余材料。车削形状不同，车刀也有所不同。根据不同使用功能，车刀分为外圆车刀、端面车刀、内孔车刀、切断刀、切槽刀和螺纹车刀等多种类型，常用车刀如图 3-3 所示。

（1）外圆车刀 主要用于车削工件的外圆和台阶，如图 3-3a 所示。

（2）端面车刀 主要用于车削工件的端面，如图 3-3b 所示。

（3）内孔车刀 内孔车刀分为通孔车刀和不通孔车刀，用于车削工件内孔，如图 3-3c、d 所示。

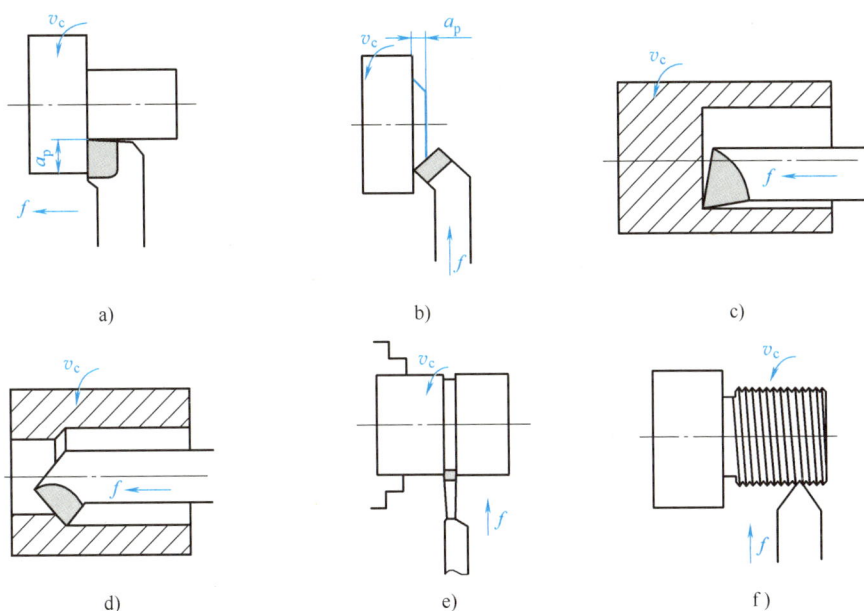

图 3-3　常用车刀

a）90°外圆车刀　b）45°端面车刀　c）不通孔车刀　d）通孔车刀

e）切断刀、切槽刀　f）外螺纹车刀

（4）切断刀、切槽刀　用于切断工件或切各种类型的槽，如图 3-3e 所示。

（5）螺纹车刀　用于车削三角形螺纹，如图 3-3f 所示。

3.3.2　车刀的组成

车刀由刀头和刀杆组成，如图 3-4 所示。车刀刀头主要用于切削，又称切削部分，由刀面、切削刃和刀尖组成；刀杆是车刀的夹持部分，用以固定于刀架上或夹持刀片。

外圆车刀刀头一般由三个刀面、两条切削刃和一个刀尖组成，简称三面两刃一刀尖。

1. 三个刀面

（1）前刀面　刀具上切屑流过的表面称为前刀面。

（2）主后刀面　与工件过渡表面相对的表面称为主后刀面。

（3）副后刀面　与工件已加工表面相对的表面称为副后刀面。

图 3-4　车刀的组成

1—刀杆　2—前刀面　3—刀头　4—副切削刃　5—刀尖　6—副后刀面　7—主后刀面　8—主切削刃

2. 两条切削刃

（1）主切削刃　前刀面和主后刀面的交线称为主切削刃。

（2）副切削刃　前刀面和副后刀面的交线称为副切削刃。

3. 一个刀尖

主切削刃和副切削刃的交点称为刀尖。

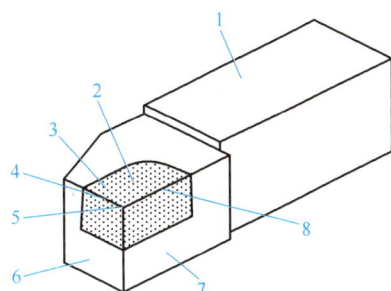

3.3.3 车刀的材料

切削加工过程中，刀具切削部分既要承受较大的切削冲击力，还要承受变形摩擦所产生的高温高压。要使刀具在这样的条件下长时间工作，就要对刀具性能提出要求，而刀具所用材料正是检验刀具是否经久耐用的一项重要指标。

刀具制造材料常用高速钢、硬质合金、陶瓷和金刚石。其中高速钢和硬质合金是车刀制造过程中用得最多的材料。

（1）高速钢　高速钢是含有钨、钼、铬、钒等元素的工具钢。高速钢刀具制造简单，刃磨方便，容易通过刃磨得到锋利的刃口。由于刀具韧性好，常应用于承受冲击力较大的场合，但因高速钢耐热性差，因此不能用于高速切削。

（2）硬质合金　硬质合金是由碳化钨、碳化钛和钴等材料通过粉末冶金方法制成的一种合金材料，具有高硬度、高强度、耐磨等优势。采用硬质合金刀具切削钢材时，切削速度可达220m/min，但因刀具韧性较差，因此承受不了较大的冲击力。

3.3.4 车刀角度

车刀角度是由一系列假想平面与刀头三面两刃配合形成的。切削过程中，与零件加工表面相切的假想平面称为主切削平面，与切削平面垂直的假想平面称为基面，通过主切削刃选定点且同时垂直于切削平面和基面的平面称为正交平面。对车刀而言，基面呈水平面，与车刀底面平行，而主切削平面、正交平面和基面互相垂直，如图3-5所示。

车刀角度主要由前角、后角、主偏角、副偏角和刃倾角组成，如图3-6所示。

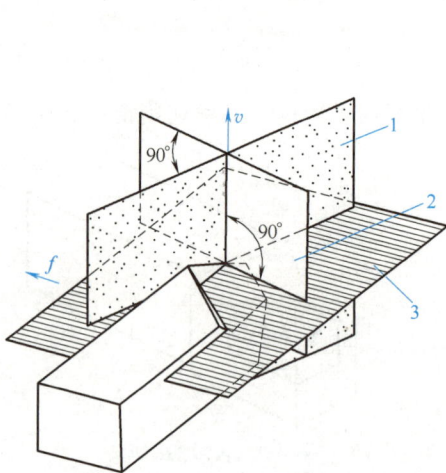

图 3-5　确定车刀角度的辅助平面

1—主切削平面　2—正交平面　3—基面

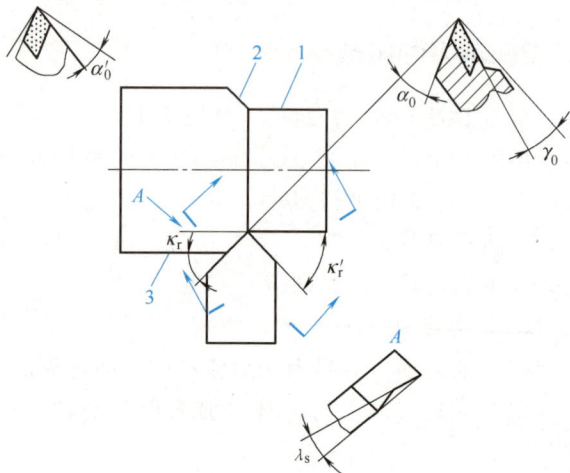

图 3-6　车刀的主要角度

1—已加工表面　2—过渡表面　3—待加工表面

（1）前角 γ_0　前角指的是前面和基面之间的夹角，表示前面的倾斜程度。前角一般在$-5° \sim 25°$之间选取。

（2）后角 α_0　后角指的是后面和切削平面之间的夹角，表示后面的倾斜程度。后角不能为零或负值，一般在$6° \sim 12°$之间选取。

（3）主偏角 κ_r　主偏角指的是主切削刃在基面上的投影与进给方向间的夹角。主偏角一般在 30° ~ 90° 之间。

（4）副偏角 κ_r' 副偏角指的是副切削刃在基面上的投影与背离方向上的夹角。精加工时，副偏角可取 10° ~ 15°；粗加工时，副偏角可取 5°左右。

（5）刃倾角 λ_s 刃倾角指的是主切削刃与基面间的夹角，用以控制排屑方向，一般在 -10° ~ 5° 之间。

3.3.5 车刀的安装

车刀安装得正确与否不仅影响车削工作能否顺利进行，而且影响车刀的工作角度和零件的尺寸误差，车刀必须正确安装，图 3-7 所示为车刀的错误安装。

1）车刀不能伸出刀架太长。车刀伸出过长，刀杆刚性相对减弱，切削时容易产生振动，影响加工精度，降低工件表面质量。一般情况下，车刀伸出长度不超过刀杆厚度的 2 倍。

2）车刀刀尖应与工件回转中心等高。车刀安装得过高或过低都会引起车刀角度的变化而影响切削。根据加工经验，粗车外圆时，刀尖可稍高于工件中心；精车外圆时，刀尖可稍低于工件中心，具体要根据工件直径大小来决定。无论装高装低，一般不能超过工件直径的 1%。

图 3-7 常见车刀的错误安装
1—刀尖与工件轴线不等高 2—车刀伸出过长 3—垫片放置不平整

3）车刀所用垫片要平整，尽可能选择厚垫片以减少片数，通常情况下使用两至三片就可以。如果垫片数量太多或不平整，会使车刀产生振动而影响切削。垫片应位于刀杆正下方，且前端与车刀座边缘平齐。

4）车刀安装完成后，至少通过两个螺钉进行刀具紧固。紧固时，使用专用扳手轮换逐个拧紧，不允许额外添加套管，以免使螺钉受力过大而损伤。

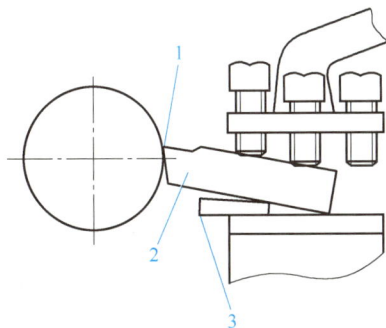

3.4 工件的安装

车削时，首先要把工件夹持在车床卡盘上，再通过找正使零件轴线与卡盘轴线同心，然后再加工零件。车床上安装工件主要有卡盘装夹、一夹一顶装夹、两顶尖装夹三种方法，其中卡盘装夹又分自定心卡盘装夹和单动卡盘装夹两种方式。

3.4.1 卡盘装夹

1. 用自定心卡盘安装工件

自定心卡盘作为车床附件，由厂家直接生产供应，是车床上最常用的夹具。自定心卡盘的三个爪是同步运动的，能自动定心夹紧，工件装夹后一般不需要找正，适用于装夹圆柱形短棒料或圆盘类工件，如图 3-8 所示。值得注意的是，自定心卡盘准确度不是很高，对于同轴度要求较高的零件，应在一次装夹中车出。

使用自定心卡盘安装工件时，可按照以下步骤进行：

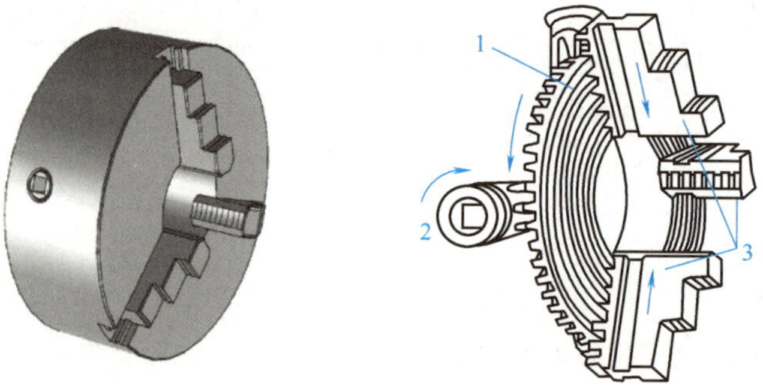

图 3-8 自定心卡盘

a）卡盘外形　b）卡盘结构

1—大锥齿轮（背面有平面螺纹）　2—小锥齿轮　3—卡爪同时向中心移动

1）将工件装夹在自定心卡盘上，转动卡盘扳手，轻轻夹紧工件。

2）起动车床，使主轴低速转动，检查工件有无偏摆。若有偏摆，停机后用铜棒轻敲找正，再将工件夹紧。夹紧后，将扳手取下，以免开机时飞出伤人。

3）移动车刀至车削行程的左端，用手转动卡盘，检查刀具是否与卡盘或工件发生碰撞。

2. 用单动卡盘安装工件

单动卡盘也是一种较为常用的夹具，其外形如图 3-9 所示。单动卡盘的四个爪通过四个螺杆独立移动，夹紧力大，既可以装夹截面是圆形的工件，也可以装夹比较复杂的非回转体零件，比如正方形、长方形、椭圆等。由于装夹时不能自动定心，所以装夹效率低，在装夹时必须通过划线盘或百分表找正，以使工件的旋转轴线与车床主轴轴线重合。

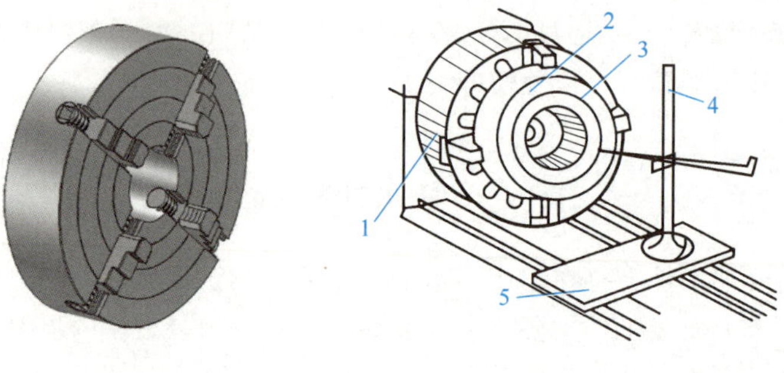

图 3-9 单动卡盘

a）单动卡盘外形　b）用划线盘找正外圆

1—单动卡盘　2—工件　3—孔的加工界线　4—划线盘　5—木板

使用划线盘找正工件时，可按照以下步骤进行。

1）使划针靠近工件，划出加工界线。

2）慢慢转动单动卡盘，先找正端面，然后在离划针针尖最近的工作端面上用小锤轻轻敲击，直到各处距离相等。

3）转动单动卡盘，找正中心，将离划针针尖最远处的一个卡爪松开，拧紧其对应卡爪，反复调整几次，直到找正为止。

3.4.2 一夹一顶装夹

车削轴类工件时，将工件的一端用自定心或单动卡盘夹紧，另一端用后顶尖顶紧，此种装夹方法称为一夹一顶装夹。其特点是装夹刚性好，但同轴度有一定误差，常用于零件的粗加工和半精加工。为了防止在轴向车削时因进给力的作用而使工件产生轴向位移，既可以在主轴孔中安装限位装置，如图 3-10a 所示，也可车一段 10~15mm 长的台阶外圆进行限位，如图 3-10b 所示。

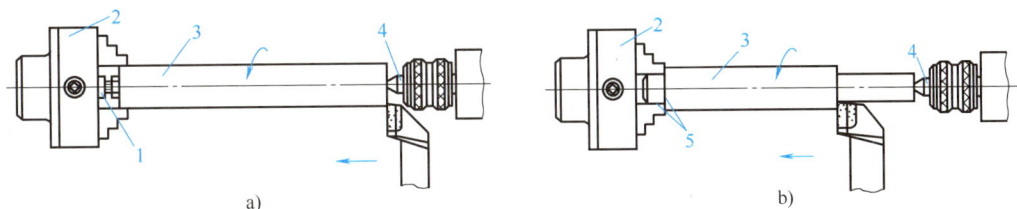

a)   b)

图 3-10　一夹一顶装夹

a）用限位支撑　b）用工件的台阶限位

1—限位支撑　2—卡盘　3—工件　4—后顶尖　5—台阶

使用一夹一顶方法安装工件时，可按照以下步骤进行。

1）用自定心卡盘装夹工件，找正后用卡盘扳手拧紧卡爪来夹紧工件，开动车床并移动尾座，用中心钻钻出中心孔。尾座后移并取出中心钻，装入顶针。

2）移动尾座使顶针顶住工件，然后锁紧尾座。

3.4.3 两顶尖装夹

在车床上车削较长或工序较多的工件时，常采用两顶尖装夹的方法，即一端用自定心卡盘夹住，另一端用尾座顶尖顶住，如图 3-11 所示。该方法要求工件安装于前、后顶尖之间，其中前顶尖为固定顶尖，安装于主轴孔内并随主轴一起转动，后顶尖安装于尾座套筒内，适用于加工同轴度要求较高的轴类零件。加工时，由卡箍、拨盘带动工件旋转完成切削工作。两顶尖装夹的特点是

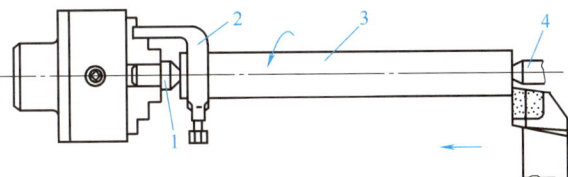

图 3-11　两顶尖装夹

1—前顶尖　2—鸡心夹头　3—工件　4—后顶尖

装夹方便，不需要找正，装夹精度高，但刚度低。

使用两顶尖装夹方法安装工件时，可按照以下步骤进行：

1）在工件一端安装鸡心夹头，并用手稍微拧紧鸡心夹头螺钉。另一端若用固定顶尖顶住，则需要在轴的另一端中心孔内涂以润滑油；若用回转顶尖，则不必涂。

2）将工件放在两顶尖间，根据工件长短调整尾座位置，保证让刀架移到车削行程最右端，同时尽量使尾座套筒伸出最短，然后将尾座固定。

3）转动尾座手轮，调节工件在两顶尖间的松紧度，使轴能自由转动，然后锁紧尾座套筒。

3.5 车削加工方法

为了提高生产效率，获得较高的加工精度，生产中常把车削加工分为粗加工和精加工。

（1）粗加工 粗加工的目的是尽快去除毛坯加工余量，使工件接近要求的形状和尺寸。粗车以提高生产效率为主，可以在生产中加大背吃刀量，其次适当加大进给量，采用中等或中等偏低的切削速度。

（2）精加工 精加工的目的是保证零件尺寸精度和表面质量。一般精车加工精度为IT8～IT7，表面粗糙度值为 $Ra3.2～0.8\mu m$。切削时，应选用较小的背吃刀量和进给量，推荐背吃刀量为 $0.1～0.3mm$，进给量为 $0.05～0.2mm/r$，适当情况下可以将切削速度取大些。

车削时，可按以下步骤进行操作。

1）安装车刀。

2）检查毛坯尺寸是否合格，表面是否有缺陷。

3）检查车床是否正常，操纵手柄是否灵活。

4）装夹工件。

5）试切。精加工时，由于刻度盘和丝杠自身存在误差，往往不能满足精度要求，因此完全依靠刻度盘确定背吃刀量是远远不够的。为防止出现废品，常采用试切法进行工件试切。

6）切削。在试切结束后，如果工件获得了合格的尺寸，即可扳动自动进给手柄使之自动进给。每当车刀纵向进给到距末端3～5mm时，应将自动进给切换至手动进给，以避免车削超过图样中规定的长度或车刀车削卡盘。车削至尺寸要求时，即可停止进给，先退出车刀，再停车。

7）检验。通过游标卡尺、千分尺等量具测量检验零件，确保零件质量。

3.5.1 车端面

圆柱体两端的平面称为端面，对工件两端面进行车削的加工方法称为车端面。车端面时，刀具的主切削刃要与端面有一定夹角。工件伸出卡盘部分应尽可能短些，车削时用中滑板横向走刀，走刀次数根据加工余量而定。

1. 端面车刀的选择

1）用弯头刀由外向里车削端面，使用主切削刃切削，切削顺畅，加工质量高，如图 3-12a 所示。

2）用右偏刀由外向里车削端面，使用副切削刃切削，车到中心时，刀头容易损坏，造成扎刀现象，如图 3-12b 所示。

3）用右偏刀由里向外车削端面，使用主切削刃切削，切削顺畅，不会出现凹面，如图 3-12c 所示。

4）用左偏刀由外向里车端面，使用主切削刃切削，优于使用副切削刃车削，如图 3-12d 所示。

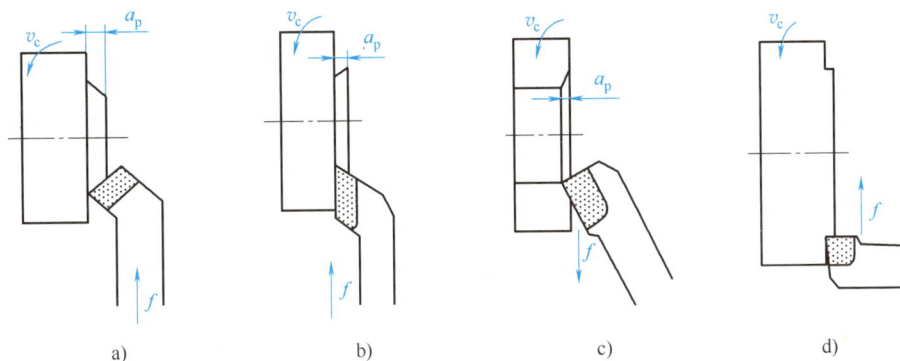

图 3-12　车端面常用刀具

a) 弯头刀车端面由外向里　b) 右偏刀车端面由外向里
c) 右偏刀车端面由里向外　d) 左偏刀车端面由外向里

2. 车端面的操作过程

1）安装工件。将工件装入自定心卡盘，找正后用卡盘扳手夹紧工件。

2）安装车刀。安装车刀时，使车刀刀尖对准工件中心，以免车出的端面中心留有凸台。

3）移动床鞍和中滑板，使车刀靠近工件端面后，将床鞍上螺钉拧紧，使床鞍位置固定。

4）测量毛坯长度，确定端面车削余量。车端面前可先倒角，尤其是铸件毛坯，其表面会产生一层硬皮，如先倒角可以防止刀尖损坏。

5）车端面时，第一刀的背吃刀量一定要超过硬皮层，反之即使已倒角，车削时刀尖还是会碰到硬皮层，造成刀具磨损。

6）双手摇动中滑板车端面，保持均匀进给速度。当车刀刀尖车至工件中心时，车刀即退回。精加工的端面，要防止车刀横向退出时将端面拉毛，此时可向后移动小滑板，使车刀远离端面后再横向退回。车端面的背吃刀量可用小滑板刻度盘控制，精车至尺寸。

3. 车端面需要注意的问题

1）车刀刀尖应对准工件回转中心，以免车出的端面中心留有小凸头。

2）用偏刀车削端面时，如果选择较大的背吃刀量会造成扎刀现象，尤其是车削至工件中心时，将凸头直接车掉极易损坏刀尖；如果选择用弯头车刀车端面，其凸台是逐渐车掉的，所以车端面用弯头车刀较为有利。

3）车削端面时，工件转速可比车外圆时更高一些。为降低端面粗糙度，可由中心向外车削。

4）车削直径较大的端面后，若出现端面内凹或外凸的情况，应检查车刀、方刀架及大滑板是否松动。为使车刀准确地横向进给而无纵向松动，应将大滑板紧锁在导轨上，此时可用小滑板调整背吃刀量。

4. 端面质量分析

1）端面不平或中心留有"凸头"的原因主要有车刀刃磨或安装不正确，刀尖没有对准工件回转中心，吃刀深度过大，车床有间隙、滑板移动等。

2）表面粗糙度差的原因主要有车刀不锋利，手动进给不均匀或自动进给量选择不当。

3.5.2 车外圆

1. 外圆车刀的选择

车削外圆时，常用的主偏角有 45°、75° 和 90°，如图 3-13
所示。

（1）45°车刀　适用于车削外圆、端面、倒角，如图 3-13a 所示。

（2）75°车刀　车刀强度较好，适用于粗车外圆，如图 3-13b 所示。

（3）90°车刀　车外圆时背向力小，常用于车削细长轴带有垂直台阶的外圆，如
图 3-13c 所示。

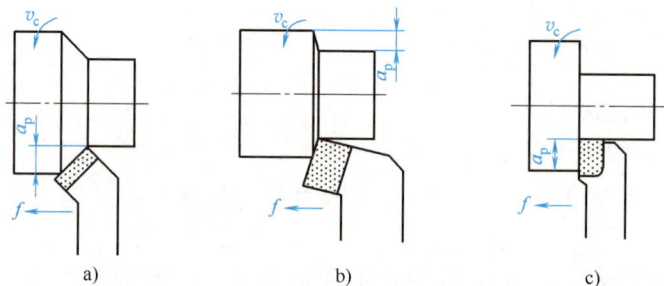

图 3-13　车削外圆

a）45°车刀　b）75°车刀　c）90°车刀

2. 车外圆的操作过程

1）利用自定心卡盘夹紧工件，通过操纵手柄选择合适的转速，开动机床使主轴转动。
移动床鞍至工件右端，使刀尖慢慢接近工件，先移动中滑板横向进给，然后通过转动手轮使
床鞍做纵向进给完成外圆车削。一次车削完成后，沿横向退出车刀，再沿纵向至工件右端进
行第二次、第三次车削，直至工件尺寸符合要求。

2）试切测量。采用试切法车削，可参考以下步骤。

① 起动车床，移动大滑板和中滑板，使车刀刀尖与工件的表面轻微接触，如图 3-14a 所
示，然后纵向退刀，如图 3-14b 所示。

② 采用合适的背吃刀量，根据中滑板刻度盘上的数值横向进给切深，并纵向切削 1～
3mm，然后退刀，如图 3-14c～e 所示。

③ 测量试切尺寸。如果尺寸合格，即可纵向车削工件；如果尺寸不合格，重新试切，
直到尺寸合格，如图 3-14f 所示。

3）粗车外圆。粗车外圆的目的是去除多余毛坯，为精加工留 0.5～1mm 的切削余量。
对表面粗糙度要求较低的工件，应选用较大的背吃刀量和进给量，中等或中等偏低的切削速
度。粗车时，背吃刀量一般为 1～4mm，进给量为 0.3～0.8mm/r，硬质合金车刀车削钢件的
切削速度为 50～60m/min，车削铸铁的切削速度为 40～50mm/min。

4）精车外圆。精车时，为保证尺寸公差和表面粗糙度，要选用较高的切削速度（$v_c \geqslant$
60m/min），并进适当减小进给量，一般情况下约为 0.1mm/r。

3. 车外圆需要注意的问题

1）车削外圆时，必须合理选择切削用量。粗车时，首要考虑背吃刀量，其次是进给

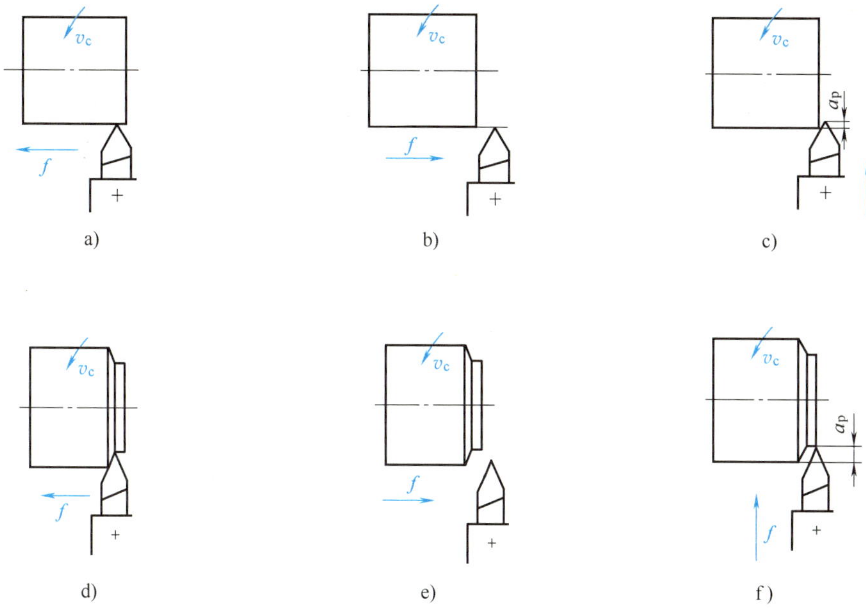

图 3-14 试切的方法与步骤

a) 开机对刀 b) 向右退刀 c) 横向进刀 d) 试切 1~3mm
e) 向右退刀, 停机测量 f) 调整背吃刀量后, 自动进给车外圆

量, 最后是切削速度。精车恰好相反。

2) 车削前, 必须检查车床各部分间隙, 并适当调整, 以充分发挥车床的有效负荷能力。

3) 车削前, 工件必须装夹牢靠, 以防止工件松动。

4) 车削过程中, 要多次停机测量工件尺寸, 以保证加工质量。

5) 车削过程中, 必须及时清理切屑, 以免发生事故或因拉毛划伤已加工表面, 清理切屑时必须停机进行。

4. 外圆质量分析

（1）尺寸超差 原因可能是刻度盘计算错误或操作失误, 抑或是测量数值出现偏差。

（2）表面粗糙度值高 原因可能是刀具安装不正确或刀具磨损, 切削用量选择不当、车床各部分间隙过大。

（3）外圆有锥度 原因可能是刀具磨损、工件回转中心与机床纵向导轨不平行、小滑板导轨和主轴中心线不平行。

3.5.3 车圆锥面

圆锥面的车削方法主要有转动小滑板法、偏移尾座法、靠模法和宽刀法四种, 适用于车削短锥或锥度较大的圆锥面。下面对应用比较广泛的转动小滑板法进行说明。

1. 操作内容及特点

转动小刀架, 使小刀架导轨与主轴轴线成 $\alpha/2$ 角（见图 3-15）, 再紧固转盘, 通过摇动手柄车出圆锥面。该方法操作简单, 适于车削内、外任意角度的短圆锥面, 但因切削过程中只能手动进给, 故劳动强度较大。

2. 操作过程

1）安装车刀时，车刀刀尖必须严格对准工件回转中心。

2）车削前，应先计算出圆锥半角 $\alpha/2$，即小滑板转过的角度，计算式见式（3-1）。

$$\tan\frac{\alpha}{2}=\frac{D-d}{2} \qquad (3\text{-}1)$$

式中　$\alpha/2$——圆锥半角；

　　　D——最大圆锥直径，单位为 mm；

　　　d——最小圆锥直径，单位为 mm。

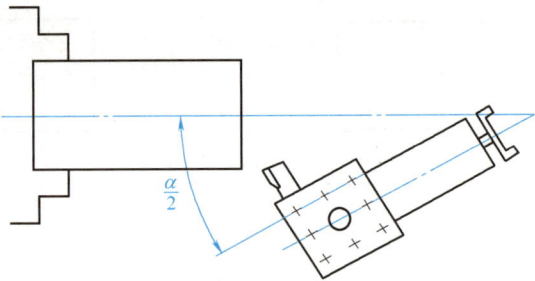

图 3-15　小滑板转动的方向和角度

3）转动小滑板。用扳手将转盘螺母松开，使转盘沿着圆锥素线方向转动至所需要的圆锥半角，待刻度与基准零线重合后将螺母锁紧。

4）移动中、小滑板，使刀尖轻轻接触工件轴端外圆，然后向后退出小滑板，中滑板刻度调零位，作为粗车圆锥的起始位置。

5）开动机床，转动中滑板刻度盘至合适背吃刀量，双手摇动小滑板手柄，要求手动进给速度保持均匀且不间断。

6）车削过程中背吃刀量会随着锥面斜度而逐渐减小。当背吃刀量接近零时，记录中滑板分度值，并将车刀退出，小滑板则快速后退复位。

7）在原刻度基础上调整背吃刀量，粗车至距离圆锥小端直径留 1~2mm 的位置，确保精车余量。

8）精车圆锥。

3.5.4　车孔

车孔一般是在预制孔的基础上继续加工。车孔包括孔的粗加工和精加工，孔加工精度一般为 IT8~IT7，表面粗糙度值为 $Ra1.6\mu m$。

1. 车孔刀的选择

车孔刀材料主要是高速钢和硬质合金。根据孔的几何形状，车孔刀分为通孔车刀和不通孔车刀。通孔车刀主偏角为 45°~75°，如图 3-16a 所示。不通孔车刀主偏角应大于 90°，如图 3-16b 所示。

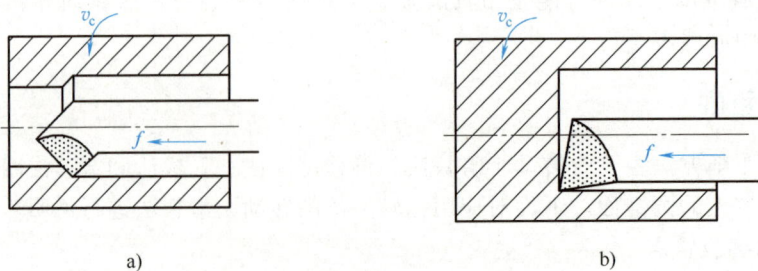

a)　　　　　　　　　　　　　　　　b)

图 3-16　内孔车刀

a）车通孔　b）车不通孔

2. 车孔的操作过程

（1）车通孔 车通孔时，应先粗车，再精车。

粗车步骤如下。

1）开动车床，使内孔车刀刀尖与孔壁接触，然后车刀纵向退出，将中滑板刻度调零。

2）根据内孔的加工余量，确定粗车背吃刀量（1~3mm），用中滑板刻度盘控制。

3）摇动床鞍手轮，使车刀靠近内孔，并采用自动进给模式车削。当切削声停止，表明刀尖已离开孔的末端，此时应立即停止进给，将车刀沿纵向退出。如果内孔余量较多，则需要通过调整背吃刀量进行二次粗车。内孔粗车所得尺寸应比孔径的实际尺寸小0.5~1mm，该尺寸作为精车余量。

精车步骤如下。

1）开动车床，使精车刀刀尖与孔壁接触，然后车刀纵向退出。

2）根据精车余量调整背吃刀量。

3）摇动床鞍手轮进行精车孔试切削，试切长度约2mm。

4）用游标卡尺测量试切尺寸。若尺寸正确，即可采用自动进给模式精车孔。为保证孔径的表面粗糙度，通常选择最后一刀的背吃刀量为0.1~0.2mm，进给量为0.08~0.15mm/r。

5）精车孔时应仔细听车削声。当切削声停止时，表示刀尖已离开孔末端，应立即停止进给，并记下中滑板的刻度位置。

6）摇动中滑板手柄，使刀尖刚好离开孔壁，然后摇动床鞍手轮，将车刀退出。

7）测量内孔尺寸。如果孔径尺寸未达要求，中滑板应在上一次刻度的基础上继续调整，然后再通过试切削，将内孔精车至规定尺寸。

（2）车台阶孔

1）开动机床，用内孔车刀车端面，并将小滑板刻度盘和床鞍刻度盘调至零位。粗车时用床鞍刻度盘控制，精车时用小滑板刻度盘控制。

2）移动床鞍和中滑板，使刀尖与孔壁接触，车刀纵向退出，将中滑板刻度调至零位。

3）移动中滑板，调整粗车背吃刀量，试切符合要求后，沿纵向自动进给粗车内孔。当床鞍刻度接近孔深度时，停止自动进给，采用手动方式继续进给，使刀尖切入内孔台阶面，停止进给，然后摇动中滑板手柄横向进给完成台阶孔内端面车削。

4）用深度游标卡尺测量台阶孔深度。若尺寸未达要求，应在现有数值基础上用小滑板控制继续车削台阶孔。例如，内孔深度实测比规定尺寸小0.1mm，如果大滑板刻度每格为0.1mm，则将小滑板向前进1格即可将孔车至规定尺寸。

3.5.5 切断与切槽

1. 切断刀与切槽刀

切断指的是将一根较长的原材料切成多段毛坯，或将加工完成的工件从原材料上切下。若只是在工件表面上车出沟槽，则称这一过程为切槽。

切断刀与切槽刀均采用横向进给的方式。切断刀前端是主切削刃，两侧是副切削刃。为保证实心工件切断时能切至工件回转中心，一般切断刀的主切削刃较窄，刀头较长，如图3-17a所示。切槽刀几何角度与切断刀基本相同，如图3-17b所示。

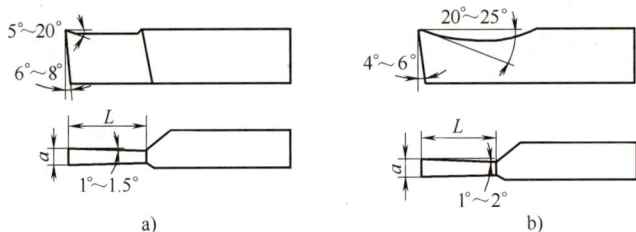

图 3-17　切断刀与切槽刀

a）切断刀　b）切槽刀

2. 切断刀和切槽刀的安装

1）安装切断刀和切槽刀时，刀尖必须与工件外圆中心等高。刀尖过高不易切削，如图 3-18a 所示；刀尖过低会使切断刀折断，如图 3-18b 所示。

2）切断刀和切槽刀必须与工件轴线垂直，否则车刀的副切削刃与工件两侧面易产生摩擦，造成刀头折断。

3）切断刀的底平面必须平直，否则会引起副后角的变化。

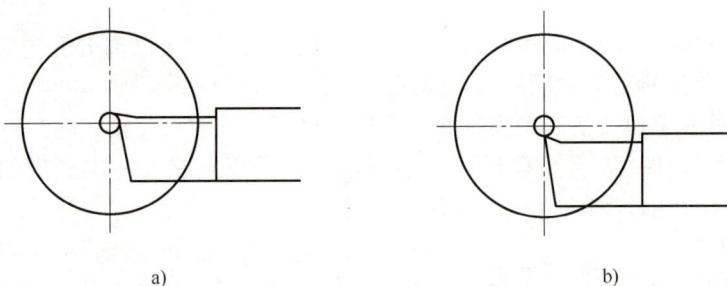

图 3-18　切断刀刀尖须与工件外圆中心等高

a）刀尖过高不易切削　b）刀尖过低易折断

3. 切断的操作过程

1）将工件切断处离卡盘近些，以免切断过程中引起振动。

2）安装切断刀，保证切断刀刀尖和工件回转中心处于同一高度。

3）开动机床，加切削液，移动床鞍到指定位置，并以均匀的手动进给速度移动中滑板进行切削，快切断时，放慢速度，将工件切下。

4）对于工件直径较大的零件，容易出现切不到工件中心的情况，此时可留出 2～3mm 不切削了，然后将车刀退出，停机后用手将工件扳断。

4. 切槽的操作过程

1）车精度不高和较窄的外槽时，可以用等于工件槽宽的切槽刀一次车出。精度要求较高的外槽，在一次切削留有余量的基础上进行二次切削，如图 3-19a 所示。

2）车较宽的外槽时，应先用刀尖在工件上刻出两条线，把槽宽和位置确定下来，然后用切槽刀在两条刻线之间粗车，粗车时须在槽的两侧和底部留出精车余量，然后精车槽底和槽宽，如图 3-19b 所示。

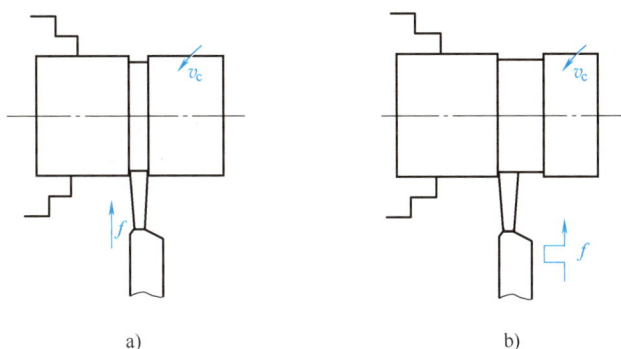

图 3-19　切槽

a）直进法　b）左、右借刀法

5. 切断切槽的注意事项

1）两顶尖或一夹一顶装夹都不可将工件彻底切断。

2）切断时应连续、均匀地进给，将近工件回转中心时，应降低速度切削。

3）检查车刀刀尖是否对准工件回转中心，不可强制进给，以防车刀折断。

4）发现切断表面凹凸不平或有明显扎刀现象时，应检查切断刀的刃磨和装夹是否正确，待查出原因，纠正后再继续车削，否则容易造成刀头折断。

3.6　车削实训案例

1. 案例描述

本项目通过与钳工组合，实现"鸭嘴锤"的加工制作。其中，普车负责制作"锤柄"。通过练习，学生可以了解车削基本操作，摸清产品制造工艺，使学生在生产质量、经济观念及理论联系实际等方面得到全面锻炼。

实训要求：零件材质为 45 钢，其尺寸为 $\phi20\text{mm}\times202\text{mm}$，要求使用卧式车床加工，锤柄如图 3-20 所示。

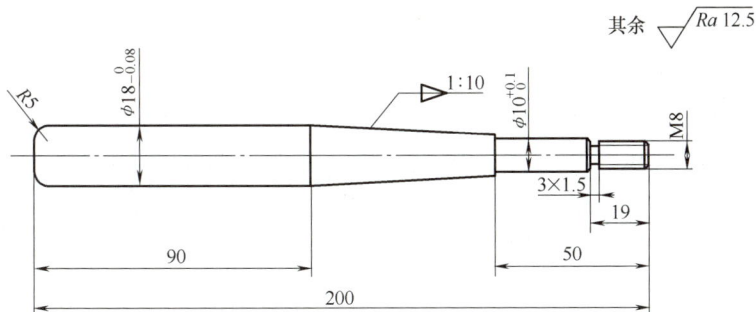

技术要求

1.未注倒角为C1。

2.未注尺寸公差按GB/T 1804—2000。

图 3-20　锤柄

实训设备及工、量具：锯床、卧式车床、卡盘扳手、刀架扳手、车刀、垫刀片、游标卡尺、千分尺。

2. 制作过程

根据零件精度尺寸和力学性能要求，可确定加工工序依次为下料、车端面、车外圆、车圆锥和倒角等，具体工作步骤见表3-1。

表3-1　车削工作步骤

序号	工序	工作内容	刀具
1	下料	截取一段 $\phi20mm\times202mm$ 的棒料	
2	车端面	夹住毛坯外圆车端面	45°弯头车刀
3	车端面	掉头夹紧毛坯外圆，车端面取总长至200mm	
4	车外圆	夹住左端，伸出长度110mm，车削外圆至 $\phi19mm$，长度105mm	
5	车外圆	夹住右端，伸出长度105mm，粗车外圆 $\phi18mm$，长度100mm	90°外圆车刀
6	车外圆	精车外圆 $\phi18mm$	
7	倒角	倒角 $R5$	凹圆弧车刀
8	车外圆	夹持左端，伸出长度60mm，粗车外圆 $\phi8mm$，长度19mm	
9	车外圆	精车外圆 $\phi8mm$，长度19mm	90°外圆车刀
10	切槽	切槽 3mm×1.5mm	3mm 切槽刀
11	车外圆	粗车外圆 $\phi10mm$，长度31mm	
12	车外圆	精车外圆 $\phi10mm$	90°外圆车刀
13	倒角	倒角 $C1$ 两处	45°外圆车刀
14	车圆锥	夹持左端，伸出长度125mm 粗车外圆锥 1：10	
15	车圆锥	精车外圆锥 1：10	90°外圆车刀

3. 评分标准

针对学生综合素质和实操技能，制定评分标准，见表3-2。

表3-2　车削评分标准

姓名			
综合素质栏目(30%)			
评分项目	评分细则	配分	得分
衣着穿戴	穿戴不规范不得分	6	
工具摆放	摆放不整齐不得分	6	
文明操作	出现操作失误不得分	6	
应急处理	处理不妥当不得分	6	
卫生清理	清理不到位不得分	6	

（续）

实操技能栏目（70%）			
评分项目	评分细则	配分	得分
刀具安装	选用刀具并正确安装得分，否则不得分	5	
毛坯装夹	毛坯装夹正确得分，否则不得分	5	
设置参数	正确选择参数得分，否则不得分	5	
机床操作	操作顺利无误得分，有误酌情扣分	5	
加工尺寸	外圆 $\phi18_{-0.08}^{0}$mm：公差范围内得分，超差不得分	10	
	外圆 $\phi10_{0}^{+0.1}$mm：公差范围内得分，超差不得分	10	
	螺纹 M8：环规通端拧进，止端拧不进得分；环规通端拧不进，止端拧进不得分	10	
	槽 3mm×1.5mm：酌情得分	5	
	圆角 $R5$：酌情得分	5	
	锥度 1∶10：酌情得分	5	
表面粗糙度	表面光滑得分，否则不得分	5	
合计		100	

否定项说明：

1. 不符合衣着穿戴规范的人员禁止加工；

2. 操作过程中出现危及自身及他人安全的状况将禁止加工；

3. 不服从指导教师指挥，强行进行加工的情况将禁止加工；

4. 因个人操作失误导致设备故障且当场无法排除的将禁止加工。

💡 练习与思考

3-1 简述车削的工作方法。

3-2 简述车刀的基本组成。

3-3 切削用量的三要素分别是什么？

3-4 精车时，切削用量的选择原则是什么？

3-5 安装外圆车刀时，应注意什么？

3-6 一夹一顶和两顶尖装夹工件的优缺点分别是什么？

3-7 利用转动小滑板车削圆锥的优点是什么？

3-8 三爪卡盘装夹工件的步骤是什么？

3-9 切断和切槽有哪些注意事项？

3-10 已知工件的毛坯直径为50mm，一次车至直径为45mm，假如车床主轴转速为600r/min，求切削速度。

⚛ 拓展阅读

洪家光：矢志为国产战机装上强劲"中国心"

他将个人理想融入"中国梦"，先后参与、负责国家某型号航空发动机核心部件和工艺装备的研制，在促进技术成果转化、推广新技术、新工艺中处于领先地位，得到业内普遍认可；他以科技报国、动力强军为己任，倾心铸造大国重器，带领团队创造多项佳绩；他注重"传、帮、带"工作，传承工匠精神，为企业发展积蓄力量。他，就是研发出航空发动机叶片磨削用金刚石滚轮制造技术的一线工人——洪家光。

"韧劲儿、疯劲儿、巧劲儿"，同事这样评价洪家光。一根头发丝的直径接近0.08mm，车工的自由加工精度达到这个标准就堪称优秀，而洪家光给自己定下的标准全部是0.02mm，也就是一根头发丝直径的四分之一。一个熟练工一年完成4000个工时就很不容易，但洪家光经过努力一年完成了7000多个工时。

凭借着一腔热血和惊人毅力，洪家光开始承担精密加工任务。叶片——航空发动机的核心组件，不仅要承受高温和高压，还要承受上万转速带来的巨大离心力。作为整个生产线的重要一环，洪家光主动请缨，带领团队找资料、查文献、请专家、做实验，上千次尝试，成功研发出航空发动机叶片磨削用金刚石滚轮制造技术，为此后的数控化制造和批量生产打下基础。成果应用后，有效提高了叶片的加工质量和合格率，得到了业内专家的高度评价，并在2017年度国家科学技术进步奖评选中荣获工人阶级技术创新最高奖——国家科技进步二等奖。

多年来，洪家光先后培训学员2000余人次，在科学化、专业化、规模化培训"中国工匠"方面进行了新的探索，编写《航空发动机典型零件的加工方法》技能操作书，录制视频教材《车工技能操作绝技绝活》，把多年积累的典型加工绝技绝活留下来，传出去。

"责任不容我们懈怠，使命不容我们停歇"。洪家光将继续秉持和坚定"国为重、家为轻、择一事、忠一生"的信念，以坚实的韧性，实干的精神和恒久的信念，戮力拼搏，不断创新，努力打造强劲的"中国心"，放飞心中的蓝天梦想，为实现"中国梦""强军梦""动力梦"而不懈奋斗！

第4章

铣削

4.1 概　述

铣削是指在铣床上利用铣刀对工件进行切削的加工方法。铣削运动主要由主运动和进给运动组成，其中铣刀做旋转的运动称为主运动，工件做直线的运动称为进给运动。

铣削是金属切削加工中常用的方法之一，主要用来加工各类平面、沟槽和成形面，也可用来钻孔、铰孔。尺寸公差等级一般为IT9~IT8，表面粗糙度值 Ra 为 $6.3~1.6\mu m$，其应用范围如图4-1所示。

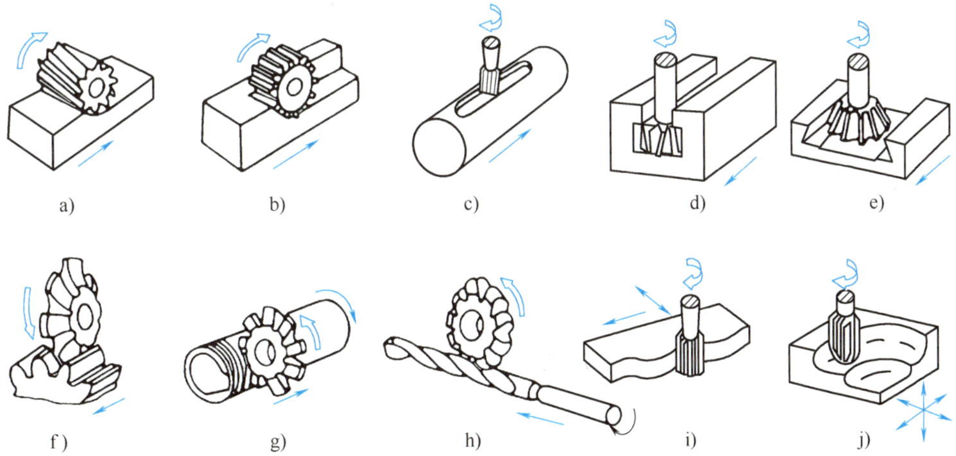

图 4-1　铣削的应用范围

a) 铣平面　b) 铣台阶　c) 铣键槽　d) 铣 T 形槽　e) 铣燕尾槽
f) 铣齿槽　g) 铣螺纹　h) 铣螺旋槽　i) 铣二维曲面　j) 铣三维曲面

铣削加工具有以下特点。

（1）生产率较高　铣刀为多齿刀具，同时参与切削的切削刃数量较多，切削刃作用总长度长，因而有利于提高切削速度，提升生产效率。

（2）刀齿散热较好　由于每个刀齿是间歇性工作，刀齿从工件切入至切出的时间间隔内，可以得到一定的冷却，散热条件相对较好。但是，刀齿在切入和切出工件时，产生的冲击和振动会加速刀具磨损，使刀具寿命降低，甚至引起硬质合金刀片的碎裂。所以，铣削过程中必须用切削液对刀具进行连续浇注，以冷却降低刀具温度，避免产生较大的热应力。

（3）铣削过程不平稳　加工时，参与铣削的铣刀刀齿和切削面积在不断变化，由此造成切削力波动，使切削过程产生冲振，限制了表面质量的提高。

4.2 铣 床

按照结构和功能不同，铣床有卧式铣床、立式铣床、龙门铣床、工具铣床、仿形铣床和专用铣床之分。常用铣床主要有卧式铣床和立式铣床两种。

1. 卧式铣床

卧式铣床是主轴与工作台面平行布置的铣床，又被称为万能铣床，如图 4-2 所示。其特点是工作台可以在水平面内左右转动 45°，以完成斜槽、螺旋槽等几何表面的铣削，大大扩展了铣床的加工范围。

床身固定在底座上，用以安装和支承其他功能部件；吊架安装在床身顶部，并可沿着燕尾形导轨调整前后位置；悬梁上的刀杆支架用来支承刀杆，以提高刀杆的刚性；升降台安装于床身前面的垂直导轨上，以使升降台做上升下降运动；床鞍装在升降台顶上，可沿燕尾形导轨做垂直于主轴轴线方向上的移动。

下面以 X6132 型卧式铣床为例，介绍机床型号标注方法与组成部分。

（1）铣床型号

图 4-2 X6132 卧式铣床

1—床身 2—电动机 3—变速机构 4—主轴 5—横梁
6—刀杆 7—刀杆支架 8—纵向工作台 9—转台
10—横向滑台 11—升降台 12—底座

X 6 1 32
主参数代号：表示工作台工作面宽度1/10，即320mm
型别代号：表示万能升降台铣床型
组别代号：表示卧式铣床类
类别代号：表示铣床类

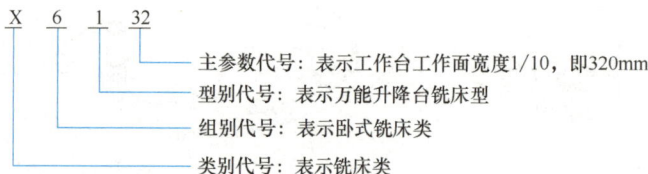

（2）铣床的组成及功用 铣床主要由床身、横梁、主轴、横向溜板、升降台、工作台和转台组成，各部分功能用途如下。

1）床身：用于支承和固定铣床各功能部件，安装于底座之上，底座内部储存有切削液。

2）横梁：横梁上装有安装吊架，用以支承刀杆外端，减小刀杆弯曲和振动。

3）主轴：主轴一般做成空心轴，通过锥孔安装刀杆并带动铣刀旋转。

4）横向溜板：用来带动工作台在升降台水平导轨上做横向移动。

5）升降台：升降台可以使整个工作台沿床身的垂直导轨做上下移动，以调整台面与铣刀之间的距离。升降台内部装有做进给运动的电动机及传动系统。

6）工作台：工作台用来安装工件和夹具。台面上布有 T 形槽，可用螺栓将工件和夹具紧固在工作台上。工作台可沿转台导轨带动工件做纵向进给。

7）转台：主要用于调整工作台在水平面内的角度，以便铣削螺旋槽。

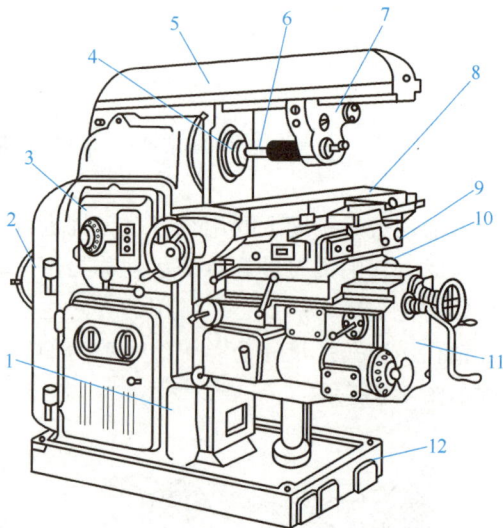

2. 立式铣床

立式铣床与卧式铣床的主要区别在于主轴与工作台面是垂直布置的。根据加工的需要，可将立铣头左右偏转 45°，使主轴与工作台面倾斜成所需的角度，以扩大机床适用范围，如图 4-3 所示。

图 4-3 立式铣床

1—立铣头 2—主轴 3—纵向工作台

4.3 铣刀与附件

4.3.1 铣刀

1. 铣刀的种类

铣刀是一种多刃刀具，其种类划分方法很多，最常用的分类方法是按照铣刀安装方式不同，将其分为带孔的铣刀和带柄的铣刀，其中带柄铣刀又分为直柄铣刀和锥柄铣刀。带柄铣刀用于立式铣床，一般情况下将直径小于 20mm 的较小铣刀做成直柄，直径较大的铣刀多做成锥柄。带孔铣刀多用于卧式铣床加工，能加工各种表面，应用范围较广。常见铣刀类型如图 4-4 所示。

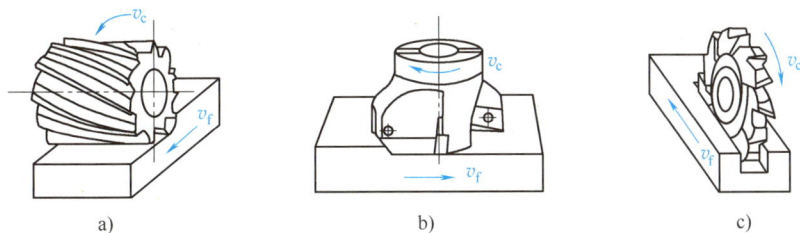

a) b) c)

图 4-4 常见铣刀类型

a）圆柱铣刀 b）面铣刀 c）圆盘铣刀

图 4-4　常见铣刀类型（续）

d）锯片铣刀　e）立铣刀　f）键槽铣刀　g）指形齿轮铣刀　h）角度铣刀　i）成形铣刀

2. 铣刀的安装

（1）带孔铣刀的安装　带孔铣刀要根据铣刀形状选择长或短的刀杆。

1）带孔铣刀中的圆柱形、圆盘形铣刀，多选用长刀杆，如图 4-5 所示。

图 4-5　带孔铣刀的安装

1—拉杆　2—铣床主轴　3—端面键　4—套筒

5—铣刀　6—刀杆　7—螺母　8—刀杆支架

2）带孔铣刀中的面铣刀，多选用短刀杆，如图 4-6 所示。

3）安装步骤。

① 根据铣刀孔径选择合适的刀杆。

② 用拉紧螺杆把刀杆拉紧固定在主轴上。

③ 刀杆上先套上几个垫圈，调整铣刀位置。

④ 铣刀外边再套上几个垫圈，拧上螺母。

⑤ 装上支架，拧紧支架紧固螺母，轴承孔内加注润滑油。

⑥ 初步拧紧垫圈螺母，开机观察铣刀是否装正，装正后拧紧螺母。

（2）带柄铣刀的安装

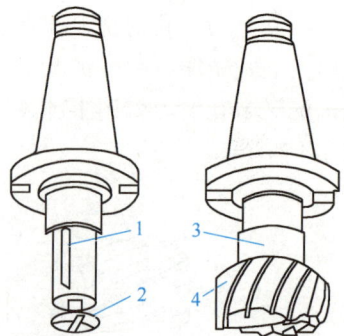

图 4-6　面铣刀的安装

1—键　2—螺钉　3—垫套　4—铣刀

1）锥柄铣刀的安装。锥柄铣刀可根据锥柄的大小，通过合适的变径套用拉杆将铣刀和变锥套拉紧在主轴上，如图 4-7a 所示。大尺寸铣刀的锥柄锥度为 7∶24，与主轴锥孔尺寸相同。安装时可以把铣刀锥柄直接装入主轴锥孔，并用拉杆拉紧刀具。小尺寸铣刀的锥柄采用莫氏锥度，与主轴锥孔尺寸不同，安装时需要配合过渡锥套装夹刀具，即刀具安装在过渡锥套上，过渡锥套安装在主轴上。

2）直柄铣刀的安装。直柄铣刀多为直径小于 20mm 的小直径铣刀，主要依靠弹簧夹头进行安装。将铣刀柱柄插入弹簧套的孔中，用螺母压弹簧套端面，促使弹簧套外锥面受压而孔径缩小，从而将铣刀缩紧，如图 4-7b 所示。

4.3.2 附件

为扩大铣削范围，满足零件加工需求，铣床上常采用各种附件，比如机用平口钳、分度头和回转工作台，如图 4-8 所示。

（1）机用平口钳 机用平口钳作为一种通用夹具，主要是用于装夹工件，尤其是适合小型工件或形状比较规则工件的装夹。使用时，应先校正机用平口钳在工作台上的位置，然后再夹紧工件。夹紧工件时，应使工件被加工面高于钳口位置，反之需用垫铁垫高工件。

（2）分度头 分度头是一种分度装置，主要用来等分工件。例如，在铣削四方、六方、齿轮等工件时，要求工件铣完一个面（一条槽）之后旋转一定角度继续铣削下一面，此时使工件旋转一定角度的方法就称为分度。分度时，摇动手柄，通过蜗轮蜗杆带动分度头主轴及主轴上的卡盘（工件）旋转。由于分度头主轴可以在垂直平面内转动，因此可以利用分度头主轴上的卡盘在水平、垂直及倾斜位置处安装工件。

（3）回转工作台 回转工作台内部有一套蜗轮蜗杆机构，摇动手轮使蜗杆轴转动，并通过内部涡轮使工作台回转。转台中央有一孔，便于确定工件的回转中心，另外还可通过周围刻度确定转台具体位置，广泛应用于圆弧及圆弧曲线、沟槽的加工。

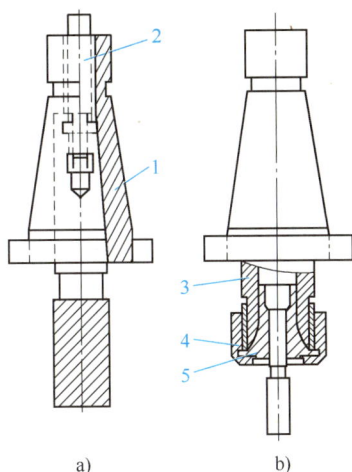

图 4-7 带柄铣刀的安装
a）锥柄铣刀的安装 b）直柄铣刀的安装
1—拉杆 2—变径套 3—夹头体
4—螺母 5—弹簧套

39

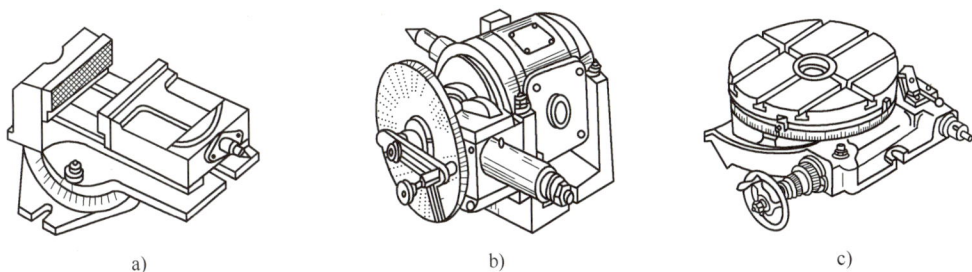

图 4-8 铣床附件
a）机用平口钳 b）分度头 c）回转工作台

4.4 工件的安装

常见的工件安装方法主要有机用平口钳装夹、压板螺钉装夹和分度头装夹三种。在铣床上加工时，方形零件多采用机用平口钳和压板螺钉装夹两种方法。

1. 用机用平口钳装夹工件

机用平口钳有固定式和回转式两种，其中回转式机用平口钳可以360°旋转，能够实现水平面任意位置上的固定，具有结构简单、装夹牢靠等特点。使用时，将机用平口钳安装于工作台上，并找正固定机用平口钳，然后根据工件高度选择合适的垫铁置入钳口，再放入工件，确保工件高出钳口，最后，锁紧机用平口钳，如图4-9所示。一般情况下，工件基准面应朝下并与垫铁紧密接触。

基准不同，机用平口钳装夹方式不同，具体装夹方式如下。

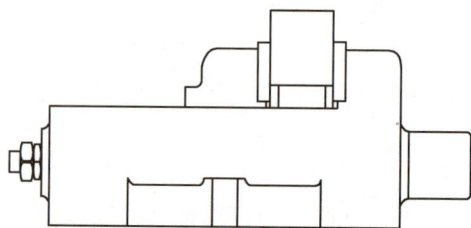

图4-9　机用平口钳夹持零件

1）选择毛坯上一个较大且平整的表面作为粗基准，将其靠在固定钳口面上。在钳口与工件之间垫上铜皮，防止钳口损伤。用百分表校正毛坯平面位置，达到要求之后夹紧工件。

2）以机用平口钳的固定钳口作为定位基准时，将工件的基准面靠近固定钳口面，并在活动钳口与工件之间放置圆棒。圆棒与工件上表面平行，放置在工件被夹持高度的中间偏上位置。通过圆棒夹紧工件，能保证工件基准面与固定钳口面贴合。

3）以钳体导轨平面作为定位基准时，将工件基准面靠向钳体导轨面，并在工件与导轨面之间放置平行垫铁。为使工件基准面与导轨面平行，可以用手尝试移动垫铁。当垫铁不再松动时，表明垫铁与工件和水平导轨面贴合较好。敲击工件时，不能使用太大的力道，以免产生反作用力影响工件与垫铁的贴合。

2. 用压板螺钉装夹工件

对于机用平口钳难以夹持的工件，可以采用压板螺钉装夹的方法。通过机床工作台的T形槽，可以用压板、螺钉或其他附件将工件固定在工作台上，如图4-10所示。

使用压板螺钉装夹工件时，需要先对工件找正定位，保证工件直边平行于机床导轨，然后用压板和螺钉将工件固定于工作台上。

安装时需要注意以下几点。

1）根据工件的形状、刚性和加工特点确定夹紧力大小。一般粗加工时选择较大的夹紧力，防止夹紧力过小造成工件松动；精加工时选择适当的夹紧力，防止夹紧力过大造成工件变形。

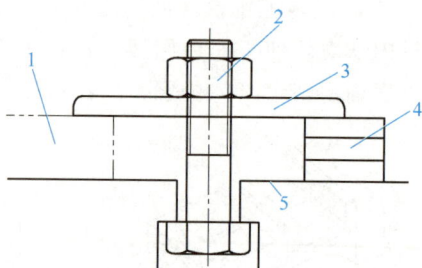

图4-10　压板螺栓

1—工件　2—螺母　3—压板
4—垫铁　5—工作台

2）如果压板的作用点作用于工件已加工表面上，需要在已加工表面与压板之间加铜质或铝质垫片，防止工件表面被压伤。

3）在工作台上夹紧毛坯时，为保护工作台面，应在工件与台面之间加垫软金属垫片。如果在工作台上夹紧较薄且有一定面积的已加工表面时，可在工件与工作台间加垫纸片以增加摩擦，提高夹紧可靠性，保护工作台面。

4）工件压紧后，需用划线盘再次复核工件直边与工作台之间的平行度，避免工件压紧过程中的变形和移动。

40

4.5 铣削加工方法

常见的几种铣削加工方法主要是铣平面、铣斜面、铣台阶面和铣沟槽。无论是哪种铣削方法，其工艺过程相同，大致可将铣削加工分为以下几个步骤。

（1）准备工作 分析零件图样，确定工艺路线，选用合适的毛坯和工、量具。

（2）装夹工件 选用合适的夹具，将工件固定牢靠。

（3）选定参数 根据零件材质、刀具切削性能选用合适的转速、背吃刀量和进给量。

（4）加工检验 起动机床，开始加工，并对加工完成的零件进行检验。

1. 铣平面

平面铣削可以在卧式铣床和立式铣床上进行。根据工件形状不同，通常情况下选择用面铣刀在立式铣床上铣削平面，用圆柱铣刀在卧式铣床上铣削平面。

（1）用面铣刀铣平面 用刀齿分布于圆柱端面上的铣刀进行铣削的方式称为面铣，又称端铣。面铣刀刀盘直径大，刀齿多，铣削过程中不易产生振动，相对平稳。面铣刀多采用硬质合金刀片，可选用较大的切削用量，具有生产效率高、表面质量好等特点，普遍适用于大平面的铣削，如图 4-11 所示。

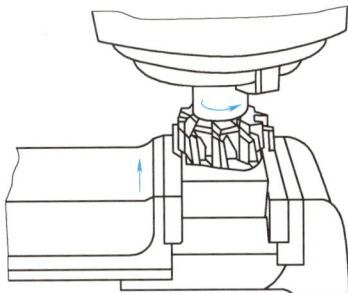

图 4-11 端铣法

（2）用圆柱铣刀铣平面 用刀齿分布于圆周表面上的铣刀进行铣削的方式称为周铣。根据铣刀旋转方向与工件进给方向不同，周铣又分逆铣和顺铣。逆铣时，铣刀旋转方向（切入工件时的切削速度方向）与工件进给方向相反，如图 4-12a 所示；顺铣时，铣刀旋转方向（切出工件时的切削速度方向）与工件进给方向相同，如图 4-12b 所示。

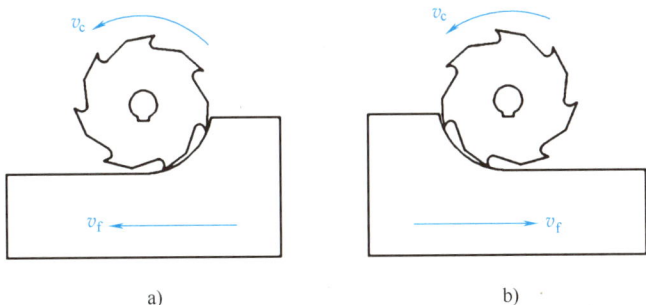

图 4-12 铣削加工方式

a）逆铣 b）顺逆

顺铣和逆铣各有特点，以下从铣削厚度和切削力方向两个方面进行比较。

1）铣削厚度变化的影响。逆铣时，刀齿的切削厚度由薄到厚。切削刃刚开始接触工件时，由于侧吃刀量几乎为零，所以刃口先是在工件已加工表面上滑行，到一定距离时，切削刃才切入工件。刀齿滑行对已加工表面的挤压，使工件表面产生冷硬层，造成工件表面粗糙度降低，切削刃磨损加剧。顺铣时，刀齿的切削厚度由厚到薄，无上述缺点。

2）切削力方向的影响。顺铣时，铣削力纵向分力的方向与进给方向相同，如果丝杠螺母传动副中存在背向间隙，则当纵向分力大于工作台与导轨之间的摩擦力时，会使工作台连同丝杠沿背向间隙窜动，使由螺纹副推动的进给运动变成由铣刀带动工作台窜动，引起进给量瞬时变化，影响工件加工质量，严重时会使铣刀崩刃；逆铣时，铣削力纵向分力的方向与进给方向相反，使丝杠和螺母始终保持在螺纹牙型的一个侧面接触，工作台不会发生窜动。

2. 铣斜面

斜面在生产中是比较常见的特征，斜面铣削可以通过倾斜垫铁、角度铣刀和分度头进行，如图 4-13 所示。

（1）用倾斜垫铁铣斜面　在工件基面下垫一块与所需角度一致的倾斜垫铁，铣出来的平面与工件基面成倾斜状态。通过改变倾斜垫铁的角度可以加工不同斜度的零件，如图 4-13a 所示。

（2）用角度铣刀铣斜面　倾斜度较小的斜面可采用合适的角度铣刀加工，如图 4-13b 所示。

（3）用分度头铣斜面　在圆柱形或者特殊形状的零件上加工斜面，可以使用分度头调整出要求的角度而铣出斜面，如图 4-13c 所示。

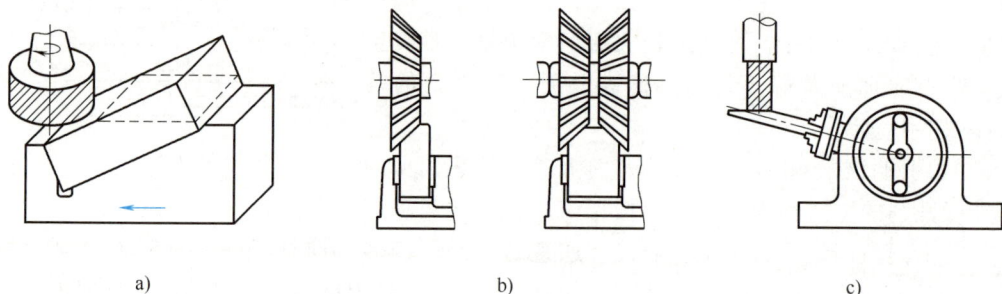

a)　　　　　　　　b)　　　　　　　　c)

图 4-13　常见铣斜面的方式

a）倾斜垫铁　b）角度铣刀　c）分度头

3. 铣台阶面

立式铣床和卧式铣床都可以加工台阶面，既可以用三面刃铣刀在卧式铣床上加工，如图 4-14a 所示；也可以用大直径立铣刀在立式铣床上铣削，如图 4-14b 所示；成批生产时，可以通过组合铣刀的方式在卧式铣床上同时加工，如图 4-14c 所示。

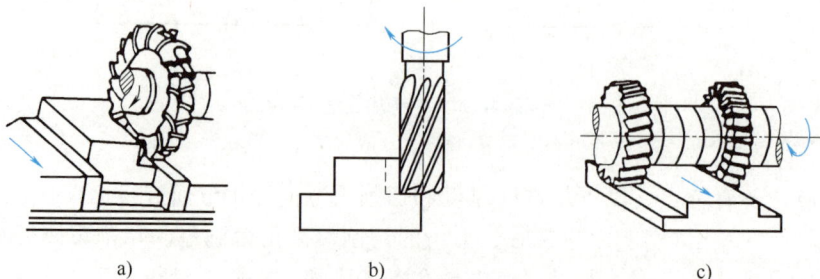

a)　　　　　　　　b)　　　　　　　　c)

图 4-14　铣台阶面

a）三面刃铣刀铣削　b）大直径立铣刀铣削　c）组合铣刀铣削

4. 铣沟槽

在铣床上可以加工各种类型的沟槽，如键槽、直槽、T形槽、燕尾槽和角度槽等。现以常见的键槽、T形槽及燕尾槽为例，介绍其加工方法。

（1）铣键槽 根据键槽形状不同，键槽分封闭式和敞开式两种，其中封闭式键槽在立式铣床上加工，敞开式键槽在卧式铣床上加工。封闭式键槽多采用键槽铣刀铣削，铣刀一次轴向进给不能太大，切削时要注意逐层切下，如图4-15a所示。敞开式键槽多用三面刃铣刀进行加工，如图4-15b所示。

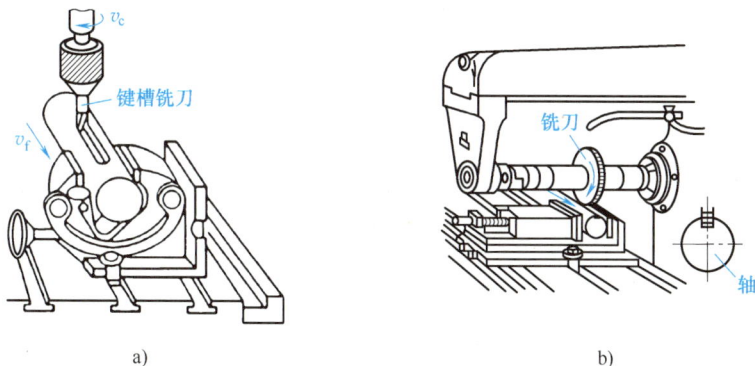

图4-15 铣键槽

a）在立式铣床上铣封闭式键槽 b）在卧式铣床上铣敞开式键槽

（2）铣T形槽及燕尾槽。T形槽及燕尾槽通常在立铣刀或三面刃铣刀加工出直角槽的基础上，再用T形槽刀或燕尾槽铣刀铣削成形，一般在立式铣床上加工完成。铣削时，T形槽铣刀排屑困难，因此应选择较小的切削用量，并增加切削液浇注，最后通过角度铣刀加工倒角，如图4-16所示。

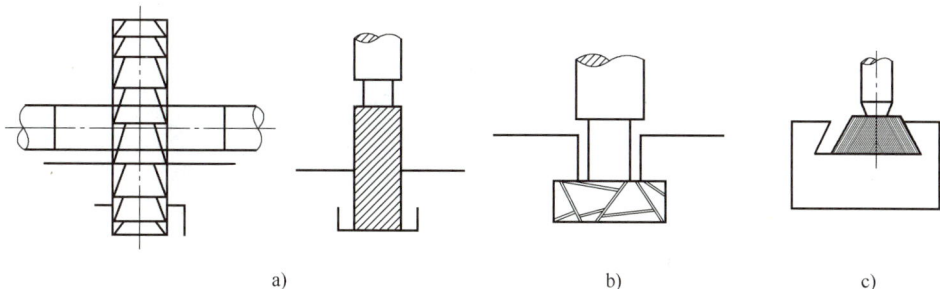

图4-16 铣T形槽和燕尾槽

a）先铣直槽 b）铣T形槽 c）铣燕尾槽

4.6 铣削实训案例

1. 案例描述

本项目旨在进行平行面铣削的单一练习，使学生建立铣削的初步概念，并快速认知铣削与车削之间的区别，从而健全基本的工业制造意识。

实训要求：零件材质Q235，尺寸为长100mm、宽100mm、高30mm，要求使用普通铣床加工，如图 4-17 所示。

实训设备及工、量具：锯床、普通铣床、机用平口钳、呆扳手、平行垫铁、游标卡尺、千分尺。

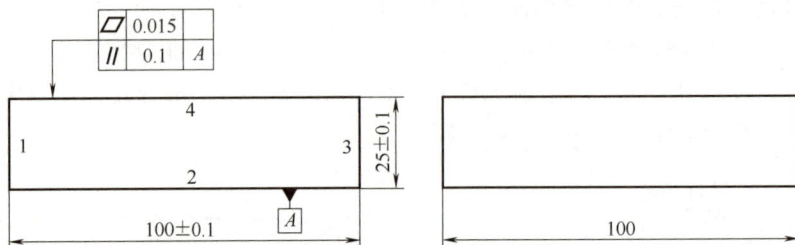

图 4-17　铣削平行面

2. 制作过程

根据零件精度尺寸和力学性能要求，可确定加工工序依次为下料、铣平面，具体工作步骤见表 4-1。

表 4-1　铣削工作步骤

序号	工序	工作内容	刀具
1	下料	取一块长 100mm、宽 100mm、高 30mm 的毛坯	
2	铣平面	夹住 1、3 面,铣削 2 面厚度到 27mm	$\phi60$ 面铣刀
3	铣平面	夹住 1、3 面,铣削 4 面厚度到 (25±0.1)mm	

3. 评分标准

针对学生综合素质和实操技能，制定评分标准，见表 4-2。

表 4-2　铣削评分标准

姓名			
综合素质栏目(30%)			
评分项目	评分细则	配分	得分
衣着穿戴	穿戴不规范不得分	6	
工具摆放	摆放不整齐不得分	6	
文明操作	出现操作失误不得分	6	
应急处理	应急处理不妥当不得分	6	
卫生清理	周边及台面未清理不得分	6	
实操技能栏目(70%)			
评分项目	评分细则	配分	得分
刀具安装	选用刀具并正确安装得分,否则不得分	10	
毛坯装夹	毛坯装夹正确得分,否则不得分	10	
设置参数	正确选择参数得分,否则不得分	10	
机床操作	操作顺利无误得分,有误酌情扣分	10	

（续）

实操技能栏目（70%）			
评分项目	评分细则	配分	得分
加工尺寸	厚度（25±0.1）mm：公差范围内得分，超差不得分	15	
表面粗糙度	表面光滑得分，否则不得分	15	
合计		100	

否定项说明：
1. 不符合衣着穿戴规范的人员禁止加工；
2. 操作过程中出现危及自身及他人安全的状况将禁止加工；
3. 不服从指导教师指挥，强行进行加工的情况将禁止加工；
4. 因个人操作失误导致设备故障且当场无法排除的将禁止加工。

💡 练习与思考

4-1　简述卧式铣床的结构。

4-2　简述 X6132 型万能卧式铣床型号的含义。

4-3　简述顺铣和逆铣的区别。

4-4　简单列举两种铣刀类型。

4-5　铣削加工的特点有哪些？

4-6　常用的铣床附件有哪些？

4-7　铣削加工常用的安装方式有哪些？

4-8　铣削加工斜面的方法有哪些？

4-9　铣削台阶面的方法有哪些？

4-10　铣削沟槽的方法有哪些？

第5章

钳工

5.1 概　　述

钳工是使用钳工工具和设备，从事工件划线与加工、机器装配与调试、设备安装与维修、工具制造与修理的一种加工方法，主要以手工操作为主，具有灵活性强、工作范围广、技术要求高等特点。生产过程中，操作者技能水平对产品质量的影响较大。钳工有装配钳工、机修钳工和工具钳工之分，工作范围主要包括划线、零件加工、机器装配和调试维修，其中零件加工又分表面加工、孔加工和螺纹加工三类。常见的锯削、锉削和錾削等都属于表面加工；钻孔、扩孔等操作属于孔加工，攻螺纹和套螺纹属于螺纹加工。

5.2 划　　线

划线是根据图样尺寸，在工件上划出加工界线，以确定加工余量，明确尺寸界线的一种方法。划线分平面划线和立体划线，在一个平面上划线就能满足加工需求的，称为平面划线，如图 5-1a 所示。在零件相互垂直方向的各个平面上同时划线，称为立体划线，如图 5-1b 所示。划线是最重要的工序之一，广泛用于单件和小批量生产中。

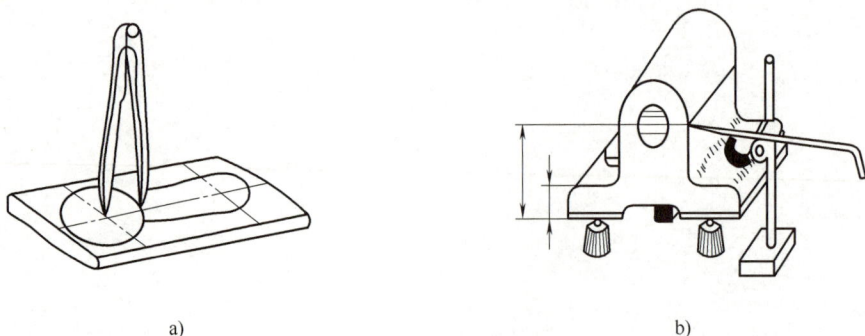

a)   b)

图 5-1　划线
a）平面划线　　b）立体划线

5.2.1　划线工具

根据使用目的的不同，划线工具也不同。常见划线工具可分为基准工具、绘划工具、支承工具和测量工具四类。

1. 基准工具

划线平板是用来划线的基准工具，由铸铁制成。平板上表面经精刨或刮削之后形成基准面，为划线提供基准，如图 5-2 所示。

2. 绘划工具

绘划工具主要包括划针、划线盘、划规和样冲，如图 5-3 所示。

（1）划针　划针是用于工件上直接划线的工具，由碳素工具钢制成。划线时，针尖紧贴导向工具边缘，并向划线方向倾斜 45°～75°，一次完成划线，如图 5-3a 所示。

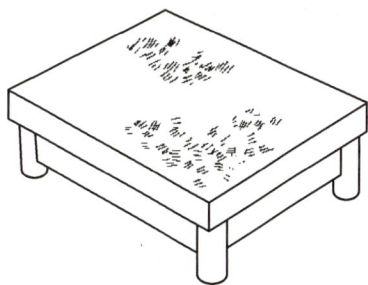

图 5-2　划线平板

（2）划线盘　划线盘是带有划针的可调节划线工具，主要用于立体划线或找正工件位置。划线时，调整划针高度，然后在平板上移动划线盘，即可在工件上划出与平板平行的线，如图 5-3b 所示。

（3）划规　划规主要用于划圆弧、等分线段、等分角度和量取尺寸，是平面划线的主要工具，如图 5-3c 所示。

（4）样冲　样冲是用于在工件所划加工线条上打样冲眼（冲点）的工具，作为加强界线标志和作圆弧或钻孔时的定位中心，如图 5-3d 所示。

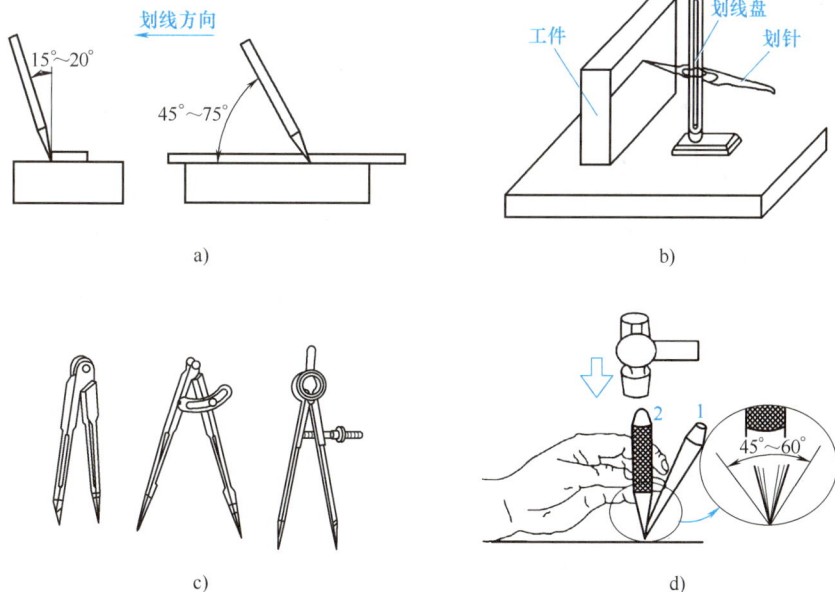

图 5-3　绘划工具

a）划针　b）划线盘　c）划规　d）样冲

3. 支承工具

常用的支承工具主要有方箱、V 形铁和千斤顶，如图 5-4 所示。

（1）方箱　方箱是由铸铁制成的空心立方体，相邻平面互相垂直，相对平面互相平行，主要用于夹持小工件，并通过翻转划出垂直线，如图 5-4a 所示。

（2）V 形铁　V 形铁主要是用来支撑圆柱形工件。使用时，将工件置入 V 形槽内，使其轴线平行于平台，以便用划线盘划出其中心线，如图 5-4b 所示。

（3）千斤顶　千斤顶主要用于在平板上支承较大工件，通常三个为一组。通过调整千斤顶高度可以找正工件位置，如图 5-4c 所示。

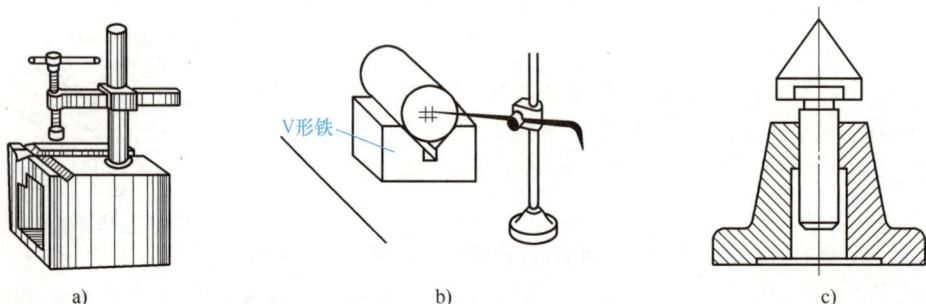

a)　　　　　　　　　　b)　　　　　　　　　　c)

图 5-4　支承工具

a）方箱　b）V 形铁　c）千斤顶

4. 测量工具

（1）直角尺　直角尺既可以用来检查工件的垂直度，也可以划出一条垂直于基准边的直线，如图 5-5a 所示。

（2）钢直尺　钢直尺可用来划直线或检测工件平面度，如图 5-5b 所示。

（3）高度游标卡尺　高度游标卡尺主要用来测量高度，如图 5-5c 所示。

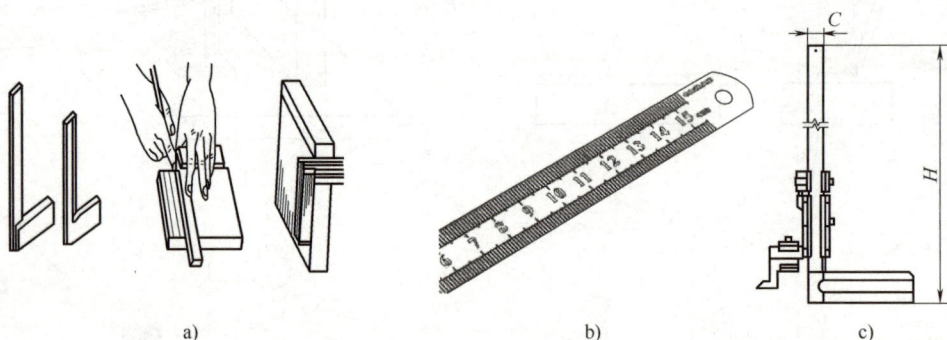

a)　　　　　　　　　　b)　　　　　　　　　　c)

图 5-5　测量工具

a）直角尺　b）钢直尺　c）高度游标卡尺

5.2.2　划线基准的选择

划线时，用以确定工件几何形状各部分相对位置的线或面，称为划线基准。

1. 基准选择原则

1）以设计基准为划线基准。

2）以已加工表面作为划线基准，有利于保证其与待加工表面的精度要求。

3）以某些重要的加工表面作为划线基准，保证该表面获得良好的性能。

4）当各个表面均需加工时，应选加工余量小的表面作为划线基准。

5）当加工毛坯件时，常选重要孔的中心线作为划线基准；当毛坯上没有重要孔时，则应选较大的平面作为划线基准。

2. 常用划线基准

1）以两个互相垂直的平面为基准，如图 5-6a 所示。

2）以两条互相垂直的中心线为基准，如图 5-6b 所示。

3）以一个平面和一条中心线为基准，如图 5-6c 所示。

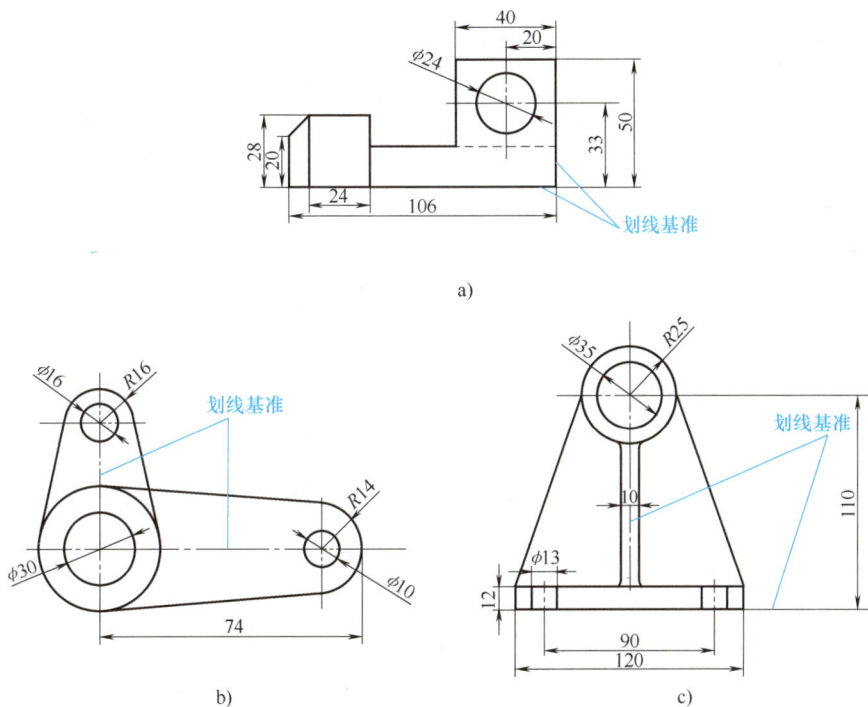

图 5-6　确定划线基准

5.2.3　划线的步骤与方法

1. 划线的步骤

1）分析图样，明确加工工艺，确定划线基准。

2）检查毛坯，清除毛坯疤痕和氧化皮，并在工件表面涂抹颜料。通常情况下，毛坯选用石灰水，已加工表面选用硫酸铜溶液。

3）根据零件加工需求，正确放置工件并选用合理的划线工具。

4）根据划线基准划线。划线完成后，检查划线准确性及是否存在漏划线条，并根据实际需要打样冲眼。

2. 划线的方法

平面划线和几何作图相似，在此不做说明。立体划线主要运用直接翻转法，该方法可满足任意平面上的划线，利于对划线位置进行全面检查，但是其工作效率低、劳动强度较大。

以轴承座为例介绍立体划线方法，具体如下。

（1）第一次划线　在轴承座上涂以颜料，并将轴承座底面朝下，水平放置在三个千斤

顶上，如图 5-7a 所示。在 $\phi50mm$ 轴承孔内放入塞铁，以确定轴承孔心。过圆心所在平面与相邻、相对平面划出水平线，即基准线 $I—I$，并在保留加工余量的情况下划出底面四周加工线。

（2）第二次划线　如图 5-7b 所示，将工件翻转 90°，并用千斤顶支撑后用直角尺找正，使 $\phi50mm$ 轴承孔两端中心处于同一高度。用直角尺将底面加工线调整到竖直位置，过 $\phi50mm$ 轴承孔划出与底面加工线垂直的另一基准线 $II—II$，然后再划出两螺栓孔中心线。

（3）第三次划线　如图 5-7c 所示，将工件再转 90°，调整千斤顶高度并保证轴承座水平。用直角尺在轴承座面积最大的曲面上确定出一条与基准 $II—II$ 和底面加工线垂直的基准线 $III—III$，然后划出螺栓孔中心线及两端面的加工线。

（4）划出各孔的圆周加工线　划出 $\phi50mm$ 轴承孔和两个 $\phi13mm$ 螺栓孔的圆周尺寸线。

（5）检查　参考图样检查划线，确定无误后打样冲眼。

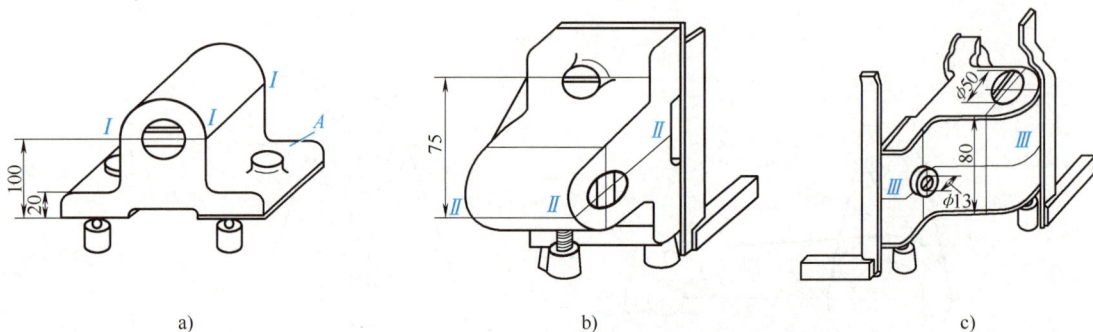

图 5-7　立体划线操作步骤
a）划底面加工线　b）划螺钉孔中心线　c）划大端面加工线

5.2.4　注意事项

1）划线时，尺寸要准确，线条要清晰，样冲落点要均匀，一次性完成。
2）在一次支承中，要一次性划出全部平行线，以免再划时产生误差。
3）不应敲击划线平板，以免影响水平方向基准。
4）划线完成后要复核划线位置，直至确认无误后才可转入机械加工。

5.3　锯　　削

用手锯对工件切断或在工件上进行切槽的操作称为锯削。锯削主要是用手锯切断各种原材料或去除工件上的多余部分，具有操作方便、简单灵活等特点，但加工精度相对较低，需要进一步加工。

5.3.1　锯削工具

1. 手锯

手锯是锯削加工的主要工具，由锯条和锯弓两部分组成。锯弓主要用来夹持和拉紧锯条，有固定式和可调式两种，如图 5-8 所示。锯条有粗齿、中齿和细齿之分。齿距大的锯条为粗齿锯条，齿距小的锯条为细齿锯条。一般长度为 250mm 的锯条，若有 14～18 齿就被称为粗齿锯条，用于锯削软材料或厚材料，如尼龙棒、铸铁；若有 24～32 齿就被称为细齿锯条，用于锯削中等硬度的材料，如厚壁钢管、圆钢。

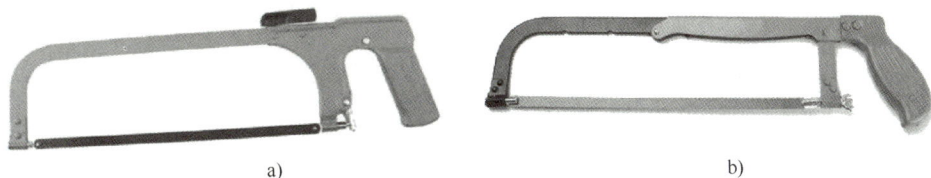

图 5-8 锯弓种类
a) 固定式锯弓 b) 可调式锯弓

2. 台虎钳

台虎钳是钳工操作时常用的夹持工具，工件被夹持在活动钳口与固定钳口之间，顺时针转动摇杆即可夹紧工件，逆时针转动则松开工件，如图 5-9 所示。

5.3.2 锯削的步骤与方法

1. 工件装夹

装夹时，工件一般位于台虎钳的左侧，且锯缝距离钳口左

图 5-9 固定式台虎钳

侧 20mm 左右，防止工件在锯削时产生振动。其次，锯缝线要与钳口侧面平行，方便控制锯缝不偏离划线线条，如图 5-10 所示。

锯削线　　　　　锯削线

a)　　　　　　　　b)

图 5-10 工件装夹
a) 正确装夹 b) 错误装夹

2. 锯条安装

手锯向前推动时才会产生切削作用，所以锯条在安装过程中应保证锯齿向前倾斜，如图 5-11 所示。锯条松紧程度通过旋转蝶形螺母控制，要求旋紧力适中，不能过松或过紧，其松紧程度用手扳动锯条时感觉硬实即可。如果锯条过松，会使锯条在切削过程中产生晃动扭曲，造成锯缝歪斜；如果锯条过紧，则会直接造成锯条折断。

3. 锯削姿势

（1）手锯握法 右手握住锯弓手柄，左手轻扶在锯弓前端，如图 5-12 所示。锯削时，用右手控制前推力和切削压力，左手配合右手使锯弓平稳前进，返回时锯条不做切削运动，

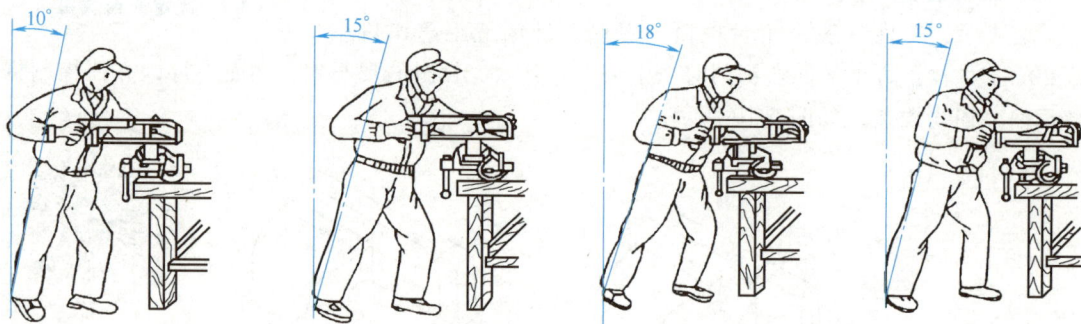

图 5-11　锯条安装

a）正确安装　b）错误安装

可快速拉回。

（2）锯削站姿　操作者面对台虎钳，站在台虎钳中心线一侧，身体中轴线与台虎钳中心线成 45°。锯削时，手锯稍做上下摆动，即手锯推进时，身体略向前倾，确保竖直方向上手锯前端逐渐上翘，末端握手柄部位逐渐向下倾斜。推锯时手锯做功切削，回锯时不做功，因此推锯时用力，回锯时不用力，每次推锯的行程不少于锯条整体的 2/3，双脚站立不动，重心前后移动，反复推拉，频率控制在每分钟 20~40 次，如图 5-13 所示。

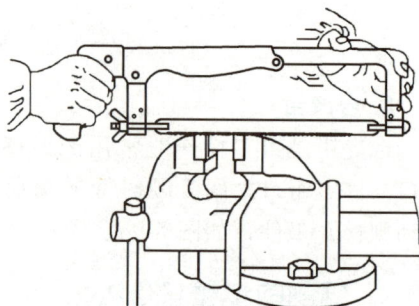

图 5-12　锯弓握法

图 5-13　锯削姿势

4. 起锯方法

在工件的边缘处进行锯缝定位时的操作称为起锯。起锯分远起锯和近起锯两种，如图 5-14 所示。远起锯一般在工件前端开始起锯。起锯前，用左手拇指指甲抵住锯条进行锯缝

图 5-14　起锯方法

a）远起锯　b）近起锯

定位，然后倾斜15°准备起锯，起锯行程控制在150mm左右，压力要小，防止起锯过程中锯条在工件表面产生打滑。反之，在工件后端开始起锯的方法称为近起锯。为使锯条顺利切入工件，一般采用远起锯。

5. 锯削加工

起锯结束后，慢慢增大锯条与工件的接触面积，直至将锯条全部切入工件。锯削时，要保持锯弓平稳前进，均匀加压；返回时不受力，要快速退回。长时间锯削要保持均匀的节奏，尽可能用到锯条全长，以免中间部分迅速磨钝。当物料即将锯断时，应当放慢速度，减小压力，以防在即将锯断时锯条过热、承受挤压导致锯条断裂发生危险。

5.3.3 注意事项

（1）防止锯缝歪斜　锯条安装绷紧后，其侧面与锯弓侧面不平行，如果以锯弓侧面为基准对工件进行锯削，锯缝容易发生歪斜。锯弓握持与运动要以锯条侧面为基准，锯条与加工线平行或重合，锯削时不断观察并及时调整两者的平行度。

当锯缝发生明显歪斜时，应尽量调紧锯条，将锯条移到开始弯曲的部分，用左手的拇指和食指捏在锯条1/3处，自上而下进行修正。当修正到锯缝与加工线平行或重合时，即可恢复正常锯削。

（2）锯削姿势控制　锯削时身体摆动幅度不宜过大，用力要适度，且控制好节奏，保持一分钟30次左右。

5.4 锉　削

用锉刀对工件表面进行切削加工，使其尺寸、形状、位置和表面粗糙度等达到技术要求的操作称为锉削。生产过程中，锉削可广泛应用于内孔、沟槽以及各种复杂形状零件的加工。

5.4.1 锉削工具

1. 锉刀的种类

锉刀是锉削的主要工具，由锉身和锉柄组成，如图5-15所示。利用锉刀表面的锉纹可对工件进行不同精度的微量切削。锉削通常位于锯削之后，锉削加工后的尺寸公差等级可达IT8~IT7，表面粗糙度值可达$Ra1.13~0.8\mu m$。

锉刀一般按照功能用途、断面形状和齿纹粗细来分类。按照功能用途不同，锉刀可分为钳工锉、异形锉和整形锉三类；按照断面形状不同，锉刀又分平锉、方锉、三角锉、半圆锉、圆锉和扁锉；根据齿纹粗细不同，其分为粗齿锉、中齿锉、细齿锉和油光锉，其中粗齿锉齿距为 0.8 ~ 2.3mm，中齿锉齿距为 0.42 ~ 0.77mm，细齿锉齿距为 0.25~0.33mm，油光锉齿距为 0.16~0.2mm。

图5-15　锉刀

2. 锉刀的选用

加工时，要求操作者根据零件加工形状和面积大小选择锉刀。一般情况下，对加工余量大、精度要求低和铜、铝等软材料的零件选用粗齿锉；对半精加工的零件选用细齿锉；对加工余量小、精度要求高的零件选用细齿锉。油光锉通常在精加工过程中用于修光表面，具体见表5-1。

表 5-1　锉刀的选用

锉刀	适用场合			
	加工余量/mm	尺寸公差/mm	表面粗糙度/μm	应用
粗齿锉刀	0.5~2.0	0.3~0.5	6.3~12.5	粗加工、软材料
中齿锉刀	0.2~0.5	0.1~0.3	6.3~12.5	适用粗锉后加工
细齿锉刀	0.05~0.2	0.05~0.2	3.2~6.3	修光表面、硬材料
油光锉刀	0.02~0.05	0.01~0.05	0.8~1.6	精加工时修表面

5.4.2　锉削的步骤与方法

1. 工件装夹

工件装夹于台虎钳中间，夹紧力适中且保证工件不变形。装夹后的工件不能伸出钳口太多，以免锉削时产生振动。与此同时，还应在钳口一侧留出适当宽度以方便锉刀找到水平和竖直方向，目的是将锉刀尽量端平，并使锉刀与工件之间的接触面积尽可能大，以提高锉削平面质量与锉削效率。

2. 锉削姿势

（1）锉刀握法　使用大锉刀时，右手心抵住锉刀柄端头，大拇指放在锉刀柄上面，其余四指弯曲配合大拇指握住手柄。左手大拇指和食指捏住锉端，使锉刀保持水平，引导锉刀往复运动。根据锉刀大小和用力程度不同，大锉刀手握姿势如图5-16a所示。

使用小锉刀时，右手拇指放在锉刀柄上面，食指伸直且靠在锉刀刀边，左手手指压在锉刀中部，如图5-16b所示。

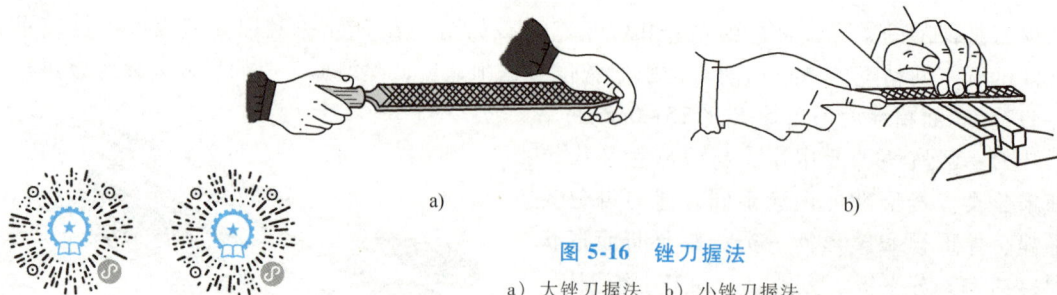

图 5-16　锉刀握法

a）大锉刀握法　b）小锉刀握法

（2）锉削站姿　操作者面对台虎钳且站在台虎钳中心一侧，身体与台虎钳中心线成45°。锉削时，双腿站立不动，左膝弯曲，右腿伸直，使重心位于左脚。当锉刀推至3/4时，身体停止前行，使锉刀到达终点，此时将身体重心后移以使身体恢复原位，并顺势收回锉刀。后续重复动作，直至完成零件锉削，如图5-17所示。

3. 锉削方法

（1）平面锉削　常用的平面锉削方法主要有顺锉法、交锉法和推锉法。

1）顺锉法。顺锉法是最基本的锉法。锉削时，锉刀运动方向与工件夹持方向一致，适用于小平面的精锉，如图5-18a所示。

2）交锉法。锉削时，锉刀运动方向与工件夹持方向成45°，如图5-18b所示。该方法切削效率高，锉刀容易掌握平稳，适用于大平面的粗锉。

图 5-17　锉削站姿

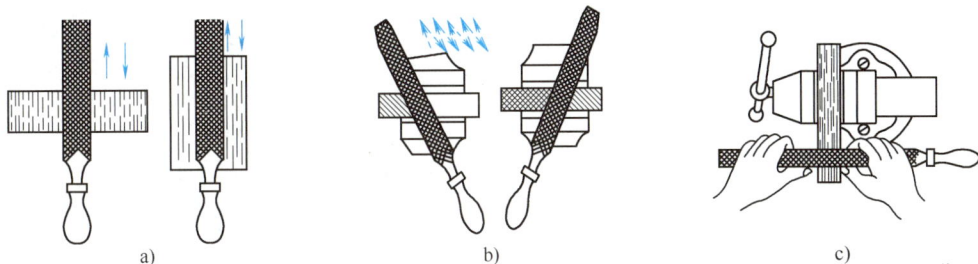

3）推锉法。锉削时，两手横握锉刀，用大拇指推锉刀锉削，锉削效率相对较低，适用于狭长或加工余量较小平面的锉削，如图5-18c所示。

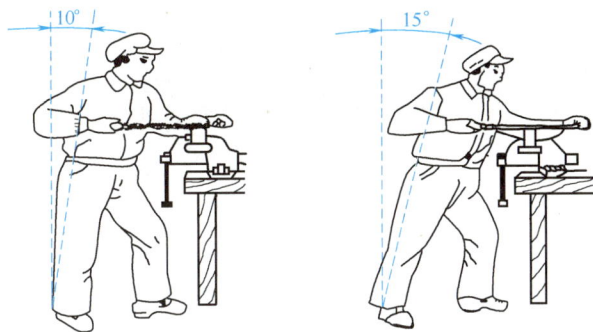

图 5-18　锉刀的锉法

a）顺锉法　b）交锉法　c）推锉法

（2）圆弧面锉削

1）外圆弧面锉削。锉削外圆弧面时，一般顺着圆弧面锉削，即锉刀做前进运动的同时绕工件圆弧中心摆动。当加工余量较大时，可先采用横锉法去除加工余量，再采用滚锉法顺着圆弧精锉。

2）内圆弧面锉削。锉削内圆弧面时，应使用圆锉或半圆锉，并使其完成向前运动、左右移动、绕锉刀中心线转动三个动作。

锉削后的圆弧面，需用曲面样板通过塞尺或透光法进行面轮廓度检查。

4. 锉削质量检测

质量检验是控制质量的关键环节，质量检验主要包括直线度、垂直度、平面度检验和工件尺寸检验。直线度、垂直度和平面度检验主要是通过钢直尺和直角尺根据透光法来进行，如图5-19所示。工件的尺寸可用钢直尺或游标卡尺来检验，如图5-20所示。

5.4.3　注意事项

1）锉削前，应观察锉刀规格是否符合零件待加工表面的技术要求。

2）锉削时，要将锉刀端平，平稳进行往复运动，尽量避免各个方向的倾斜。

3）锉削后，将工具依次摆放，以减少锉刀堆积摩擦导致的锉纹损坏。

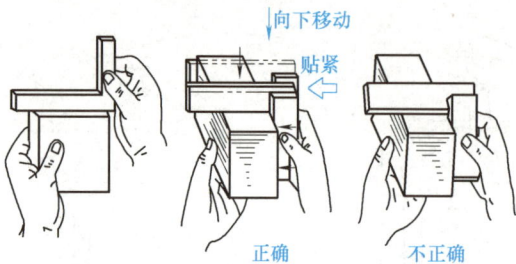

图 5-19　直线度、垂直度、平面度检验

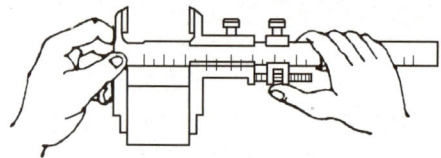

向下移动

贴紧

正确　　不正确

图 5-20　尺寸检验

5.5　钻　孔

用钻头在实体工件上加工出孔的方法称为钻孔。在钻床上钻孔时，工件一般固定不动，钻头做旋转运动和进给运动。

5.5.1　钻孔工具

1. 钻床

钻床是一种通用孔加工机床，常见类型有台式钻床、立式钻床和摇臂钻床。

（1）台式钻床　台式钻床，简称台钻，是一种置于工作台上的小型钻床，主要用来在小型工件上钻孔，钻孔直径一般在 12mm 以下，如图 5-21a 所示。钻孔时，工件放置于工作平台上，钻头通过主轴带动旋转，同时沿 Z 轴向下做进给运动。钻孔需通过手动来完成，具有结构简单、小巧灵活、使用方便等特点。

（2）立式钻床　立式钻床，简称立钻，主要由基座、工作台、立柱、主轴箱和进给变速箱等几部分组成，适用于加工中小型零件上的孔，如图 5-21b 所示。相比台钻，立钻加工孔径较大，其规格主要是按照最大孔径来表示，常有 25mm、35mm、40mm 和 50mm 几种。

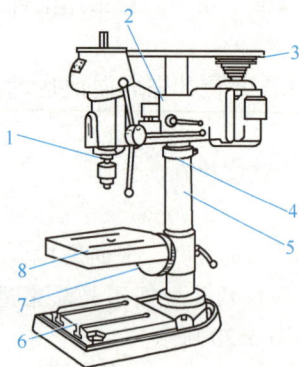

a)　　　　　　　　b)　　　　　　　　c)

1—主轴　2—头架　3—塔形带轮　4—保险环　5—立柱6—底座　7—转盘　8—工作台

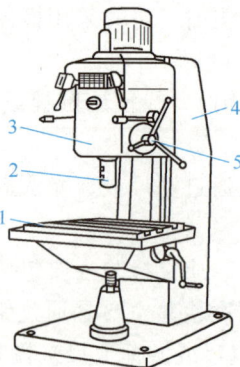

1—工作台　2—主轴　3—主轴箱4—立柱　5—进给操纵手柄

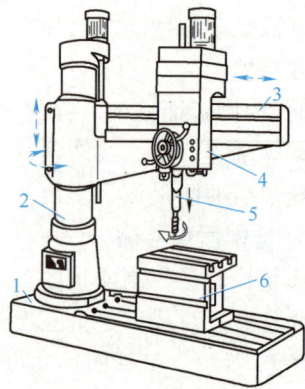

1—底座　2—立柱　3—摇臂4—主轴箱　5—主轴　6—工作台

图 5-21　钻床

a）台式钻床　b）立式钻床　c）摇臂钻床

（3）摇臂钻床　摇臂钻床主要用于较大及多孔工件的加工，其最大钻孔直径50mm。钻床摇臂既可以绕立柱旋转，也可沿立柱垂直移动，与此同时，钻床主轴箱安装于摇臂上，可沿摇臂导轨做水平移动，如图5-21c所示。

2. 麻花钻

（1）高速钢麻花钻　麻花钻是最普遍的钻孔工具，如图5-22所示。它由柄部、颈部和工作部分组成，其中柄部结构有直柄和锥柄两种形式。根据传递转矩大小不同，直柄一般用于直径12mm以下的钻头，锥柄用于直径大于12mm的钻头。

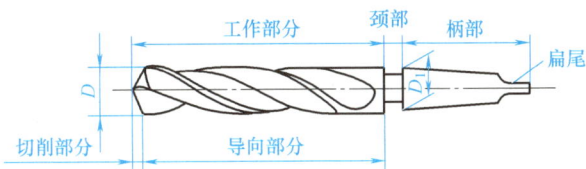

麻花钻工作部分由切削部分和导向部分组成。加工时，切削部分通过两条对称的切削刃对工件进行切削。导向部

图 5-22　麻花钻

分由两条对称的螺旋槽和刃带组成，其中螺旋槽主要用于排屑，刃带则用于减少钻头和孔壁之间的摩擦。麻花钻一般在铸铁、碳素钢、软金属等材料上钻削，是生产中使用最多、最广的钻孔工具。

（2）硬质合金麻花钻　硬质合金麻花钻一般用于加工高强度钢、不锈钢。

5.5.2　钻孔的步骤与方法

1. 工件划线

在工件上钻孔，需根据钻孔位置划出孔的十字中心线和检查线，并在孔中心处打样冲眼，以便起钻时钻头对准中心，不偏离定位。对于较大的孔径，还需划出几个大小不等的检查圆，便于检查和校正，如图5-23所示。

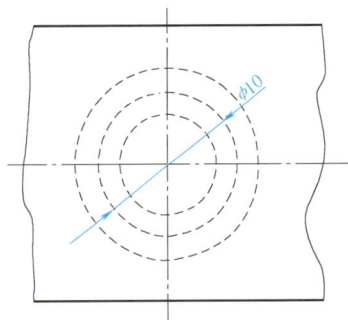

2. 工件装夹

根据零件形状和钻孔直径大小选择合适的夹具。对于平整的工件，可用机用平口钳装夹。将工件放入钳口内，使工件被加工面朝上，且保证孔的中心线与工作台垂直，然后顺时针方向旋转螺杆将工件夹紧，如图5-24a所示。锁紧后，用木棒敲击工件，根据声音情况检查工件是否放平夹紧，如图5-24b所示。

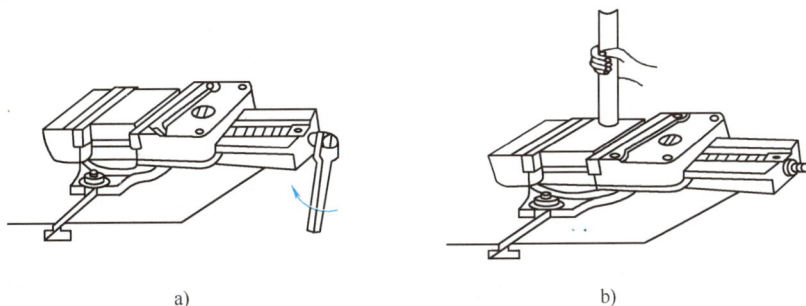

图 5-23　划孔的检查线

a)　　　　　　　　　　b)

图 5-24　工件装夹
a）顺时针旋紧手柄　b）用木棒敲击工件

57

3. 钻头装夹

首先，根据孔径大小选择合适的钻头。钻头装夹是依靠钻夹头和变径套实现的。一般情况下，钻夹头用于装夹直径小于 13mm 的直柄钻头。装夹时，将钻头柄放入钻夹头内，保持夹持长度超过 15mm，然后用专用钥匙旋转夹头外套，以达到夹紧（或松开）钻头的目的，如图 5-25 所示。

4. 选择切削用量

钻削时，需根据工件材料和孔径大小选择合适的切削用量。当选择较粗的钻头钻孔时，应选择较低的转速；反之选择较高的转速，但要适当减少进给量，以免钻头折断。

5. 起钻

起钻时，使钻头对准中心并慢慢接触工件，通过试钻一浅孔，观察孔中心位置是否偏离，如有偏离则需要通过重新打样冲眼，待纠正位置后再继续钻削。

图 5-25　钻头的夹持

6. 钻孔

当起钻达到位置要求后，可用较大的进给力进行钻削。钻削时，进给速度要均匀，且要多次退出便于钻头冷却和排屑。即将钻穿时，减少进给力，防止进给量突然增大，造成钻头折断而发生事故。

5.5.3　注意事项

1）对于直径超过 30mm 的孔，应分两次钻削。

2）在大薄板零件上钻削时，需使用专用工具——手虎钳夹持住薄铁板，并采用专用钻头进行切削，严禁直接用手承压住薄板。

3）钻削硬质材料及深孔时，应配备切削液，且应不断将钻头提出便于冷却和排屑。

5.6　攻螺纹与套螺纹

螺纹有内螺纹和外螺纹之分。钳工中主要通过攻螺纹和套螺纹两种方法来实现螺纹的加工。用丝锥在工件孔中切削出内螺纹的加工方法称为攻螺纹，用板牙在外圆柱面上切削出外螺纹的加工方法称为套螺纹。

5.6.1　攻螺纹

1. 攻螺纹的工具

（1）丝锥　丝锥是一种加工螺纹的标准刀具，由工作部分和柄部组成，如图 5-26 所示。丝锥的工作部分包括切削部分和校准部分，其中切削部分主要承担切削工作，并开有 3~4 个容屑槽，以便排屑；校准部分则是引导丝锥轴向移动并修光螺纹。丝锥的柄部主要是通过配合铰杠传递力矩。

丝锥分为手用丝锥和机用丝锥两种。手用丝锥主要用于手工攻螺纹，机用丝锥主要用于机床上。丝锥通常成对使用，包括头锥和二锥，一般情况下使用头锥进行粗攻，使用二锥精攻。

图 5-26 丝锥

（2）铰杠 铰杠是手工攻螺纹时用来夹持丝锥的工具。

2. 攻螺纹的步骤与方法

（1）钻孔 攻螺纹前需要钻孔，钻孔前需要根据工件材料确定螺纹底孔直径。不同材质底孔直径计算公式有所不同。

韧性材料计算公式：

$$d = D - P \tag{5-1}$$

脆性材料计算公式：

$$d = D - (1.05 \sim 1.1)P \tag{5-2}$$

式中 d——底孔直径，单位为 mm；

D——螺纹大径，单位为 mm；

P——螺距，单位为 mm。

攻不通孔螺纹时，丝锥不能直接攻到底，一般情况下要求底孔深度大于螺纹长度，钻孔深度见式（5-3）。

$$H = h + 0.7D \tag{5-3}$$

式中 H——钻孔深度，单位为 mm；

h——螺纹深度，单位为 mm；

D——螺纹大径，单位为 mm。

（2）头攻 用台虎钳夹紧工件，用铰杠夹住丝锥尾端。将丝锥置于底孔位置，保持丝锥中心重合于底孔中心。手掌按住铰杠中部，食指和中指夹住丝锥，并对丝锥施加压力，使其顺时针旋转 1~2 圈后切入工件。此时，通过直角尺检查丝锥与工件面的垂直度，垂直后继续旋转丝锥，每转 1~2 圈时倒退 1/4 圈，以便排屑，如图 5-27 所示。攻螺纹时，双手用力要平衡，若感到转矩较大时，不可强攻，应及时将丝锥退出。

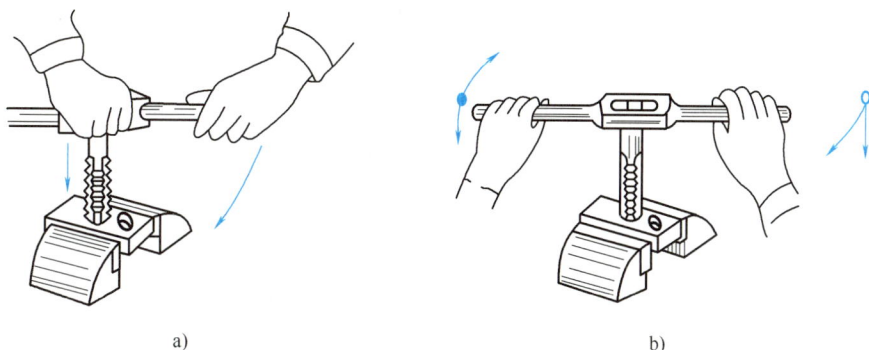

a)   b)

图 5-27 起攻法

（3）二攻　二攻属于精加工，将二锥安装于铰杠上进行二次加工，以提高螺纹质量。二攻时，不需要施加压力。

3. 注意事项

1）攻螺纹时，必须按头攻、二攻的顺序攻削至标准尺寸。

2）攻螺纹时，当铰杠转动比较吃力时，不能强行转动，以免丝锥折断。

5.6.2　套螺纹

1. 套螺纹工具

（1）板牙　板牙是加工外螺纹的标准刀具，外形类似于圆形螺母，如图 5-28 所示。板牙有 3~4 个排屑孔，并在此处形成了切削刃，其中间是校准部分，主要用来修光螺纹。

（2）板牙架　板牙架是用来装夹板牙并带动其旋转的主要工具，如图 5-29 所示。通常情况下，板牙和板牙架配套使用。

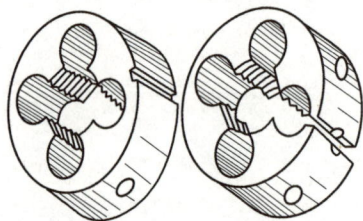

图 5-28　板牙

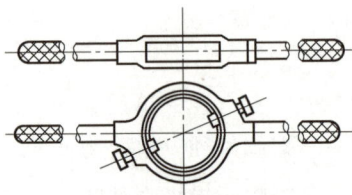

图 5-29　板牙架

2. 套螺纹步骤与方法

（1）确定螺纹直径　套螺纹时，主要是将圆柱外表面切削成螺纹牙型。圆柱直径过大或过小均不利于螺纹的套削。如果直径过大，板牙难以套入；如果直径过小，则套出的螺纹不完整不均匀。通常情况下，要求所要套螺纹的圆柱直径小于螺纹大径，大于螺纹小径，见式（5-4）。

$$d = D - 0.13P \qquad (5-4)$$

式中　d——圆柱直径，单位为 mm；

D——螺纹大径，单位为 mm；

P——螺距，单位为 mm。

（2）起套　起套前，需要对加工端面进行 15°~20° 的倒角（图 5-30a）。起套时，为防止圆柱发生位移和转动，切削过程中应采用铝钳口或 V 形铁来夹持工件，以增大摩擦阻力。

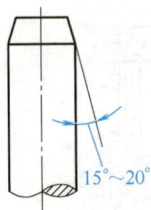

15°~20°

a)

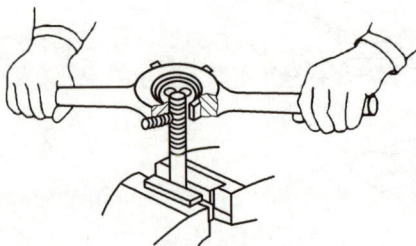

b)

图 5-30　圆柱倒角与套螺纹

用板牙架夹持板牙，并使板牙端面与圆柱轴线垂直，如图 5-30b 所示。手掌按住板牙架中间，施以压力并按顺时针方向旋转，使板牙嵌入工件 2~3 圈，然后用直角尺检查板牙与圆柱的垂直度。若板牙发生歪斜，则需要对其纠正，具体操作方法是将板牙退回至初始位置，重新切入板牙。当接近歪斜位置时，对板牙架施加压力旋转纠偏，直至板牙端面与工件轴线垂直。垂直后，双手保持平衡继续旋转板牙，每转 1~2 圈时倒退 1/4 圈，以便于排屑。

（3）套削　中途套削后，不需要再对板牙施加压力，仅旋转板牙架即可。

5.7　钳工实训案例

1. 案例描述

本项目通过与普车组合，实现"鸭嘴锤"的加工制作。其中，钳工负责制作"锤头"。通过练习，学生可以了解钳工基本技能和产品制造工艺，培养独立分析和解决问题的能力，养成科学严谨的工作作风。

实训要求：零件材质 Q235，尺寸 20mm×20mm×80mm，要求钳工加工，如图 5-31 所示。

$$其余 \sqrt{Ra\,6.4} \quad (\sqrt{\ })$$

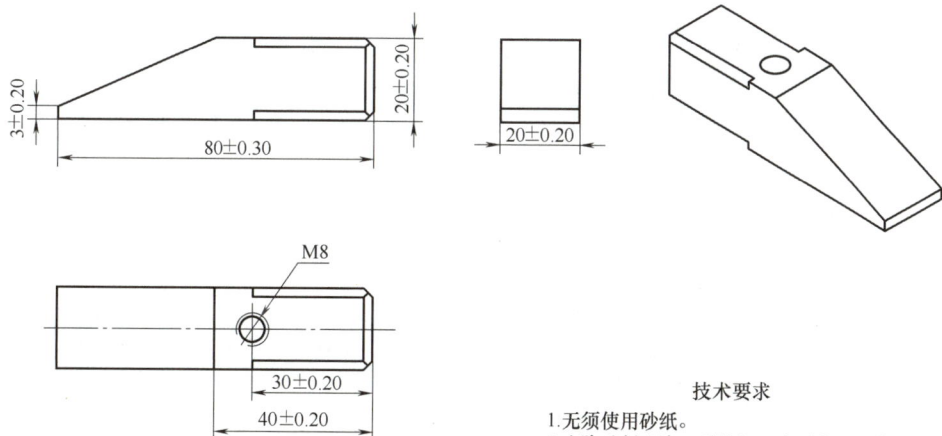

技术要求
1. 无须使用砂纸。
2. 去除毛刺飞边，零件加工表面上，不应有划痕、擦伤等损伤零件表面的缺陷。
3. 未标注倒角为 C2。

图 5-31　锤头

实训设备及工、量具：锯床、钻床、台虎钳、手锯、锉刀、划针、划线平板、样冲、锤子、钢直尺、直角尺、千分尺、游标高度尺、游标卡尺。

2. 制作过程

根据零件精度尺寸和力学性能要求，可确定工作步骤依次为下料、加工基准面、加工平行面、加工垂直面、加工小端面、加工斜面、倒角、钻孔和攻螺纹，工作内容见表 5-2。

表 5-2　钳工工作步骤

序号	步骤	工作内容
1	下料	截取一段 φ28mm×91mm 的圆钢
2	加工基准面	通过划线平板划出边长为 20mm 的方形轮廓，用锉刀锉削其中一个平面，并检测平面度

（续）

序号	步骤	工作内容
3	加工平行面	锉削基准面的平行面,保证两平面和直线之间的平行度、直线度以及该平面的平面度
4	加工垂直面	锉削与基准面相垂直的垂直面,保证垂直面的平面度、直线度,以及与相邻表面的垂直度
5	加工小端面	将游标高度尺分别调整到80mm和81mm的位置,确定尺寸线与加工界线。按加工界限锯削并锉削至80mm处
6	加工斜面	用划针在基准面与平行面上划出距离小端面40mm,距离大端面3mm的直线,将两条线与端面的交点相连。沿斜线锯削,预留一定加工余量,将斜面锉削平整
7	倒角	倒角C2
8	钻孔	用游标卡尺测出工件一半宽度,划出横向线;将高度尺调整到30mm,划出纵向线;相交点即为样冲点,使用$\phi6.8$mm钻头钻孔
9	攻螺纹	通过M8丝锥和铰杠手工攻螺纹
10	整理	整理表面锉纹,测量工件尺寸、形状公差

3. 评分标准

针对学生综合素质和实操技能,制定评分标准,见表5-3。

表5-3 钳工评分标准

姓名			
综合素质栏目(30%)			
评分项目	评分细则	配分	得分
衣着穿戴	穿戴不规范不得分	6	
工具摆放	摆放不整齐不得分	6	
文明操作	出现操作失误不得分	6	
应急处理	应急处理不妥当不得分	6	
卫生清理	周边及台面未清理不得分	6	
实操技能栏目(70%)			
评分项目	评分细则	配分	得分
锉削	姿势正确且装夹方式标准得分,否则不得分	5	
锯削	姿势正确且锯条松弛有度得分,否则不得分	5	
钻孔	姿势正确且找正准确得分,否则不得分	5	
攻螺纹	姿势正确且螺纹垂直得分,否则不得分	5	
尺寸	长度(80±0.3)mm:公差范围内得分,超差不得分	10	
	宽度(20±0.2)mm:公差范围内得分,超差不得分	10	
	高度(20±0.2)mm:公差范围内得分,超差不得分	10	
	螺纹M8:通止规的通端拧进,止端拧不进得分;通止规的通端拧不进,止端拧进不得分	10	
	倒角C2:酌情得分	5	
表面粗糙度	表面光滑得分,否则不得分	5	
合计		100	

否定项说明:

1. 不符合衣着穿戴规范的人员禁止加工;

2. 操作过程中出现危及自身及他人安全的状况将禁止加工;

3. 不服从指导教师指挥,强行进行加工的情况将禁止加工;

4. 因个人操作失误导致设备故障且当场无法排除的将禁止加工。

练习与思考

5-1 简述钳工的工作内容。

5-2 划线前的准备工作有哪些?

5-3 划线都有哪些工具?如何保证划线精准?

5-4 锉刀分为哪几种?适用于什么场合?

5-5 锉削的作用是什么?有哪几种锉削方法?

5-6 手锯有哪两种?如何安装锯条?

5-7 锯削时应当注意什么?

5-8 钻孔前需要做哪些准备工作?

5-9 钻孔时,应注意哪些方面的安全?

5-10 攻螺纹前需要计算什么尺寸?对底孔有什么要求?

5-11 丝锥断裂的原因有哪些?

5-12 套螺纹时,板牙如何选用?

拓展阅读

"托"起"蛟龙号"载人潜水器的大国工匠——顾秋亮

中国船舶重工集团公司钳工顾秋亮的绝活在手上。他凭着精到丝级的手艺,为海底的探索者安装特殊"眼睛"。他安装的"眼睛"可以承受海底每平方米数千吨的压力,在无底黑暗中神光如炬。中国船舶重工的钳工顾秋亮凭着手上的绝活,被任命为7000米级潜水器"蛟龙号"的装配组组长。

1丝(1丝=10μm),只有0.01mm,相当于一根头发丝的十分之一。在我国载人潜水器的组装中,能实现这个精密度的只有顾秋亮。除了使用精密的仪器,更多的是靠顾秋亮自己,即使在摇晃的大海上,他纯手工打磨维修的潜水器密封面平面度也能控制在2丝以内,因此顾秋亮被同事称为"顾两丝"。

"蛟龙号"的观察窗与海水直接接触。面积大约$0.2m^2$的窗玻璃此刻承受的压力有1400t。由于观察窗玻璃与金属窗座是异体镶嵌,如果二者贴合精度不够,就会使窗玻璃处产生渗漏。这就要求顾秋亮必须把玻璃与金属窗座之间的缝隙控制在0.2丝以下。0.2丝,约为一根头发丝的五十分之一,这么小的安装间隙却不能使用任何金属仪器接触测量。因为观察窗玻璃一旦被摩擦出细小划痕,到深海后在重压之下,就可能引发玻璃爆裂。

为了练成这门功夫,顾秋亮把一块块铁板逐渐锉薄,在铁板变薄的过程中,用手不断捏捻搓摸,让自己的手形成对铁板厚薄的精准感知力。

在与钢铁对话的磨炼中,顾秋亮让自己手上的每一根神经都形成了匠作记忆。他表面的行为是锉磨钢铁,而深层的含义是在锉磨自己的心性。在这样的琢磨中,普通钳工顾秋亮磨成了工匠"顾两丝"。

手指上的纹理磨光了,但这双失去纹理的手却成了心灵感知力的精准延伸器。

第6章

其他切削加工

6.1 刨削加工

刨削是一种在刨床上利用刨刀切削工件的加工方法。加工过程中，以刨刀水平方向上的直线运动为主运动，回程时工作台做横向水平或垂直的移动为进给运动，进给运动属于间歇运动。

刨削加工具有以下特点。

（1）生产率较低　切削时刨刀会产生冲击现象，限制了切削速度的提高；回程时刨刀不做切削运动，进一步降低了生产率。但是对于狭长表面的加工，刨削的生产率较高。

（2）适应性较强　刨床结构简单，刨刀刃磨、工件安装也较为简便，因此广泛适应于单件、小批量零件生产的场合。

（3）加工精度较低　刨削加工的尺寸公差等级一般为 IT10～IT7、表面粗糙度值为 $Ra3.2～1.6\mu m$。但加工薄板类零件时，可获得较好的平直度。

6.1.1 刨床

刨床是用刨刀对工件的平面、沟槽或成形面进行刨削的直线运动机床。常见刨床有牛头刨床、龙门刨床等。

1. 牛头刨床

牛头刨床是一种做往复直线运动的刨床，具有结构简单、操作灵活等特点，适用于刨削长度不超过 1000mm 的中小型零件。

（1）牛头刨床型号

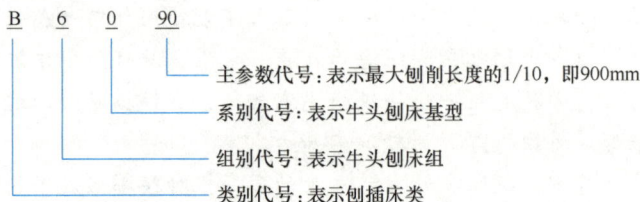

```
B    6    0    90
```

主参数代号：表示最大刨削长度的1/10，即900mm
系别代号：表示牛头刨床基型
组别代号：表示牛头刨床组
类别代号：表示刨插床类

（2）牛头刨床结构　牛头刨床主要由底座、床身、滑枕、刀架、横梁、工作台和内部的摇臂机构等部分组成，如图 6-1 所示。

1）底座和床身。作为牛头刨床的基础部件，底座和床身主要用于安装支撑各部件，保证部件相互之间的正确位置和相对运动轨迹。

2）滑枕。滑枕往复直线运动于床身顶面的导轨内。

3）刀架。刀架安装于滑枕前端，酷似牛头，主要用于安装刀具并在滑枕的带动下做往复直线运动。

4）摇臂机构。电动机通过变速箱带动摇臂机构做往复摆动，并将动力传递于滑枕。

5）横梁。横梁沿床身前导轨做手动或机动垂向进给运动。

6）工作台。工作台安装在横梁上，沿横梁导轨做手动或机动水平进给运动。

2. 龙门刨床

龙门刨床用于刨削大型工件平面或凹槽，尤其适用于狭长平面的加工，其刨削的工件宽度可达1m，长度可达3m以上。

B2012型龙门刨床如图6-2所示。刨削时，工作台带动工件通过门式框架做直线往复运动，即主运动；两个垂直刀架在横梁上做横向运动或两个侧刀架沿纵向导轨做垂直运动，即进给运动；横向进给运动主要用于刨削工件水平面，纵向进给运动主要用于刨削垂直面。刨削斜面时，可通过偏转各个刀架完成。

与牛头刨床相比，龙门刨床具有刚性好、功率大等特点，通常在批量化生产中使用。

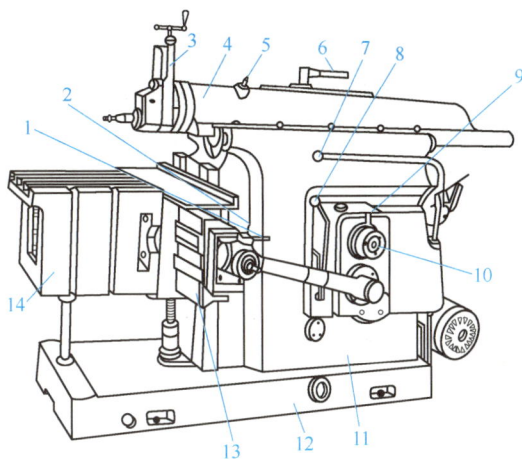

图 6-1 牛头刨床

1—进给运动换向手柄 2—工作台横向或垂向进给手柄 3—刀架 4—滑枕 5—调节滑枕位置手柄 6—紧定手柄 7—操纵手柄 8—工作台快速移动手柄 9—进给量调节手柄 10—调节行程长度手柄 11—床身 12—底座 13—横梁 14—工作台

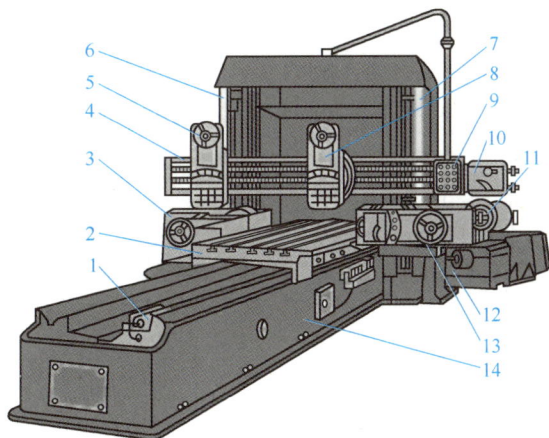

图 6-2 B2012 型龙门刨床

1—液压安全器 2—工作台 3—左侧刀架进给箱 4—横梁 5—左垂直刀架 6—左立柱 7—右立柱 8—右垂直刀架 9—悬挂按钮站 10—垂直刀架进给箱 11—右侧刀架进给箱 12—工作台减速箱 13—右侧刀架 14—床身

6.1.2 刨削加工方法

1. 刨刀

（1）刨刀的结构及特点　刨刀的结构、几何形状与车刀相似，但因刨削时冲击力较大，易造成刀具损坏，因此在制作过程中将刨刀刀杆的横截面积做得大于车刀刀杆横截面积的 1.25~1.5 倍。

（2）刨刀的种类及应用　根据用途不同，刨刀分为平面刨刀、偏刀、切刀、弯切刀、角度刨刀和样板刀，如图 6-3 所示。

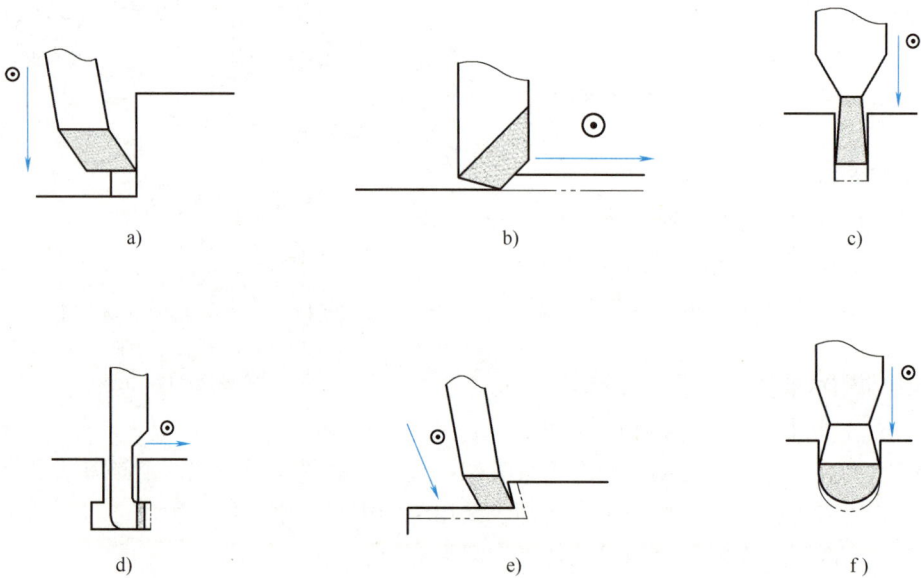

图 6-3　刨刀及应用

a）平面刨刀　b）偏刀　c）切刀　d）弯切刀　e）角度刨刀　f）样板刀

平面刨刀：用于刨削水平面，有直头刨刀和弯头刨刀之分。

偏刀：用于刨削台阶面、垂直面和外斜面。

切刀：用于刨削直角槽和切断工件。

弯切刀：用于刨削 T 形槽和侧面直槽。

角度刨刀：用于刨削燕尾槽和内斜面。

样板刀：用于刨削 V 形槽和特殊型面。

（3）刨刀的安装方法

1）刨刀不宜伸出过长，以免在加工时发生振动和折断。直头刨刀在刀架上的伸出长度一般为刀杆厚度的 1.5~2 倍。

2）装卸刨刀时，必须一手扶住刨刀，一手使用扳手，自上而下加力，否则容易将抬刀板掀起，碰伤或夹伤手指。

3）刨削平面或切断工件时，刀架和刀座中心线都应垂直于水平工作台。

2. 刨削方法

基本的刨削工作包括加工平面、台阶面、燕尾面、矩形槽、V 形槽和 T 形槽。选用成形刨刀和仿形装置，也可以加工曲面、齿轮成形面，如图 6-4 所示。

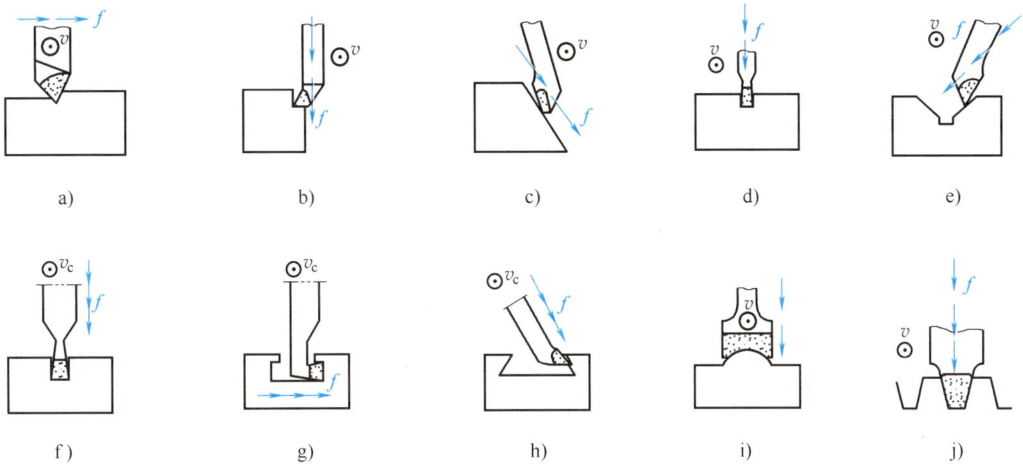

图 6-4 刨削成形表面

a）刨水平面 b）刨垂直面 c）刨斜面 d）刨直角 e）刨 V 形槽
f）刨直角槽 g）刨 T 形槽 h）刨燕尾槽 i）成形刀刨成形面 j）成形刀刨齿条

6.2 磨 削 加 工

磨削是通过磨具切除工件多余材料的加工方法，常用于磨削平面、圆柱面、圆锥面、螺旋面、齿面以及各种成形面。磨削加工是精加工的主要方法。经过磨削的工件，尺寸公差等级可达到 IT5~IT7，表面粗糙度 Ra 值可达到 $0.2~0.5\mu m$。

磨削时，砂轮以 2000~3000m/min 的线速度运转，会产生大量切削热，需加注切削液进行冷却，以免影响工件加工质量。磨削加工既可以用于铸铁、碳钢、合金钢等一般金属材料的加工，也可以用于淬火钢、硬质合金钢、陶瓷和玻璃等高硬度材料的加工。塑性较大的非铁金属材料不适合采用磨削。

6.2.1 磨削工具

1. 磨床

磨床是利用磨具对工件表面进行磨削加工的机床。根据工件结构形状和使用功能不同，磨床分为外圆磨床、内圆磨床、平面磨床、工具磨床、刀具磨床和专用磨床等。

（1）外圆磨床 外圆磨床主要由床身、工作台、头架、砂轮架等部分组成，可分为普通外圆磨床和万能外圆磨床两种类型，其中普通外圆磨床主要用于磨削零件的外圆柱面和外圆锥面。以普通外圆磨床加工范围为基础，万能外圆磨床通过改变机床结构、增加磨具附件实现了内圆柱面、内圆锥面及端平面的磨削，故万能外圆磨床较普通外圆磨床应用更广，如图 6-5 所示。

（2）平面磨床 平面磨床既可以用于磨削工件平面，也可用于加工包括弧面、平面、槽在内的各种异形表面，是一种用于磨削工件平面或成形面的机床，如图 6-6 所示。磨削时，以砂轮的高速旋转为主运动，以工件的纵向往复（圆周）运动为纵向进给运动，砂轮

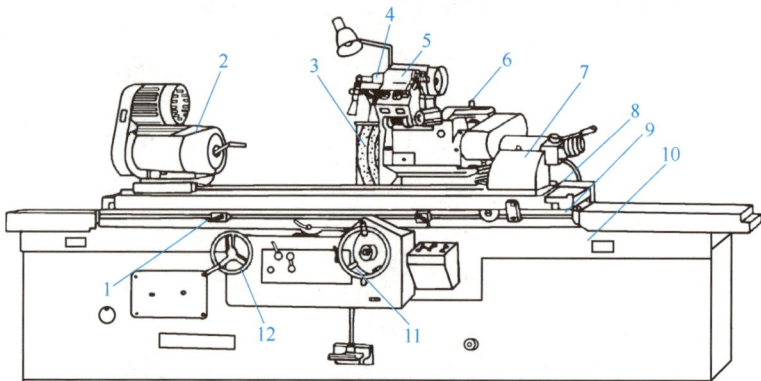

图 6-5　万能外圆磨床

1—换向挡块　2—头架　3—砂轮　4—内圆磨具　5—磨架　6—砂轮架
7—尾座　8、9—工作台　10—床身　11—横向进给手轮　12—纵向进给手轮

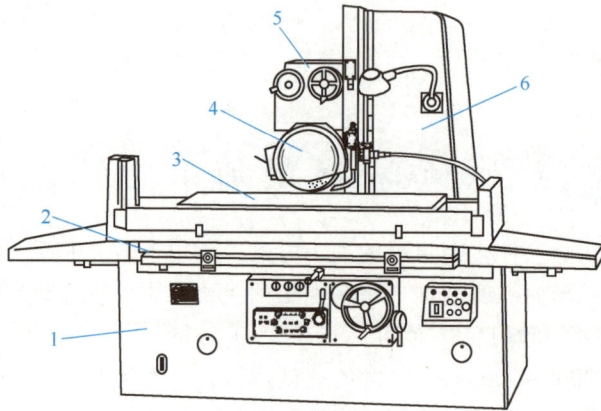

图 6-6　平面磨床

1—床身　2—工作台　3—电磁吸盘　4—砂轮箱　5—滑座　6—立柱

的横向运动为横向进给运动，砂轮对工件的垂直运动为垂向进给运动。

2. 砂轮

砂轮作为磨削的主要工具，是一种由结合剂和磨料粘结而成的多孔体。

（1）砂轮的组成　砂轮由磨粒、结合剂和气孔构成，其组织特性由三者的体积比例关系决定，如图 6-7 所示。磨粒占比越大，砂轮组织越紧密，反之越疏松。如果砂轮组织过于疏松，则会影响强度，难以保持其轮廓形状，增大磨削表面粗糙度值。

1）磨粒。磨削时，磨粒主要承担磨削工作，因此要求磨粒必须具有锋利的棱边、高硬度和耐热性好等特性。常用的磨粒主要包括刚玉和碳化硅两类，其中刚玉类磨粒适用于磨削钢料和一般刀具，碳化硅类磨粒适用于磨削铸铁材料和硬质合金刀具。

磨粒的大小称为粒度，粒度值越大，颗粒越小。当磨削软金属、导热性差的材料或对工件粗加工时，选择用粗磨粒，即粒度值小的磨

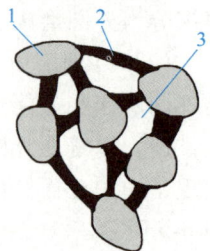

图 6-7　砂轮的组成

1—磨粒　2—结合剂　3—气孔

料；当磨削脆性材料或对工件精加工时，选择用细磨粒，即粒度值大的磨粒。

2）结合剂。结合剂是将磨粒粘结成各种形状及尺寸砂轮的材料，其性能从根本上决定了砂轮的耐热性、耐冲击性和强度。常见的结合剂主要有陶瓷结合剂、树脂结合剂、橡胶结合剂和金属结合剂。

3）气孔。气孔既可以容纳切屑，保持砂轮表面的清洁，还可把切削液带入磨削区域，以降低磨削温度。

（2）砂轮的安装与修整　安装前，首先需要观察砂轮是否存在局部裂痕，然后通过敲击听取响声进一步判断砂轮是否完整，以防高速旋转时砂轮破裂飞出伤人。

安装时，要求砂轮以适当的松紧程度安装于轴上。大砂轮通过台阶法兰盘进行安装；中砂轮直接用法兰盘进行安装；小砂轮用螺钉紧固在轴上。当砂轮直径大于 125mm 时，需进行平衡试验以保证砂轮正常工作。

砂轮使用一段时间后，磨粒会变钝，使砂轮丧失外形精度和切削能力，严重时会使工件发生震颤、表面粗糙度值增加或表面烧伤等问题，这时就必须对砂轮进行修整。砂轮修整工具主要是金刚石，修整过程如图 6-8 所示。修整时，应根据不同的磨削条件，选择不同的修整用量。一般砂轮的单边总修整量为 0.1~0.2mm。

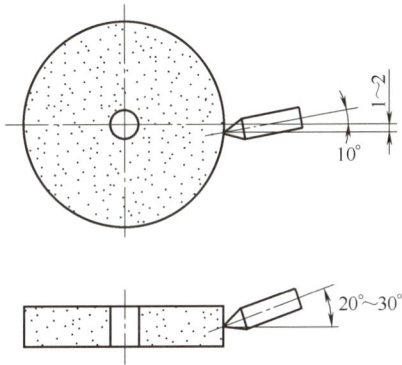

图 6-8　砂轮的修整

6.2.2　磨削的步骤与方法

磨削就是砂轮磨粒对工件表面进行切削、刻划和滑擦的综合作用过程。磨削方法分为外圆磨削方法和平面磨削方法。

1. 外圆磨削

（1）工件安装　磨削外圆时，一般通过前、后顶尖装夹的方法进行工件夹持，即利用工件两端的回转中心，将工件支承于前后顶尖上，使用夹头夹持工件并带动其旋转。

（2）外圆磨削　常见的外圆磨削方法有纵磨法和横磨法。

1）纵磨法。外圆磨削大多采用纵磨法。磨削时，砂轮以高速旋转做主运动，工件做圆周运动的同时随工作台一起做纵向直线进给运动，使砂轮能磨出全部表面。当每一纵向行程或往复行程结束后，砂轮做一次横向进给，将磨削余量磨去，如图 6-9 所示。

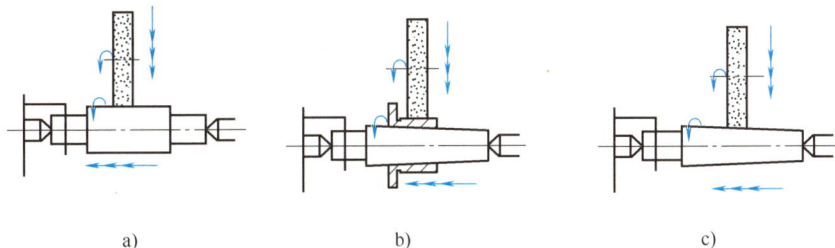

a)　　　　　　　　　　b)　　　　　　　　　　c)

图 6-9　纵磨法

a）磨轴类工件外圆　b）磨盘类工件外圆　c）磨轴类零件锥面

采用纵磨法，砂轮全宽上各处磨粒的工作情况有所不同。处于纵向进给方向前部的磨粒主要担负切削工作；后部磨粒承担磨光作用。由于未能充分发挥后部磨粒的切削能力，磨削效率相对较低，但表面粗糙度值相对较低，即加工表面相对光滑。实际生产中，纵磨法一般用于单件、小批生产及零件的精磨工作。

2）横磨法。采用横磨法，工件不需要做纵向进给运动。磨削时，采用一个磨削宽度大于工件磨削表面的砂轮，以较慢的速度做横向进给运动，直至磨掉全部余量，如图 6-10 所示。由于加工过程中，砂轮全宽上的磨粒均参与切削，磨削效率较高，适用于磨削长度较短的外圆表面及两边都有台阶的轴颈。

图 6-10　横磨法

a）磨轴类零件外圆　b）磨成形面　c）磨短圆锥面

2. 平面磨削

（1）工件安装　平面磨削多采用磁性夹具。磁性夹具有电磁吸盘和永磁吸盘两种类型，能够满足送料与安装工具的双向需求。以电磁吸盘夹具为例，安装时，将工件置于面板上，并通过线圈中的直流电使面板与盘体形成磁极，从而产生磁通并形成封闭回路，将工件吸住。加工完成后，将吸盘电源切断，取下工件。

（2）平面磨削　常见的平面磨削方法有周磨法和端磨法。

1）周磨法。用砂轮圆周面磨削平面的方法称为周磨法，如图 6-11a 所示。磨削时，砂轮与工件接触面积小，磨削力小，排屑便利，磨损均匀，加工精度高，适用于精磨。

2）端磨法。用砂轮端面磨削平面的方法称为端磨法，如图 6-11b 所示。磨削时，砂轮

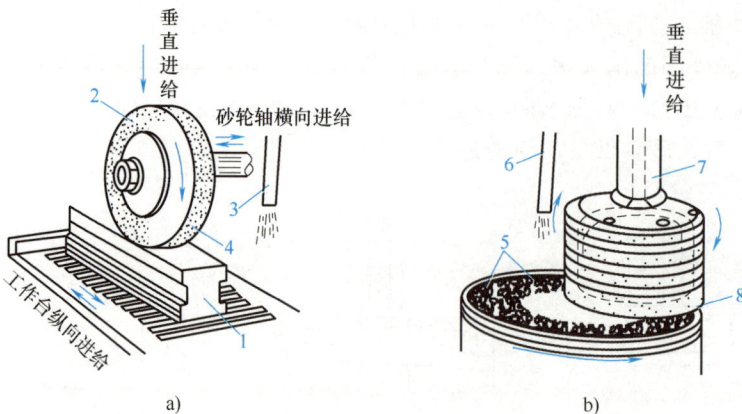

图 6-11　平面磨削

a）周磨法　b）端磨法

1、5—工件　2—砂轮　3、6—切削液管　4—砂轮周边　7—砂轮轴　8—砂轮端面

与工件接触面积大，刚性好，可采用较大的磨削用量，生产率较高。但磨削热大，排屑和冷却条件较差，易造成工件热变形，而且砂轮磨损不均匀，工件加工精度低，适用于粗磨。

练习与思考

6-1 刨削加工可加工什么表面？

6-2 刨削加工的加工特点是什么？

6-3 刨削的主运动和进给运动是什么？牛头刨床与龙门刨床的主运动、进给运动有何不同？

6-4 牛头刨床由哪几部分组成？各部分有什么作用？

6-5 磨削加工的加工方法有哪几种？

6-6 磨削加工可达到怎样的加工精度？

6-7 分析磨削烧伤的原因及解决办法。

6-8 分析磨削加工的适用范围及适用场景。

第7章

焊接

7.1 概　　述

焊接是通过加热、加压或两者并用，使同种或异种两工件产生原子间互相结合的加工工艺。焊接既可用于金属，也可用于非金属。根据工作原理不同，焊接主要分为熔焊、压焊和钎焊三大类。

（1）熔焊　焊接过程中将被连接工件的接口加热至熔化状态，然后冷却结晶为一体的方法称为熔焊。熔焊时，工件局部接口在热源作用下熔化并形成熔池，熔池冷却后形成连续焊缝而将两工件连接成体。常见的气焊、电弧焊和激光焊都属于熔焊。

（2）压焊　压焊是一种利用加压、摩擦等物理作用，使两工件在固态条件下实现原子结合的方法。常见的压焊方法包括冷压焊、锻接、摩擦焊和电阻焊等。压焊的共同点是不需要添加填充材料，没有熔化过程。

（3）钎焊　以低于工件熔点的金属材料作为钎料，将工件和钎料加热到高于钎料熔点、低于工件熔点的温度，利用液态钎料润湿工件，填充接口间隙，并与工件实现原子间的相互扩散的加工方法称为钎焊。按照钎料熔点温度的不同，钎焊分为硬钎焊和软钎焊。

7.2　焊条电弧焊

焊条电弧焊是利用电弧产生的热量来熔化焊条和部分工件，使离散的两块金属连接成一体的手工焊接方法，如图 7-1 所示。该方法具有设备配置简单、操作灵活、适应性强等特点，能够适应于任意场合和空间条件下的焊接，是工业生产中应用最为广泛的一种焊接方法。

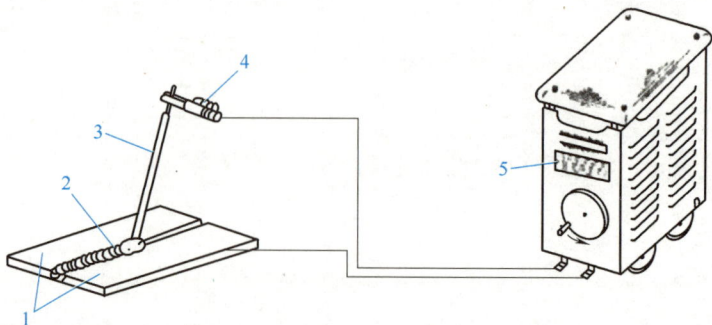

图 7-1　焊条电弧焊

1—焊件　2—熔池　3—焊条　4—焊钳　5—焊机

焊接时，首先将焊条夹在焊钳上，把工件同焊机相连接。接着需要引燃电弧，让焊条与工件相互接触从而使它们发生短路，随即提起焊条 2~4mm，在焊条端部和工件之间就会产生电弧，电弧产生大量的热量将焊条、工件局部加热到熔化状态，焊条端部熔化后形成的熔滴与熔化的母材融在一起形成熔池。随着电弧的向前移动，新的熔池开始形成，原来的熔池随着温度的降低开始凝固，从而形成连续的焊缝。

7.2.1　焊条

焊条是焊条电弧焊的主要焊接材料，对焊接电弧的稳定性及焊缝的力学性能起决定性作用，是影响焊条电弧焊质量的主要因素之一。

1. 焊条的组成

焊条电弧焊使用的焊条由焊芯和药皮组成，如图 7-2 所示。

（1）焊芯　焊芯是焊条中被药皮包覆的金属芯，主要作用是导电，产生电弧，并作为焊缝的填充金属与熔化的母材一起形成焊缝。焊条直径也就是焊芯直径，常用规格有 $\phi1.6mm$、$\phi2mm$、$\phi2.5mm$、$\phi3.2mm$、$\phi4mm$、$\phi5mm$ 和 $\phi5.8mm$ 7 种。

（2）药皮　药皮是压涂在焊芯表面的涂料层，由矿石粉和铁合金粉等原料按一定比例配制而成。它的主要作用是使电弧容易引燃并稳定燃烧，同时通过药皮熔化分解后的气体阻断熔池金属与空气的接触，促使焊缝成形并具有良好的力学性能。

图 7-2　焊条的组成
1—焊芯　2—药皮　3—夹持端

2. 焊条的分类、标注与选用

（1）焊条的分类　根据焊条药皮熔化后的特性不同，可将焊条分为酸性焊条和碱性焊条，其工作特性见表 7-1。

表 7-1　焊条按熔渣特性的分类

分类	熔渣主要成分	焊接特性	型号举例	应用
酸性焊条	SiO_2 等酸性氧化物在焊接时易放出氧化物质，药皮里的造气剂为有机物，用于产生保护气体	焊缝冲击韧度差，合金元素烧损多，电弧稳定，易脱渣，金属飞溅少	E4303	适用于焊接低碳钢和不重要的结构件
碱性焊条	$CaCO_3$ 等碱性氧化物，含有较多的铁合金，主要作为脱氧剂和合金剂	合金化效果好，抗裂性能好，直流反接，电弧稳定性差，飞溅大，脱渣性差	E5015	适用于焊接重要的结构件，如压力容器等

（2）焊条的型号　焊条的型号用 E 加四位数字表示：E 表示焊条，前两位数字表示熔敷金属抗拉强度的最小值，第三位数字表示焊接位置，"0""1"表示全位置焊接（平、立、仰、横），"2"表示平焊及平角焊，"4"表示向下立焊，第三位和第四位数字组合表示焊接

电流种类及药皮类型。

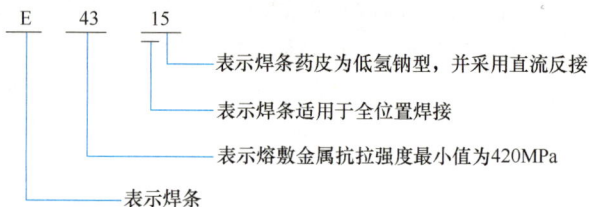

（3）焊条的牌号　焊条牌号一般用相应的大写拼音字母（或汉字）和三位数字表示，如"结422"、"结507"等。拼音字母（或汉字）表示焊条类别，如"结"表示结构钢焊条；前两位数字表示焊缝金属抗拉强度的最小值，第三位数字表示药皮类型和电源种类。

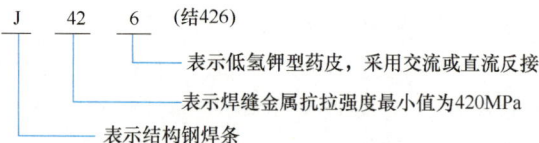

（4）焊条的选用　在保证焊接质量的前提下，应尽可能提高劳动生产率和降低产品成本。焊条的选用一般应从以下几个方面考虑。

1）根据被焊工件的化学成分和性能要求选择相应的焊条种类。对于低碳钢、中碳钢和普通低合金钢的焊接，一般按母材强度选择相应强度等级的焊条；对于耐热钢和不锈钢的焊接，应选用与工件化学成分相同或相近的焊条。

2）对承受动载荷、冲击载荷或形状复杂，厚度、刚度大的焊件，应选用碱性焊条；若被焊工件在腐蚀性介质中工作，应选用不锈钢焊条。

3）根据焊件的结构特点和工作条件选用焊条。对于焊接部位无法清理干净的工件，应选用酸性焊条。

4）在酸性焊条和碱性焊条都能满足要求的情况下，优先选用酸性焊条。若需要提高焊缝质量，优先选用碱性焊条。

此外，还应考虑焊接工人的劳动条件、生产率和经济合理性。在满足使用性能要求的前提下，尽量选用无毒或少毒、生产率高且价格便宜的焊条。

7.2.2　焊接设备

1. 焊机

焊机是焊条电弧焊的主要焊接设备，其本质是一种弧焊电源。根据产生的电流种类不同，焊机分为直流弧焊机和交流弧焊机。

（1）直流弧焊机　直流弧焊机分焊接发电机和弧焊整流器两种类型。

焊接发电机由交流电动机和直流电焊发电机组成。焊接时，电弧稳定，能适应各种焊条，但结构较为复杂，噪声大，主要适用于小电流焊接。

弧焊整流器是一种将交流电通过整流转换为直流电的弧焊机。与焊接发电机相比，弧焊整流器没有旋转部分，结构简单，维修容易，噪声小，已成为国内弧焊机的主要类型。

采用直流弧焊机焊接工件时，由于正极和负极上的热量不同，有正接和反接两种接线方法。若把阳极接在工件上，阴极接在焊条上，则电弧热量大部分集中在工件上，使工件熔化，适于厚板焊接，称为正接法。反之为反接法，适于薄板和有色金属的焊接。

（2）交流弧焊机　交流弧焊机，又称弧焊变压器，是一种特殊的降压变压器，能够将220V或380V的电压降到60~80V（焊机空载电压），以满足引弧的需要，如图7-3所示。焊接时，电压自动下降为电弧工作时的工作电压，即20~30V。交流弧焊机具有结构简单、节省电能、使用可靠、维修方便等特点，是最为常用的焊条电弧焊设备。

2. 焊接工具

除焊机之外，焊接工作过程中还需要为焊工配置焊钳、面罩、专用手套、清渣锤等防护和辅助工具，如图7-4所示。焊钳是夹持焊条和传递电流的工具。焊接时，焊钳必须具备导电性能好、外壳绝缘、夹持方便且牢固等特点。面罩用来保护眼睛和面部，以免弧光伤害；专用手套则用来防御焊接过程中的高温、熔融金属、火花、漏电和辐射等危害；清渣锤主要是在焊缝冷却后，用其敲碎清理掉焊缝表面的残渣。

图 7-3　交流弧焊机

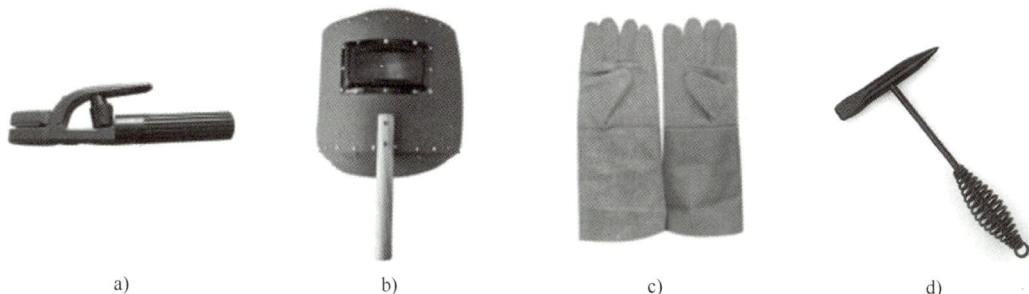
a) 　　b) 　　c) 　　d)

图 7-4　焊接工具
a）焊钳　b）面罩　c）专用手套　d）清渣锤

7.2.3　焊接工艺

1. 接头形式

常见的接头形式有对接、角接、搭接三种，如图7-5所示。一般根据零件形状和强度要求、零件厚度、焊条消耗量及焊接工艺来选择接头形式。

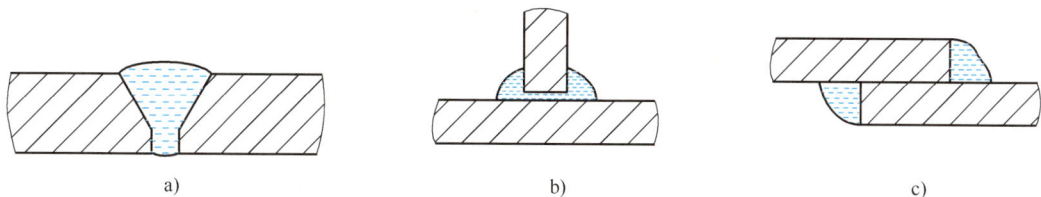
a) 　　　　　　b) 　　　　　　c)

图 7-5　常用的焊接接头形式
a）对接　b）角接　c）搭接

2. 坡口形式

坡口是指为将工件焊透，焊接前将两工件间的待焊处加工成所需要的几何形状，其作用是促使电弧深入焊缝根部并将其焊透，以获得较好的焊缝质量。常见的坡口形式有I形、Y形、X形、U形和双U形，如图7-6所示。

焊接小于 6mm 的焊件时，一般采用 I 形坡口，在焊缝处留有 0~2mm 间隙，以保证焊透。焊接大于 6mm 的焊件时，需要开出坡口。V 形和 X 形的坡口角度保持在 60°左右，U 形和双 U 形坡口在 V 形和 X 形坡口的基础上倒 $R5$mm 左右的圆角。

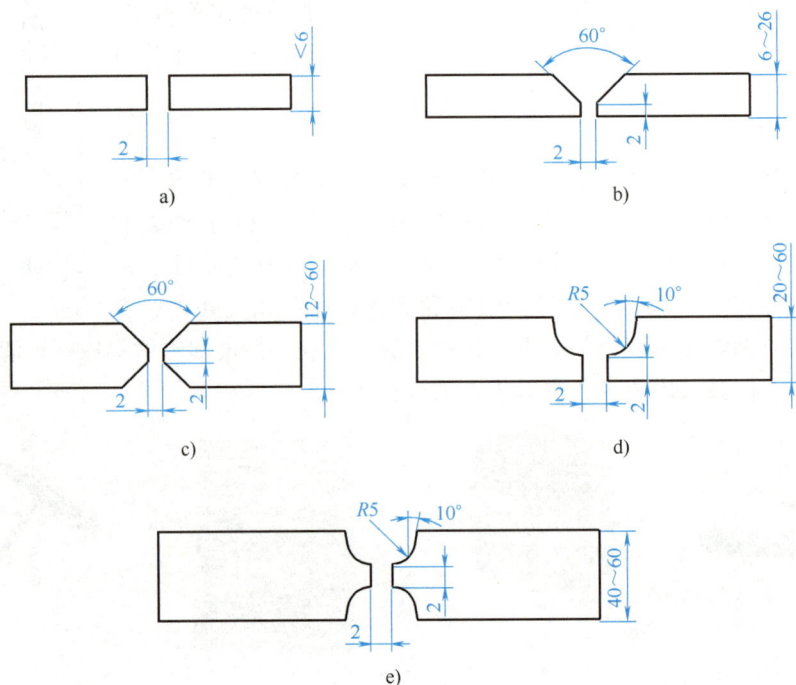

图 7-6　常用的焊接坡口形式

a) I 形　b) Y 形　c) X 形　d) U 形　e) 双 U 形

3. 焊接位置

焊接时，根据焊缝在空间所处的位置不同，可将其分为平焊、横焊、立焊和仰焊四种类型，如图 7-7 所示。

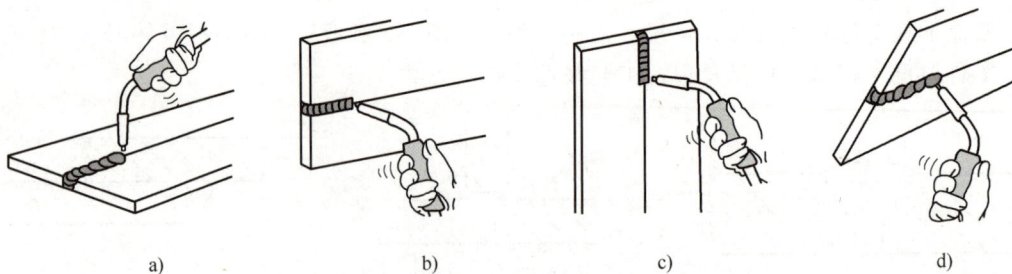

图 7-7　常用的焊接位置

a) 平焊　b) 横焊　c) 立焊　d) 仰焊

平焊时，操作方便，生产率高，易保证焊接质量；横焊时，熔池金属有滴落趋势，容易导致焊缝上部出现咬边、下部出现焊瘤；立焊时，焊缝成形比较困难，不易操作，生产效率低；仰焊时，焊缝成形非常困难，操作十分不便，难以保证焊缝质量。所以，焊接时应尽可能选择使用平焊。

4. 工作参数

焊接时，对焊件质量起关键作用的工作参数主要是焊条直径、焊接电流和焊接速度。

（1）焊条直径 焊条直径的选用主要取决于被焊工件的厚度，被焊工件厚度越大，选用的焊条直径越粗。通常情况下，为提高生产效率，应尽可能选用较大直径的焊条。多层焊接时，为保证第一层的焊接强度，应采用直径较小的焊条。焊条直径与工件厚度的关系见表7-2。

表 7-2　焊条直径的选择

工件厚度/mm	2	3	4～5	6～12	>12
焊条直径/mm	2	3.2	3.2～4	4～5	5～6

（2）焊接电流 焊接电流是影响焊缝质量和焊接生产率的主要因素。电流过大，电弧不稳定，会造成焊缝咬边、烧穿等缺陷；电流过小，熔化不良，会造成焊不透、夹渣等缺陷。一般情况下，细焊条选用小电流，粗焊条选用较大电流。焊接电流和焊条直径的关系见式（7-1）。

$$I = K \times D \tag{7-1}$$

式中　I——焊接电流，单位为 A；

D——焊条直径，单位为 mm；

K——经验系数，一般为 30～60。

（3）焊接速度 焊接速度是指单位时间内完成的焊缝长度。如果焊接速度过快，熔池温度不够，易造成未焊透、未熔合、焊缝成形不良等缺陷。如果焊接速度过慢，会使高温停留时间增长，热影响区宽度增加，焊接接头的晶粒变粗，力学性能降低，同时使变形量增大。

7.2.4　焊接的步骤与方法

（1）引弧 引弧，就是使工件和焊条之间产生稳定的电弧。引弧时，将焊条末端与工件接触，形成短路，然后迅速将焊条向上提起 2～4mm，即可引燃电弧。常见的引弧方法有敲击法和划擦法，如图7-8所示。

1）敲击法。使焊条与工件垂直接触，当焊条末端轻轻触及工件表面时，便将焊条迅速提起并保持一定距离，即可引燃电弧。敲击法不易操作，容易造成焊条和工件粘连，需要将焊条左右摆动使其脱离工件。

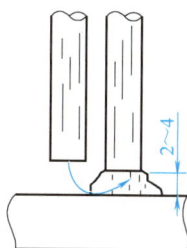
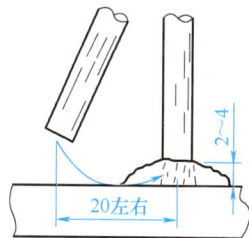

a)　　　　　　　　　　　　b)

图 7-8　引弧方法

a）敲击法　b）划擦法

2）划擦法。划擦法引弧，其动作类似于划火柴。首先将焊条末端对准工件，然后将焊条在焊件表面划擦一下，当电弧引燃后，立即将焊条末端提起并与工件维持 2～4mm 距离，电弧即可稳定燃烧。划擦法容易掌握，但不易保证工件表面的焊接质量。

（2）运条　焊接时，焊条的运动过程简称运条。运条是一种合成运动，包括焊条沿熔池方向的送进运动、焊条沿焊缝方向的前移运动、焊条的横向摆动，如图7-9所示。

焊条沿熔池方向的送进运动，应同步保持焊条的送进速度与熔化速度，以维持不变的电弧长度；焊条沿焊缝方向的前移运动主要是控制焊缝的走向；焊条的横向摆动主要是控制焊缝的宽度。

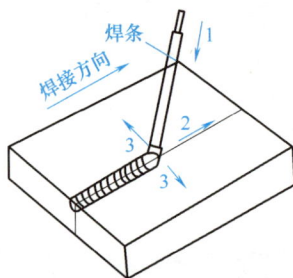

图7-9　焊条运动
1—焊条送进运动　2—焊条的前移
运动　3—焊条的横向摆动

（3）衔接和熄弧　焊条电弧焊时，不可能用一根焊条完成的一条焊缝，因而要将前后两段焊缝连接起来。衔接时，更换焊条动作要快并选择恰当的连接方法。

当焊接即将完成时需要熄弧收尾。熄弧时，焊条停止前移，采用划圈收尾法和反复断弧收尾法自下而上慢慢拉断电弧，以便将尾部的弧坑填满，保证焊缝尾部成形良好，如图7-10所示。若收尾时立即拉断电弧，则会形成比焊件表面低的弧坑，并出现疏松、裂纹、气孔和夹渣等缺陷，因此焊缝完成时的收尾动作不仅是熄灭电弧，而且要填满弧坑。

1）划圈收尾法。焊条移至焊道的终点时，利用手腕的动作做圆圈运动，直到填满弧坑再拉断电弧。该方法适用于厚板焊接，用于薄板焊接会有烧穿危险。

2）反复断弧收尾法。焊条移至焊道终点时，在弧坑处反复熄弧、引弧数次，直到填满弧坑为止。该方法适用于薄板及大电流焊接，但不适用于碱性焊条，否则会产生气孔。

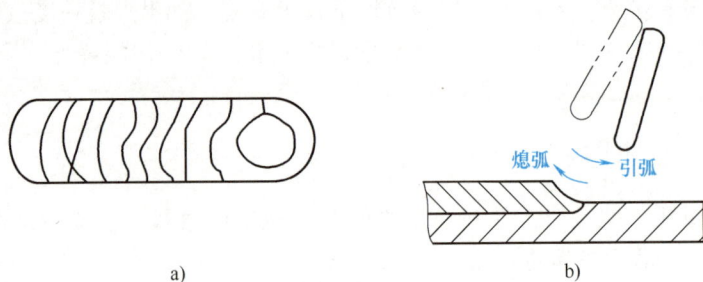

图7-10　熄弧方法
a）划圈收尾法　b）反复断弧收尾法

7.3　氩弧焊

氩弧焊属于气体保护焊，是一种采用氩气作为保护气体的焊接方法。按照使用电极的不同，氩弧焊分为熔化极氩弧焊和非熔化极氩弧焊两种类型，如图7-11所示。

熔化极氩弧焊是指同时利用焊丝做电极和填充金属，通过大电流使焊丝和母材产生电弧并熔化，同时用氩气保护电弧和熔融金属来进行焊接的方法。焊接时允许采用大电流，适用于铝、铜及低合金钢等材料和较厚工件的焊接。

非熔化极氩弧焊常以钨极作为电极，又称钨极氩弧焊。焊接时，电弧在钨极和工件之间燃烧，利用氩气的保护作用避免钨极端头、电弧和熔池与空气接触，从而形成致密的焊接接

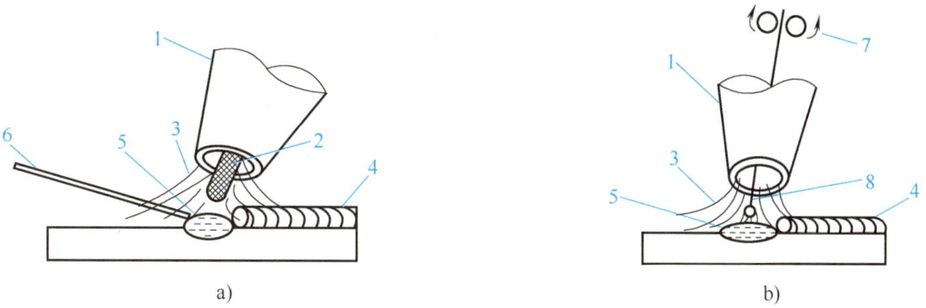

图 7-11 氩弧焊的种类

a）非熔化极氩弧焊　b）熔化极氩弧焊

1—喷嘴　2—钨极　3—气体　4—焊道　5—熔池　6—填充焊丝　7—送丝滚轮　8—焊丝

头，适用于钛、高温合金和易氧化金属等材料及较薄工件的焊接。

氩弧焊具有以下特点。

1）氩气保护效果好，电弧燃烧稳定，热量集中，焊缝质量高，焊件应力变形和裂纹倾向小。

2）氩弧焊是一种明弧焊，操作观察方便，而且不受焊件位置限制，可进行全位置焊接。

3）焊接工件材料范围广，几乎可焊所有金属，尤其是一些难熔金属和易氧化金属，如镁、钛、钼、锆、铝等及其合金。

4）难以通过冶金作用消除氢氧元素的有害作用，焊接时应尽可能选择空气流通较好的位置。

5）氩气价格昂贵，焊接成本高，设备较为复杂，维修不便。

7.3.1 焊丝和焊接设备

1. 焊丝

氩弧焊使用焊丝主要有钢焊丝和有色金属焊丝两大类型。焊丝直径有 $\phi0.8mm$、$\phi1.0mm$、$\phi1.2mm$、$\phi1.4mm$、$\phi1.5mm$、$\phi1.6mm$、$\phi2.0mm$、$\phi2.4mm$、$\phi2.5mm$、$\phi4.0mm$、$\phi5.0mm$、$\phi6.0mm$ 等十余种规格，实际生产中常使用直径 $\phi2.0\sim4.0mm$ 的焊丝。

氩弧焊时焊丝作为电极起传导电流、引燃电弧和维持电弧燃烧的作用。熔化极氩弧焊的焊丝会在大电流作用下熔化并作为焊缝的填充金属，而非熔化极氩弧焊的焊丝主要是钨极，借助于钨极与被焊工件之间的电弧能量来熔化金属。目前所用的钨极材料主要有纯钨极、铈钨极和钍钨极。纯钨极要求焊机空载电压较高，使用交流电时，承载电流能力较差，故很少采用，一般被涂成绿色。铈钨极比钍钨极更容易引弧，使用寿命长，放射性极低，是目前推荐使用的电极材料，一般被涂成灰色。钍钨极电子发射率提高，增大了许用电流范围，降低了空载电压，改善引弧和稳弧性能，但是具有微量放射性，一般被涂成红色。

2. 焊接设备

以熔化极氩弧焊为例，氩弧焊焊接设备主要由焊机、焊枪、供气系统、冷却系统和控制系统等部分组成，如图 7-12 所示。

（1）焊机　焊机包括焊接电源、高频振荡器、脉冲稳弧器、消除直流分量装置等。若

79

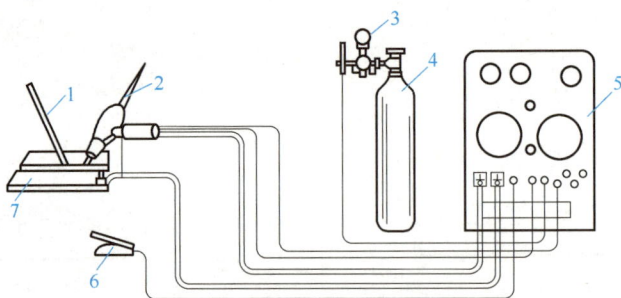

图 7-12 氩弧焊设备简图

1—填充金属 2—焊枪 3—流量计 4—氩气瓶 5—焊机 6—控制系统开关 7—工件

采用焊条电弧焊的焊机，则应配备单独的控制箱。钨极氩弧焊的焊机较为简单，只需焊接电源附加高频振荡器即可。

1）焊接电源。由于钨极氩弧焊电弧静特性曲线工作在水平段，所以应选用具有陡降外特性的电源。一般焊条电弧焊的电源（如弧焊变压器、弧焊整流器等）都可用作手工钨极氩弧焊焊接电源。

2）高频振荡器。高频振荡器是钨极氩弧焊设备的专用引弧装置。在钨极和工件之间加入约 3000V 的高频电压，可以保证两者在无接触的状态下点燃电弧。高频振荡器一般仅供初次引弧，不用于稳弧，引弧完成后需马上关闭。

3）脉冲稳弧器。脉冲稳弧器通过施加一个高压脉冲而迅速引弧，并保持电弧连续燃烧，从而起到稳定电弧的作用。

（2）焊枪 焊枪是装夹钨极（钨极氩弧焊）、传导电流、输出氩气、启停焊机的工作系统。焊枪一般由枪体、喷嘴、电极夹持机构、电缆、氩气输入管、水管和开关按钮组成。焊枪有大、中、小三种类型，按冷却方式不同又分为气冷式焊枪和水冷式焊枪。当焊接电流小于 150A 时，可选择气冷式焊枪，反之采用水冷式焊枪。

（3）供气系统 供气系统由氩气瓶、氩气流量调节器、减压器及电磁气阀组成。氩气瓶外表呈灰色，并用绿漆标以"氩气"字样，氩气瓶容积为 40L，最大压力为 15MPa；氩气流量调节器承担降压稳压及调节氩气流量的作用；减压器主要用来减压和调压；电磁气阀是开闭气路的装置，由延时继电器控制，可起到提前供气和滞后停气的作用。

（4）冷却系统 焊接电流在 150A 以上时，必须通水冷却焊枪和电极。冷却水接通并有一定压力后，焊接设备起动，通常在氩弧焊设备中用水压开关或手动来控制水流量。

（5）控制系统 氩弧焊的控制系统是通过控制线路对供电、供气、引弧与稳弧等各个阶段的动作程序实现控制。

7.3.2 焊接的步骤与方法

（1）工件处理 用角磨机在工件坡口面及两侧 10~15mm 范围内打磨至露出金属光泽，用锉刀、砂布清理锈蚀及毛刺。

（2）设备装调 将流量计安装于氩气瓶上，并用气管连通氩气瓶和焊机。接下来将焊枪及各种接头与焊机相连，工件通过地线与焊机上的"+极"接线栓连接，连接处需拧紧以防漏气漏电。

（3）选择焊接方式　根据焊件需要选择焊接类型。使用交流氩弧焊时，将线路和控制开关切换至交流（AC）挡；反之，使用直流氩弧焊时将两开关切换到直流（DC）挡。切记两开关必须同步使用。将焊接方式切换开关置于"氩弧"位置。

（4）调整气流　打开氩气瓶和流量计，将试气开关拨至"试气"位置，此时气体从焊枪中流出。调好气流后，再将试气与焊接开关拨至"焊接"位置。

（5）调节焊接电流　电流的大小可用电流调节手轮调节，顺时针旋转电流减小，逆时针旋转电流增大。电流调节范围可通过电流大小转换开关来限定。

（6）钨极装夹　对于钨极氩弧焊，焊接前需要选择合适的钨棒及对应的卡头，再将钨棒磨成合适的锥度，并装在焊枪内，完成后按动焊枪上开关，即可焊接。

（7）焊接过程　焊接时，焊炬、焊丝及焊件的相对位置如图 7-13 所示。电弧长度一般取 1~1.5 倍电极直径。

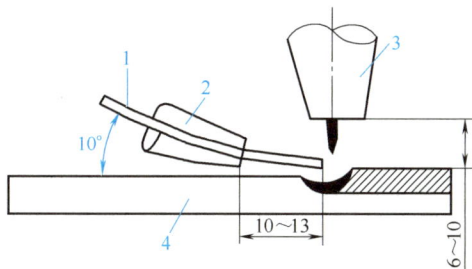

图 7-13　氩弧焊的操作示意图

1—焊丝　2—导丝嘴　3—喷嘴　4—焊件

（8）焊接结束　停止焊接时，首先从熔池中抽出焊丝，热端部仍需停留在氩气流的保护下，以防止其氧化。

7.4　气焊与气割

7.4.1　气焊

气焊是利用可燃或助燃气体混合燃烧生成的火焰作为热源来熔化焊丝和焊接母材，并使其接合成一体的焊接方法。可燃气体主要采用乙炔、天然气、液化石油气，助燃气体主要为氧气，如图 7-14 所示。

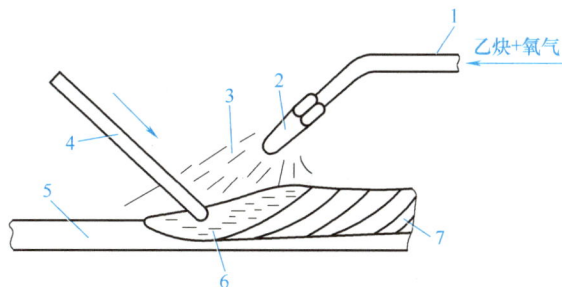

图 7-14　气焊示意图

1—混合气管　2—焊嘴　3—气焊火焰　4—焊丝　5—焊件　6—熔池　7—焊缝

气焊具有操作灵活、不带电源、便于野外作业等特点。但在实际生产中气焊火焰温度较低，热量比较分散，容易导致工件变形，焊接质量较差，应用范围越来越小。

1. 焊丝和焊剂

（1）焊丝　焊丝是没有药皮的金属丝。焊接时，焊丝作为填充金属与熔化的工件一起形成焊缝，并要求焊缝达到与工件同等的强度。常见焊丝类型主要有低碳钢、铸铁、不锈钢、黄铜和铝合金，其型号和牌号应根据工件材料的力学性能或化学成分进行选择。如焊接低碳钢时，常用焊丝牌号有 H08 和 H08A 两种。焊丝直径应根据工件厚度来选择。一般情况下，厚度小于 5mm 的焊件，可选用直径为 $\phi 1 \sim 3mm$ 的焊丝；大于 5mm 的焊件，适合选用直径为 $\phi 3 \sim 5mm$ 的焊丝。

（2）焊剂　焊剂是气焊时的助熔剂，其作用是去除焊接过程中形成的氧化物，改善工件润湿性。焊接低碳钢时，一般不需要使用焊剂，只需保持接头表面干净即可；焊接铸铁、不锈钢、耐热钢和非铁金属时，熔池中容易产生高熔点的稳定氧化物，使焊缝中夹渣，因此必须使用焊剂。

2. 气焊火焰

气焊火焰是由可燃和助燃气体混合燃烧形成的。乙炔和氧气所产生的火焰称为氧乙炔焰。通过改变乙炔和氧气的混合比例，可以得到中性焰、碳化焰和氧化焰三种不同性质的火焰，如图 7-15 所示。

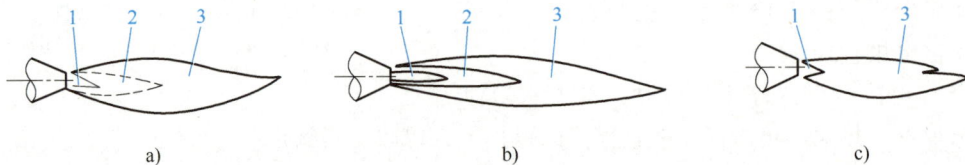

图 7-15　气焊火焰
a）中性焰　b）碳化焰　c）氧化焰
1—焰心　2—内焰　3—外焰

中性焰是氧气与乙炔的比例恰好能使乙炔充分燃烧，既没有多余的氧气，也没有多余的乙炔。中性焰由焰心、内焰和外焰组成，适用于焊接低碳钢、中碳钢、低合金钢、不锈钢、纯铜和铝合金等材料。

碳化焰是指混合气体中有过多乙炔所形成的火焰。因乙炔燃烧不充分，所以火焰长而绵软。由于乙炔过剩，火焰中有游离碳和多余的氢，碳会渗到熔池中造成焊缝增碳现象。碳化焰适用于焊接高碳钢、铸铁和硬质合金等材料。

氧化焰是指混合气体中有过多氧气所形成的火焰。由于氧气过剩，燃烧比较剧烈，整个火焰挺直有力，且对熔池内的金属产生强烈的氧化作用，使金属元素烧损，造成焊缝质量较低，因此仅用于黄铜、锡青铜等材料的焊接。

3. 气焊设备

气焊设备包括氧气瓶、乙炔瓶、减压器、回火保险器、焊炬等，如图 7-16 所示。

（1）氧气瓶　氧气瓶是一种储存和运输氧气用的高压容器，外表面呈天蓝色，并用黑色油漆标有"氧气"字样。放置时，必须平稳可靠，且不应与其他气瓶混合放置；运输时，应避免相互碰撞，且不得靠近气焊工作地点和其他热源。

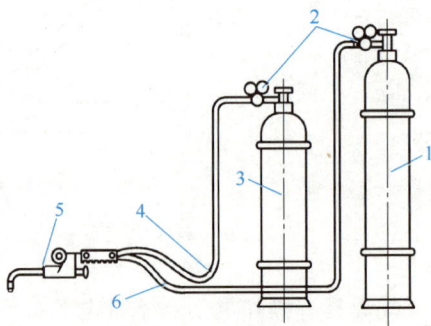

图 7-16　气焊设备
1—氧气瓶　2—减压器　3—乙炔瓶
4—乙炔管　5—焊炬　6—氧气管

（2）乙炔瓶 乙炔瓶是用于存储乙炔的钢瓶，外表面涂有白色油漆，并用红色油漆标有"乙炔"字样。瓶内装有浸满丙酮的填充物。丙酮对乙炔有溶解作用，可使乙炔安全地储存于瓶内。

（3）减压器 减压器的作用是把储存在气瓶内的气体压力减小到所需要的工作压力，并保持输出压力稳定。

（4）回火保险器 回火保险器是一种安全保险装置，其作用是在气焊过程中发生回火时，自动切断气源，防止发生爆炸。

（5）焊炬 用于控制火焰并进行焊接的工具称为焊炬，也称焊枪。焊炬的作用是将乙炔和氧气按一定比例混合，由焊嘴喷出并点火燃烧，形成火焰。根据可燃气体与氧气在焊炬中的混合方式不同，焊炬分为射吸式和等压式两类，其中射吸式焊炬应用最广，如图7-17所示。

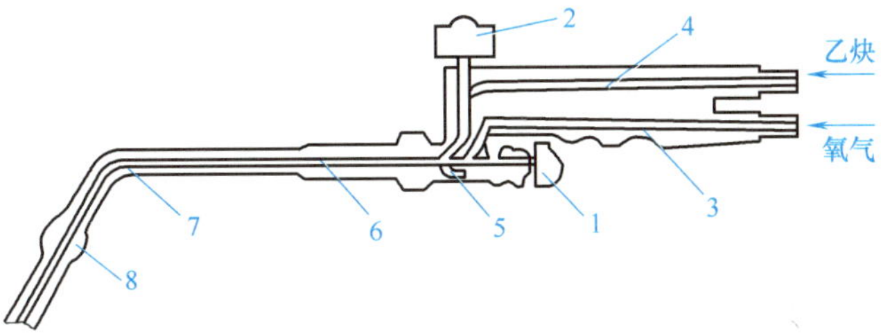

图7-17 射吸式焊炬
1—氧气阀 2—乙炔阀 3—氧气导管 4—乙炔导管
5—喷嘴 6—射吸管 7—混合气管 8—焊嘴

4. 气焊步骤与方法

（1）工件处理 用钢丝刷将工件表面的氧化皮、铁锈、油污清理干净，使焊件露出金属表面。

（2）检查吸射能力 连接氧气胶管，依次开启氧气瓶阀、减压器和焊炬上的氧气阀门。用拇指堵住乙炔进气口处，若感到手指被吸住，说明氧气吸射能力正常；若感觉不到吸力，说明焊炬存在堵塞。

（3）调节火焰 点火时，微开氧气阀门，打开乙炔阀门，随后点燃火焰，形成碳化焰。然后，逐渐开大氧气阀门，改善氧气和乙炔比例，将碳化焰调整成中性焰，并将火焰大小进行调整。灭火时，先关乙炔阀门，后关氧气阀门。

（4）双手分工 左手拿焊丝，右手握焊炬，双手动作配合协调，沿焊缝向左或向右焊接，由此形成左焊法和右焊法。一般情况下，薄板焊接采用左焊法，厚板焊接采用右焊法。

（5）起焊 起焊时，由于母材的温度较低，焊嘴与母材之间要采用较大的夹角，使母材尽快加热升温。当母材快熔化时，将焊丝放到焰心之前，使之熔化过渡到母材上，待母材和焊丝达到良好熔合后，再转入正常的焊接操作。

（6）焊炬前移 焊接时，为了准确地控制焊缝走向，焊炬要沿焊缝前移。前移过程中，既要使焊炬和焊丝做协调摆动，还要确保焊丝有节奏地点入母材熔池，一方面便于母材熔透、避免烧穿；另一方面又可以搅拌金属熔池，有利于有害物质的排出。

（7）停焊 停焊时，适当减小焊嘴与母材之间的夹角，保证金属液填满弧坑。当弧坑被填满时，再将焊炬抬起。

7.4.2 气割

氧气切割，简称气割，是一种通过金属在氧气流中剧烈燃烧来切割工件的技术方法。气割的主要工具是割炬，内部构造如图 7-18 所示。其工作过程为：利用气体火焰将金属材料预热至燃点，使其在氧气流中剧烈燃烧，形成熔渣并放出大量热；在高压氧气流吹力下，熔渣被吹掉，由此形成切口，使其达到切割的目的。本质上来说，气割过程就是预热、燃烧和吹渣的连续过程，其工作原理如图 7-19 所示。

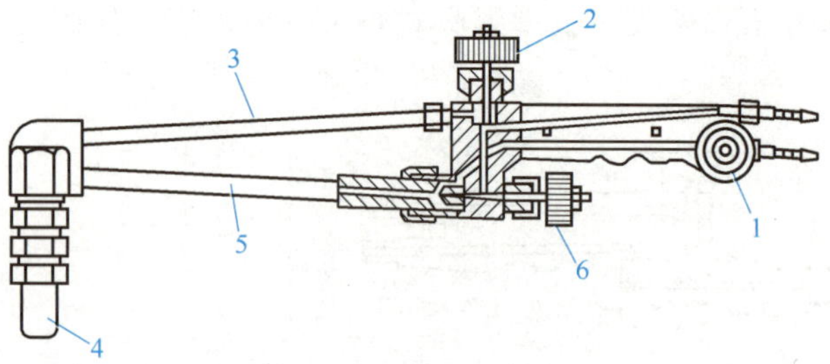

图 7-18　割炬结构图

1—乙炔阀门　2—切割氧阀门　3—切割氧管道
4—切割嘴　5—氧乙炔混合管道　6—预热氧阀门

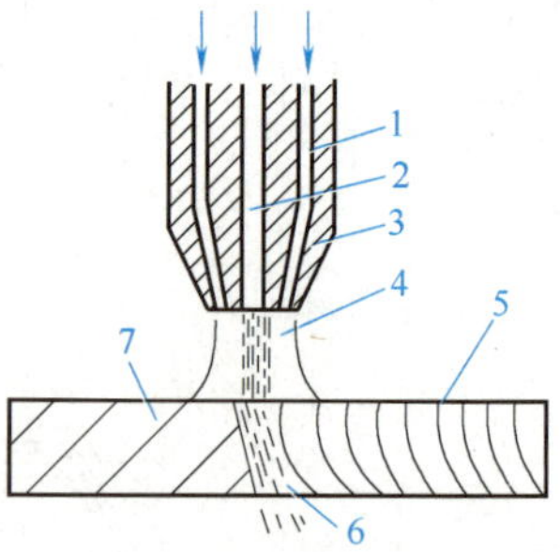

图 7-19　气割原理图

1—混合气体通道　2—切割氧通道
3—割嘴　4—预热火焰　5—切割
纹道　6—氧化铁渣　7—割件

相比机械切割，气割速度快，可实现结构复杂和较大厚度零件的切割，具有简单经济、携带方便、操作灵活等特点；与此同时，因气割加工误差大，火焰及熔渣易造成火灾，需要专门配备排烟系统来改善现场空气质量。

1. 气割条件

金属材料只有具备以下条件，才能进行气割。

1）金属在氧气中的燃点应低于其熔点。

2）气割时，燃烧生成的金属氧化物熔点应低于金属本身的熔点。

3）金属在切割氧流中的燃烧应是放热反应。

4）金属本身的导热性不应太高。

气割一般适用于纯铁、中低碳钢、低合金钢和钛及钛合金等材料。气割是各个工业部门常用的金属热切割工艺，特别是手工气割，使用灵活方便，是工厂零星下料、废料解体、安装和拆除工作中不可缺少的方法。

2. 气割参数

（1）氧气压力　工件厚度增加，氧气压力应随之增加。一定切割厚度下，若氧气压力不足，会使切割过程的氧化反应变慢，在切口下缘形成黏渣，甚至割不穿工件；若切割氧气压力过高，不仅会造成氧气的浪费，还会使切口变宽，增大切割面粗糙度。

（2）预热火焰　预热火焰应采用中性焰，目的是将工件切口处的金属加热至能在氧气流中燃烧的温度，同时使切口表面的氧化皮剥落熔化。预热火焰的焰心前端应离工件表面 2~5mm。

（3）切割速度　速度过慢，会使切口上缘熔化；速度过快则会产生较大的后拖量，甚至无法割透。合适的切割速度应控制在 0.3~0.8m/min。

（4）切割倾角　切割倾角是割炬与工件之间的夹角。工件厚度不同，切割角度也不同。当工件厚度为 5~30mm 时，割炬应垂直于工件；当工件厚度小于 5mm 时，割炬应向后倾斜 5°~10°；当工件厚度大于 30mm 时，需在开始时将割炬向前倾斜 5°~10°，待割透时，将割炬垂直于工件，直到切割完毕。

3. 气割步骤与方法

1）根据被切工件的厚度选择合适的割炬和割嘴，并调整工作参数。

2）起割时，将被切工件边缘预热至金属熔点，逐渐开启氧阀门，开始切割工件并形成切口。

3）切割时，保持割嘴和工件之间的距离控制在 3~5mm。

4）临近终点时，让割嘴沿切割方向向后倾斜一定角度，保证割缝质量。

5）结束时，先关闭氧气阀门，再关闭乙炔和预热氧气阀门。

7.5　焊接实训案例

1. 案例描述

本项目旨在进行平焊位置的基本操作。通过练习，学生可以了解焊条电弧焊的基本工作原理，掌握平焊动作要领，加深对金属焊接工艺的理解，丰富学生对工业制造的认知。

实训要求：零件材质低碳钢，尺寸 200mm×50mm×4mm（Y形坡口），要求使用焊条电弧焊，如图 7-20 所示。

实训设备及工具：焊条、焊条电弧焊焊机、防护手套、防护面罩、清渣锤。

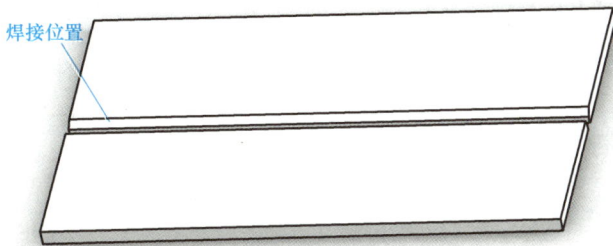

焊接位置

图 7-20　焊件

2. 操作过程

根据焊接精度和性能要求，可确定焊接步骤依次为连接焊机、选取焊条、调整电流、引弧、运条、衔接、收尾、焊件处理和焊机关闭，工作步骤和内容见表 7-3。

表 7-3　焊接工作步骤和内容

序号	步骤	工作内容
1	连接焊机	连接焊机正负极接线，依次开启总开关和焊机开关
2	选取焊条	根据零件尺寸，选取 ϕ3.2mm 酸性焊条
3	调整电流	根据零件尺寸和焊条规格，将焊接电流调整至 70A 左右

(续)

序号	步骤	工作内容
4	引弧	使用焊钳夹持焊条,并通过划擦法引弧
5	运条	电弧燃烧稳定后,控制焊条向零件的进给、后移和横摆运动
6	衔接	30s内更换新焊条,重新进行引弧
7	收尾	焊至焊缝末端时,保证金属液填满弧坑,抬起焊条,拉断电弧,结束焊接
8	焊件处理	零件冷却后,用清渣锤清理焊缝表层残渣
9	焊机关闭	依次关闭焊机开关和总开关,并取下焊机接线

3. 评分标准

针对学生综合素质和实操技能,制定评分标准,见表7-4。

表7-4 焊接评分标准

姓名			
综合素质栏目(30%)			
评分项目	评分细则	配分	得分
衣着穿戴	穿戴不规范不得分	6	
工具摆放	摆放不整齐不得分	6	
文明操作	出现操作失误不得分	6	
应急处理	处理不妥当不得分	6	
卫生清理	清理不到位不得分	6	
实操技能栏目(70%)			
评分项目	评分细则	配分	得分
连接焊机	焊接回路连接正确得分,否则不得分	10	
匹配电流	正确选取焊条和电流得分,否则不得分	10	
划擦引弧	顺利引弧且电弧稳定得分,否则不得分	20	
运条运动	电弧稳定且运条平稳得分,否则不得分	10	
衔接与收尾	衔接迅速且收尾弧坑填满得分,否则不得分	20	
合计		100	

否定项说明:

1. 不符合衣着穿戴规范的人员禁止焊接;
2. 操作过程中出现危及自身及他人安全的状况将禁止焊接;
3. 不服从指导教师指挥,强行进行工作的情况将禁止焊接;
4. 因个人操作失误导致设备故障且当场无法排除的将禁止焊接。

💡 练习与思考

7-1 简述焊条电弧焊的工作原理和特点。

7-2 焊条电弧焊的闭合回路由哪几部分组成?

7-3 焊条的基本组成结构是什么?每部分的作用是什么?

7-4 最基本的焊接参数有哪几个？分别根据什么原则确定？

7-5 引弧方法有哪几种？简述其动作要领？

7-6 运条运动主要包括哪几部分运动？各部分运动的作用是什么？

7-7 简述氩弧焊的工作原理和类别。

7-8 简述氩弧焊所需要的焊接设备及其作用。

7-9 简述气焊的基本原理及特点。

7-10 简述气割的基本原理及特点。

7-11 简述气割的工艺路程。

拓展阅读

高凤林：为火箭焊接"心脏"的人

高凤林是个什么样的人？他曾在 2014 德国纽伦堡国际发明展上，一人独获三项金奖，让世界为之震惊。我国长三甲系列运载火箭、长征五号运载火箭的第一颗"心脏"——氢氧发动机喷管，都在他手中诞生。从业三十多年来，他先后为九十多发火箭焊接过"心脏"，占我国火箭发射总数近四成；先后攻克了航天焊接 200 多项难关，被称为火箭"心脏"的"金手天焊"。

1980 年，技校毕业的高凤林进入火箭发动机焊接车间氩弧焊组。为了练好基本功，他吃饭时习惯用筷子比画着焊接送丝的动作，喝水时习惯端着盛满水的缸子练稳定性，休息时举着铁块练耐力，更冒着高温观察铁液的流动规律。渐渐地，高凤林日益积攒的能量逬发出来。

三十多年来，他先后参与北斗导航、嫦娥探月、载人航天等国家重点工程以及长征五号新一代运载火箭的研制，多次攻克发动机喷管焊接技术世界级难关，在一系列高新武器和"撒手锏"武器的研制生产中保证了重点型号的顺利推进，出色地完成了亚洲最大的全箭振动试验塔的焊接攻关。

针对生产合格率仅为 35% 的某型号发动机组件，高凤林跨专业攻关，跑图书馆，浏览专业网站，千方百计搜寻国内外相关资料，每天带领团队在 20 多 m^2 的操作间进行试验，两个月里试验上百次，最终形成的加工工艺使该产品的合格率达到 90%。

除此之外，他还主编了首部某型号发动机焊接技术操作手册，多次被指定参加相关航天标准的制定。自学、实践、总结、再实践的过程，让高凤林逐渐成为国内权威的焊接专家，成为大家眼中把深厚理论与精湛技艺完美结合的专家型工人。

高凤林说："国家要发展，需要全面的创新，不管是大创新、小创新，还是微创新。希望我们新时代的产业工人，都能成为知识型、技能型、创新型的优秀劳动者！"

第8章

铸造

8.1 概　述

发展至今，铸造仍是机械工业领域中生产毛坯的主要制造方法，其本质是一种将液态熔融金属倒入铸型，待其冷却凝固后获得铸件的成形方法。根据工艺原理不同，铸造分为砂型铸造和特种铸造两大类，其中特种铸造又有熔模铸造、压力铸造、金属型铸造和离心铸造之分。

铸造在国民经济生产中占有十分重要的作用，具有以下优点。

（1）工业适应性强　铸造过程中几乎不受尺寸重量的限制，小到几克，大到几吨，可完美复制各种复杂形状的零件，尤其是带有复杂内腔的中空毛坯。

（2）生产成本低　铸件材料来源广，价格低廉，回收利用率高，可广泛采用碳钢、合金钢、铸铁、铜、铝等工业金属材料。

（3）灵活性强　铸造工艺简单，周期短，生产批量不受限制，既可以单件小批量生产，也可以大批量生产。

（4）生产率高　铸件的形状、尺寸与零件十分接近，从根本上节省了金属材料的切削加工工作，有效提高了零件成形效率。

8.2 砂型铸造

砂型铸造是铸造生产中最常用的方法，其工作原理是利用型砂制作铸型，并将熔融金属充填至铸型型腔，待其冷却凝固后形成铸件。铸件一般是尺寸精度不高的零件毛坯，需经切削加工后才能成为零件。由于砂型铸造工艺简单，材料廉价，因此被广泛应用于小型铸件的单件或批量化生产中。

砂型铸造所用到的铸型称为砂型，制造砂型的过程称为造型，造型所用的材料主要是型砂。对于内腔（孔）类零件，还需要进一步造芯。砂型铸造的工艺流程如图8-1所示。

8.2.1　型砂与砂型

1. 型砂

（1）型砂的组成　型砂是造型的主要材料，一般由原砂、黏结剂、水和附加物按一定比例混合而成。黏土资源丰富，是铸造过程中最为实用的黏结剂，占比约为9%；将水与黏土混合，增加砂粒的黏结作用，并使其具备一定强度和透气性；附加物则是

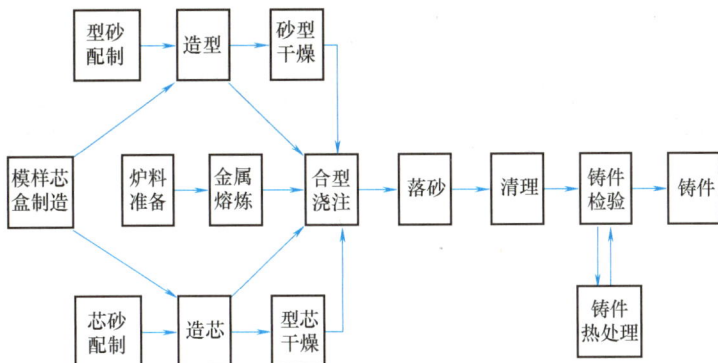

图 8-1 砂型铸造的工艺流程

为了改善型砂某些性能而加入的材料，常有煤粉、木屑等。

（2）型砂的性能　型砂性能对铸型和铸件的质量起决定性作用。良好的型砂应具备以下性能。

1）强度。型砂抵抗外力破坏的能力称为强度。造型过程中，砂型会被搬运和翻转，只有具备足够高的强度才能保证砂型不被破坏。增加黏结剂含量采用细小粒度的原砂，都可提高强度。

2）透气性。型砂能让气体通过的能力称为透气性。高温金属液浇注到型腔内部时，铸型残留的气体必须通过型砂排出，否则将会使铸件产生气孔。型砂的透气性主要与原砂的粒度、黏土含量、水分含量和砂型的紧实度有关。原砂的粒度越大，黏土和水分的含量越低，砂型的紧实度越差，则透气性越好。

3）耐火度。金属液浇注到型腔内部时，砂型会受到高温的强烈作用，此时型砂具备的抵抗高温热作用的能力称为耐火度。为了提高耐火度，通常会在型砂制备过程中加入二氧化硅。

4）可塑性。造型时，型砂在外力作用下塑制成型，当撤出外力取出模型时仍然保持已有形状的能力称为可塑性。可塑性高的型砂，不仅造型方便，其轮廓形状也清晰准确。

5）退让性。铸件在冷凝过程中体积会收缩变小，因此要求型砂具备一定被压缩的能力。型砂的退让性不好，会阻碍铸件凝固后的持续收缩，迫使铸件产生内应力，引起开裂。为提高型砂退让性，通常会在型砂制备过程中加入木屑。

（3）型砂的制备　型砂制备主要有人工混合和混砂机混合两种方法。少量型砂的制备，多采用人工混合方法。混制时，按照一定比例依次加入新砂、旧砂、膨润土和煤粉，充分混拌 2~3min 后加入适量水，再持续混拌 10min 左右即可完成混制。配置好的型砂必须进行检验。如图 8-2 所示，用手抓起一把型砂，紧捏时感到柔软易变形；放开时砂团不松散、不粘手，并且指纹清晰；折断后断面平整均匀且没有碎裂现象，有一定强度，则说明型砂具备一定性能。

2. 砂型

（1）砂型结构　砂型是指在砂型铸造过程中用型砂制作而成、用于金属液浇注的结构，常见砂型结构如图 8-3 所示。

（2）浇注系统　金属液流入型腔的通道称为浇注系统，由外浇口、直浇道、横浇道和

型砂湿度适当时，可用手捏成砂团，松开
手后可以看到清晰的指纹

折断时断隙有明显的碎裂状，同时具有足
够的强度

图 8-2　型砂制备的检验方法

内浇道组成，如图 8-4 所示。对部分特殊铸件而言，浇注系统还包括冒口。冒口是存储液态
金属的空腔，主要作用是补缩，防止缩孔、缩松、排气和集渣缺陷。

图 8-3　砂型结构

1—下砂型　2—下砂箱　3—分型面　4—上砂型　5—上
砂箱　6—通气孔　7—型腔通气孔　8—型芯通气孔
9—浇口杯　10—直浇道　11—横浇道　12—内浇道
13—型腔　14—型芯　15—芯骨　16—芯座

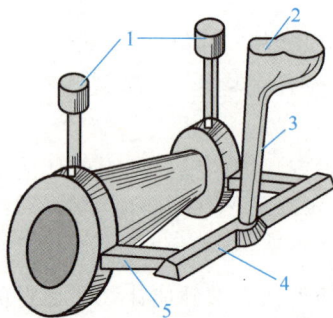

图 8-4　浇注系统

1—冒口　2—外浇口　3—直浇道
4—横浇道　5—内浇道

8.2.2　造型工具

使用木材或其他金属材料制成并用来形成铸型型腔的工艺装备称为模样。通常情况下，
模样尺寸略大于成品，留有一定收缩余量，确保熔化金属向模样作用时的凝固和收缩，防止
形成空洞。砂型铸造常用的造型工具如图 8-5 所示。

（1）底板　底板是用来固定安装模样，造型时用来托住模样、砂箱和砂型。

（2）春砂锤　春砂锤主要是用来捶打紧实、春平砂型表面，也可在取模时用来轻轻敲
击模样，使之顺利取出。

（3）通气针　通气针的主要作用是在砂型上扎出通气孔。

（4）起模针　起模针主要用于从砂型中取出模样。

（5）皮老虎　皮老虎用来吹去模样上的分型砂及散落在型腔内的散砂、灰土等。

（6）镘刀　镘刀也称刮刀，主要用来修理砂型的较大平面，也可开挖浇注系统、冒口、
切割大的沟槽，以及在砂型插钉时把钉子揿入砂型。

（7）秋叶　秋叶也称双头铜勺，主要用来修整砂型曲面或窄小的凹面。

（8）提钩　提钩也称砂钩，主要用来修整砂型中深而窄的底面和侧壁，以及提出掉落
在砂型中的散砂。

（9）半圆 半圆也称竹片梗，主要用来修整砂型垂直弧形的内壁和底面。

（10）砂箱 砂箱是由金属或木材制成的坚实方形框子，有准确的定位和锁紧装置。砂箱通常由上箱和下箱组成，上下箱之间通过销子定位。

（11）浇道棒 浇道棒既可以用于直浇道的造型制作，也可用于搅拌造砂或捶实局部结构的砂型。

（12）刮板 刮板主要是用来刮除高出砂箱的型砂，一般由平直木板制成，长度长于砂箱宽度。

图 8-5 造型工具

a）底板 b）舂砂锤 c）通气针 d）起模针

e）皮老虎 f）镘刀 g）秋叶 h）提钩 i）半圆 j）砂箱 k）浇道棒 l）刮板

8.2.3 铸造工艺过程

1. 造型

用型砂和模样制造铸型的过程称为造型。造出的砂型由上砂型、下砂型、型腔、砂芯、浇注系统和砂箱等部分组成。上、下砂型的接合面称为分型面。上、下砂型的定位可借助定位销。

常见的造型方法主要有手工造型和机器造型。

（1）手工造型 全部用手工或手动工具造型的方法称为手工造型。手工造型的特点是操作灵活，适应性强，但因效率低，劳动强度大，环境差，对操作人员的技能要求高，目前只适用于单件小批量生产。

完整的手工造型过程，应当包括造型工具准备、安放模样、填砂、紧实、起模、修型、合型等工序，如图8-6所示。

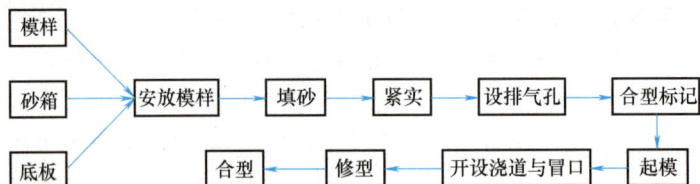

图 8-6　手工造型流程图

根据铸件结构特点和生产批量不同，可以将手工造型方法分为整模造型、分模造型、活块造型、挖砂造型、三箱造型、刮板造型等。

1）整模造型。整模造型的模样是整体结构，模样分型面多为平面，型腔全部位于砂箱内，适用于形状简单的铸件，如盘、盖类零件，如图8-7所示。

图 8-7　整模造型流程图

a）下砂箱造型　b）刮平砂型，翻箱　c）上砂箱造型，扎通气孔
d）拆箱起模，开设浇道　e）合型　f）带浇口的铸件

整模造型的基本操作过程如下。

① 下砂箱反放在底板上，并将模样置于下砂箱内的中间位置，使模样最大截面（分型面）朝下。将型砂放入砂箱并用舂砂锤锤实。

② 下砂箱造型完成后，使用刮板将下砂箱的底面修理平整，保证砂型与砂箱为一平面，然后再进行翻箱，使下砂箱正面朝上。

③ 装配上下砂箱并作合型记号。根据浇注系统的位置布置浇道棒，并按照与下砂箱相同的方法完成上砂箱造型。造型后用气孔针制作通气孔。

④ 将上下砂箱分开，从下砂箱内取出模样，制作横浇道，保证浇道内无散砂。

⑤ 根据合型记号重新装配上下砂箱。

⑥ 将熔炼合格的金属液通过浇注系统浇入铸型，待其冷却后，得到所需要铸件。

2）分模造型。分模造型指的是在上砂箱和下砂箱中分别造出上半型和下半型的过程，如图 8-8 所示。相比于整模造型，分模造型的模样是分开的，模样的分型面必须是模样的最大截面，以利于起模。分模造型适用于形状复杂的铸件，如套筒、管子和阀体等零件。

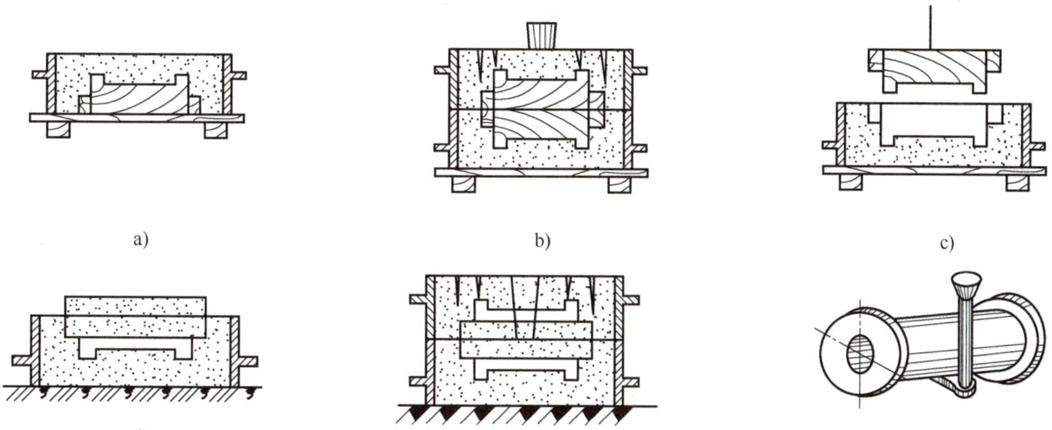

图 8-8　分模造型流程图

a）下砂箱造型　b）上砂箱造型　c）开箱，起模
d）开设浇道，下芯　e）合型　f）带浇口的铸件

（2）机器造型　以机器全部或部分代替手工完成填砂、紧砂等操作的造型方法称为机器造型。机器造型是现代化铸造车间的基本造型方法，具有生产率高，铸件尺寸精度高、表面质量好等特点，适用于铸件批量化生产。

根据紧实方式的不同，机器造型可以分为震压造型、压实造型、抛砂造型和射砂造型四种基本类型。其中，震压造型应用最为广泛。

震压造型是一种将砂箱放在震动台上，工作台由气缸推动上升一定高度后自由下落，通过多次震击产生的惯性力将下部型砂紧实，再用压头压实上部型砂的造型方法，如图 8-9所示。

为获得铸件内腔结构或局部外形，通常情况下需要在造型的基础上造芯。用芯砂材料制成的安放在型腔内部的实体称为砂芯，砂芯具有形成铸件内腔、内孔、外形以及加强铸型强度的重要作用。

2. 合型

将上砂型、下砂型、砂芯等组合成一个完整砂型的操作过程称为合型，又称合箱。合型时，要注意型腔是否清理干净；浇口和排气孔是否通畅；砂型是否会引起涨箱；扣合样箱，确保分型面严实。

合型的基本操作过程如下。

（1）准备工作

1）熟悉技术资料。合型前，熟悉该铸件的工艺图、工艺卡等文件，明确芯撑、冷铁的位置及各砂芯的相互位置关系、下芯顺序、固定方法和通气方法。

2）检查砂型和砂芯的质量。采用样板或肉眼观察的方法检验砂型形状尺寸的合格性及砂芯的紧实度和烘干状况。若有烘干不良或局部烧坏等现象，应对破损处进行仔细修补和再

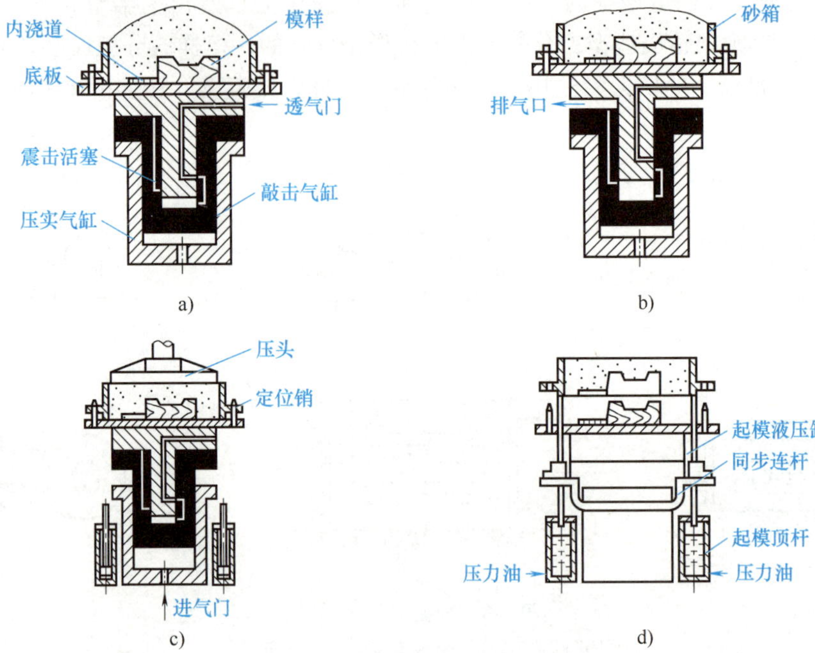

图 8-9　震压造型流程图

a）填砂　b）震动紧砂　c）压实紧砂　d）起模

烘干。

3）准备合型工具。准备芯撑、冷铁、石棉绳、浇口圈、冒口圈和吊具等工具。其次，还应进一步做好砂型吊运和翻转方案。

（2）下芯操作

1）安放砂芯。安放下芯时，要仔细检查砂芯的相对位置，以准确控制铸件的壁厚。生产量较大或重要的铸件常用样板控制砂芯的位置。

2）固定砂芯。对于一般的砂芯，主要是依靠芯头将砂芯固定在砂型里；对于尺寸较大或结构特殊的砂芯，有时需要用芯撑来增加砂芯的支撑点；合理利用芯撑，可防止砂芯位移或错芯。

3）检查砂型、砂芯通气状况。砂型必须具有良好的通气性，因此要求每个砂芯的通气道都要保持畅通。砂芯安装过程中，要认真检查砂芯与砂芯之间、砂芯与芯座之间的通气孔是否相互连通。大型铸件或烘干的砂芯要在通气孔周围或芯头处放一圈泥条或石棉绳，以防止浇注时金属液钻入芯头堵塞通气道。

（3）合型操作

1）精整砂型。精整砂型是用填补涂料或型砂填平修整砂芯与砂型之间空隙和裂纹的过程。首先，用除尘工具清除型腔中的散砂和灰尘。型腔较浅时，可用皮老虎吹除；较深时，可用 Y 形三通管接以压缩空气的方法将散砂吹出。

2）验型。对于某些砂型，特别是干型，要进行验型。验型就是合型后再打开砂型，检查砂型分型面是否严实，通气孔是否对准，砂型是否被压坏，芯撑高度是否合适的过程。验型时，要在分型面及芯头的顶面放置软泥条。当合型再开时，需要根据泥条压扁程度查看分型面间隙、芯头与芯座间隙、砂芯与上型之间的距离以及铸件壁厚是否合适，并根据软泥条的压扁程度考虑是否需要调整砂芯高度。

3）合型。上砂型保持吊平，并按合型标志对准合型，将烘干的浇冒口杯安放好，并使接缝严密。合型后，用压铁或紧固装置压实砂型，消除砂型间的缝隙，将浇冒口及通孔盖好，防止掉入型砂或杂物。湿型砂容易损坏的地方，要做出标志，防止踩踏。将金属液牌号和浇注重量用粉笔写在砂箱壁上，以便于浇注。

3. 熔炼浇注

（1）熔炼材料与设备　熔炼的金属材料常有铸铁、铸钢、铸造铝合金、铸造铜合金等，其中铸铁应用最多。金属的熔炼一定要保证熔液温度合理，化学成分稳定，并且在所要求的范围内。

目前，使用比较广泛的熔炼设备有冲天炉、电炉和感应炉等。冲天炉是目前最常用且最经济的熔炼设备。相较于冲天炉，电炉可以准确调整金属液的成分、温度，保证金属液的质量。

（2）熔炼的基本过程

1）根据铸件技术要求，确定使用材料的化学成分。

2）根据材料的烧损率和成分要求，进行炉料选择及其配比计算。

3）准备用具，涂刷涂料并预热，防止气体、夹杂物和有害元素的污染。

4）加料，顺序依次为回炉料、中间合金和金属料。低熔点易氧化的金属料要在炉料熔化之后加入。

5）为了减少合金液的吸气和氧化污染，应尽快熔化。根据实际工作需要，对部分合金液加覆盖剂以进行保护。

6）熔化后的炉料需要精炼处理，以净化合金液，并进行效果检验。

7）根据实际需要，对合金液进行变质和细分组织处理，以提高性能。

8）调整温度，直到满足熔炼要求。对于某些合金溶液，需在熔炼过程中进行搅拌，以防发生重力偏析。

（3）浇注的基本要点　将金属液浇入到铸型型腔的过程称为浇注。为了获得较高质量的铸件，除做好基本的准备工作外，还需要进一步控制浇注速度和浇注温度。

1）浇注前，清理场地积水，确定浇包烘透量足，并完成扒渣操作。

2）浇注时，对准浇口，并保证金属液速度均匀不断流，以免铸件产生冷隔。对于砂型出气口处逸出的气体，应及时引燃，以防对人体产生危害。

3）单位时间内注入金属液的质量称为浇注速度。过快或过慢的速度均不利于铸件成型。速度过快会导致砂型破坏、产生气孔等缺陷；速度过慢，则又导致铸件产生夹渣和冷隔现象。所以，应根据铸件结构、使用材料等因素选择合理的浇注速度。

4）金属液注入铸件型腔时的温度称为浇注温度。一般情况下，在保证铸件轮廓清晰的前提下，应尽可能选择较低的浇注温度。铸铁的浇注温度一般为 $1250 \sim 1350℃$ 。

4. 落砂清理

（1）落砂　用手工或机械方法将铸件从砂箱中取出的过程称为落砂。如果落砂过早，铸件温度过高，铸件在空气中急冷，容易产生变形和开裂；如果落砂过晚，铸件温度过低，铸件冷却收缩会因受到铸型或型芯阻碍而引起铸件变形开裂，并使铸件组织粗大。为了提高生产率，应在保证质量的前提下尽早落砂。落砂时间主要是根据铸件的形状、大小、壁厚等因素来综合选取。

（2）清理　落砂后，将铸件表面上多余型砂、金属等清除的过程称为清理，清理工作包括切除浇、冒口和清除型砂。一般情况下，铸铁件的浇、冒口可通过铁锤敲掉，但应注意敲击时的方向；铸钢件和有色金属铸件则分别采用气割和锯削的方法切除。因铸件表面会黏着一层被烧焦的型砂，因此必须进行清砂操作。清砂时，既可以选择錾子、钢丝刷等手工工具，也可以通过滚筒和抛丸的机械方法进行。

5. 后期加工

对于性能要求较高的铸件，须在落砂清理之后进行表面处理，处理工艺主要包括热处理、整形和防锈三项工作。热处理的主要目的是改善或改变铸件的原始组织，消除内应力，以提高铸件力学性能，防止变形。整形主要是运用机械力量对铸件的尺寸偏差进行整形矫正，分矫正、修补和表面精整三步。防锈则主要是通过喷漆或氧化处理防止铸件生锈。

8.2.4　铸件缺陷分析

实际铸造过程中，往往会因生产工序繁杂造成铸件缺陷，有可能是内在的质量缺陷，也有可能是外观质量缺陷。通常情况下，将铸件组织性能、孔洞、裂纹等缺陷作为铸件内在质量的衡量因素，将尺寸精度、表面粗糙度和表面缺陷作为外在质量的衡量因素。常见铸件缺陷及其特征见表 8-1。

表 8-1　常见铸件缺陷及其特征

名称	特征
气孔	气孔属于孔洞类缺陷，其表面比较光滑，主要呈梨形、圆形和椭圆形，一般不存在于铸件表面，大孔常孤立存在，小孔则成群出现
缩孔	凝固过程中由于补缩不良而产生的孔洞，形状极不规则，孔壁粗糙并带有枝状晶，常出现在铸件最后凝固的部位
冷裂	铸件凝固后在较低温度下形成的裂纹，其裂口常穿过晶粒延伸到整个断面
热裂	铸件凝固后在较高温度下形成的裂纹，其断面严重氧化，无金属光泽，裂口沿晶粒边界产生和发展，外形曲折而不规则
表面粗糙	铸件表面毛糙、凹凸不平，其微观几何特征超出铸造表面粗糙度的测量上限，但尚未形成粘砂缺陷
夹砂	铸件表面产生的疤片状金属突起物。其表面粗糙，边缘锐利，有一小部分金属和铸件本体相连，疤片状凸起物与铸件之间夹有一层砂
铸件变形	铸件在铸造应力和残余应力作用下所发生的变形，以及由于模样或铸型形变引起的变形
砂眼	铸件内部或表面带有砂粒的孔洞

8.3　特 种 铸 造

特种铸造是相对砂型铸造而言的。特种铸造在造型材料、造型方法、金属液填充形式和铸型凝固条件等方面与砂型铸造有着显著差别。常见的熔模铸造、压力铸造、离心铸造、金属型铸造等都属于特种铸造的范畴。相比砂型铸造，特种铸造更接近零件最后尺寸，能够进一步保证铸件尺寸精度，实现少切屑或无屑加工，降低金属消耗和铸件废品率。

8.3.1 熔模铸造

熔模铸造是一种精密铸造，通常是用易熔材料（如蜡）制成模样，在模样表面包覆耐火涂料，经硬化干燥后制成型壳，并通过加热熔去模样再经高温焙烧获得耐火型壳，将金属液注入型壳，待冷凝后获得铸件的方法。熔模铸造没有分型面，无须起模，因而能获得表面质量和尺寸精度很高的铸件，适用于铸造形状结构复杂、难以切削加工的中小型零件，零件质量不超过 25kg。

图 8-10 所示为熔模铸造工艺过程。首先将蜡料压入模具型腔，待其冷却后取出蜡模，并对蜡模表面缺陷进行修复处理。将蜡模焊到蜡质的浇注系统上，形成蜡模组。随后在蜡模组表面涂以硅胶，撒上耐火材料，将其进行干燥硬化，增加表层的强度和耐火性能。利用高温蒸汽让蜡融化排出，即可得到可以浇注的型壳。为了彻底去掉型壳中残留的水分和蜡料，还需将型壳置入 1000℃ 左右的高温环境中焙烧 1~2h。最后将熔炼合格的金属液浇注到型壳中，待其冷却后通过震动脱壳机或人工敲击的方法使铸件和型壳分离，并利用切割的方法分离出蜡模组上的铸件产品，得到所需铸件。

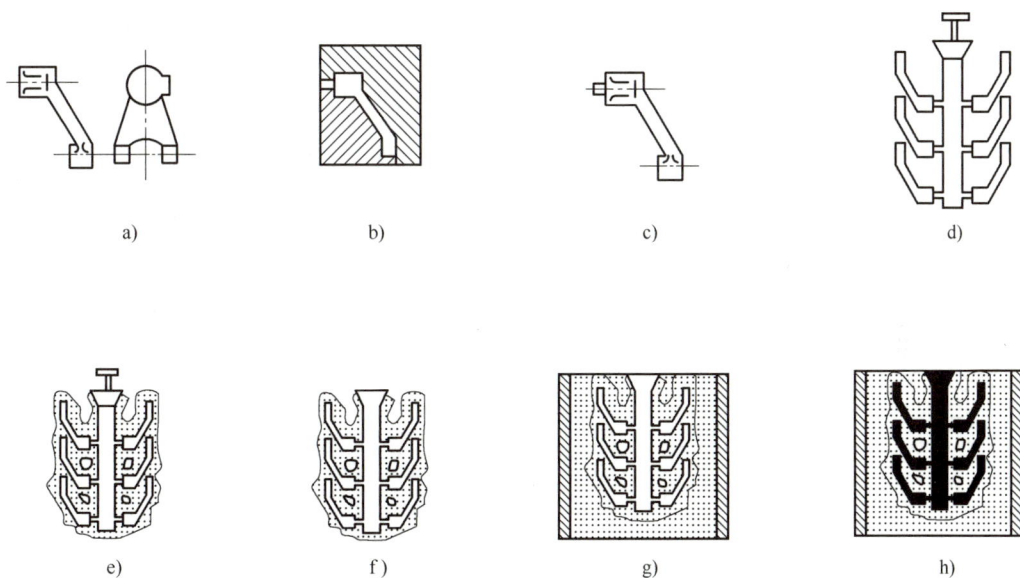

图 8-10 熔模铸造工艺过程

a）母模 b）压型 c）蜡模 d）焊成蜡模组
e）结壳 f）脱模 g）造型、焙烧 h）浇注

8.3.2 压力铸造

压力铸造，简称压铸，是一种在高压作用下将金属液高速充入型腔并凝固的成形方法。高压（5~150MPa）和高速（5~100m/s）是金属液充填成形过程的两大特点，也是压铸区别于其他铸造方法的重要特征。基于这一优势，压铸既可以铸造出形状复杂的薄壁铸件，也可以直接铸出各种螺纹、齿轮。经压铸出的零件，尺寸精度高，表面质量好，一般不再需要金属切削加工，可直接用于装配。

铸造时，首先将压铸机上的动型与定型装配完好，装配后的动型和定型所组成的闭合空腔即为所需生产的铸件轮廓。将熔炼好的金属液沿进料口浇注到铸型内，同时利用活塞的压入使金属液充满整个型腔，待其冷却凝固后移开动型，并在推杆作用下使铸件与定型慢慢脱离，得到铸件。

8.3.3 离心铸造

离心铸造是将金属液注入高速旋转的铸型内，并在离心力作用下凝固成形的方法。离心铸造离不开离心机，根据离心机结构形式的不同，离心铸造可分为立式离心铸造与卧式离心铸造两大类，如图 8-11 所示。其中，立式离心铸造用于生产高度小于直径的盘、环类铸件，卧式离心铸造适用于铸造长度较大的管状空心铸件。

离心铸造在生产空心旋转类铸件时，可省去型芯、浇注系统和冒口等结构。旋转时，金属液在离心力作用下会将密度大的金属推向外壁，而使密度小的气体、熔渣向自由表面移动，形成自外向内的定向凝固，因此具有补缩条件好、铸件组织致密、力学性能好、充型能力好等特点。离心铸造所生产的铸件内表面粗糙，尺寸误差大，因此不适用于密度偏析大的合金及铝、镁等轻合金。

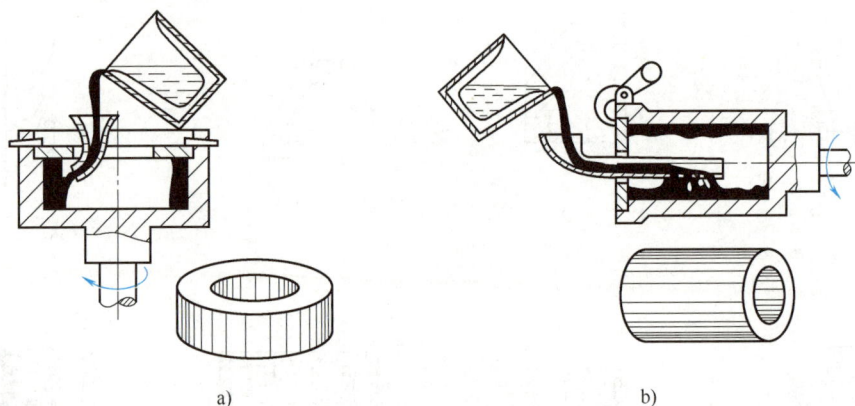

图 8-11　离心铸造

a）立式离心铸造　b）卧式离心铸造

8.4　铸造实训案例

1. 案例描述

本项目旨在进行砂型铸造手工造型的训练。通过练习，学生可以了解砂型铸造手工造型的操作步骤，加深对砂型铸造工艺流程的理解，培养动手操作能力。

实训要求：运用型砂和造型工具进行手工造型，铸件模样如图 8-12 所示。

实训设备及工具：型砂、模样、搅拌盆、喷壶、底板、舂砂锤、镘刀、刮板、浇道棒、通气针、砂箱、秋叶、提钩、起模针、皮老虎。

2. 制作过程

根据铸造精度和性能要求，可确定铸造步骤依次为型砂制备、下砂箱造型、上砂箱造型、开通气孔、取模和合型，工作步骤和内容见表 8-2。

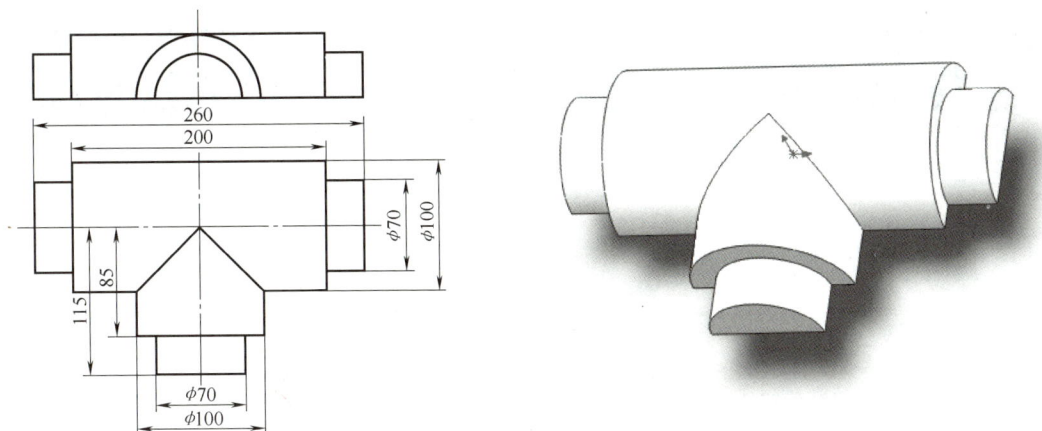

图 8-12 铸件模样图

表 8-2 铸造工作步骤和内容

序号	步骤	工作内容
1	型砂制备	将型砂与水按比例混合并不断搅拌均匀,运用手捏法判断型砂是否制备合格
2	下砂箱造型	下砂箱反放在底板上,放上模样,撒上分型砂;然后将型砂倒入下砂箱并不断舂实,最后将下砂箱表面修平
3	上砂箱造型	将下砂箱翻箱,上下砂箱装配,按位置放置模样,撒分型砂,立浇道棒,然后将型砂放入上砂箱内并舂实
4	开通气孔	取下浇道棒,在上砂箱开通气孔
5	取模	将上下砂箱分开,取出模样,制作横浇道,保证型腔结构压实且腔内无散砂
6	合型	将上下砂箱重新装配,并取下砂箱

3. 评分标准

针对学生综合素质和实操技能,制定评分标准,见表 8-3。

表 8-3 铸造评分标准

姓名			
综合素质栏目(30%)			
评分项目	评分细则	配分	得分
衣着穿戴	穿戴不规范不得分	6	
工具摆放	摆放不整齐不得分	6	
文明操作	出现操作失误不得分	6	
应急处理	处理不妥当不得分	6	
卫生清理	清理不到位不得分	6	
实操技能栏目(70%)			
评分项目	评分细则	配分	得分
型砂制备	型砂均匀且湿度合适得分,否则不得分	10	
下砂箱造型	步骤完整且砂型强度合格得分,否则不得分	10	

（续）

实操技能栏目（70%）			
评分项目	评分细则	配分	得分
上砂箱造型	步骤完整且砂型强度合格得分，否则不得分	10	
浇注系统	系统完整且质量合格得分，否则不得分	20	
型腔质量	型腔完整且轮廓清晰得分，否则不得分	20	
合计		100	

否定项说明：
1. 不符合衣着穿戴规范的人员禁止加工；
2. 操作过程中出现危及自身及他人安全的状况将禁止加工；
3. 不服从指导教师指挥，强行进行加工的情况将禁止加工；
4. 因个人操作失误导致设备故障且当场无法排除的将禁止加工。

练习与思考

8-1 简述砂型铸造的基本原理和特点。

8-2 简述砂型铸造的工艺流程。

8-3 型砂的组成成分是什么？对型砂的性能要求是什么？

8-4 手捏法检验型砂制备是否完备的判断标准是什么？

8-5 砂型的基本结构组成是什么？

8-6 浇注系统的组成和作用分别是什么？

8-7 简述最常用的几种造型工具及其作用。

8-8 列举5种常见的铸件缺陷及其产生的原因。

8-9 简述熔模铸造的基本原理及应用。

8-10 简述压力铸造的基本原理及应用。

8-11 简述离心铸造的基本原理及应用。

拓展阅读

毛正石：铸造炉火纯青的"中国标准"

守着一炉铁液，转了30多年，把有着几千年历史的传统工艺——铸造，精心打磨出了符合国际标准的出口产品。在炉火纯青的技艺背后，他传承了砥砺创新的家国情怀。他，就是从技工院校毕业的毛正石。

30多年前，毛正石选择以"翻砂匠"的身份进入工作岗位。"翻砂匠"是厂里有名的苦、脏、累岗位，挣钱不多，出力不少。通过长期坚持，刻苦自学，他逐渐成长为铸造岗位上的行家里手。如今，在中车集团大连机车车辆厂，毛正石担任车间技术组组长，全面负责车间技术工作，并有了以自己名字命名的"毛正石劳模创新工作室"。

传统铸造业流行一句老话："差一寸，不算差"。意思是说，在铸造产品中，一寸以内的误差都可以忽略不计，而中国铸造走向世界的新标准则是"零缺陷，零误差"。

　　近年来，毛正石和团队相继完成的阿尔斯通公司汽轮机叶片，史密斯公司各种滚套、齿轮环等高难度铸件生产，不仅精度高而且工期短，产品质量普遍好于国外，为企业创造了千万元产值。

　　时间的沉淀，让毛正石真正体会到，铸造产品并不是"傻大黑粗"，其也可以成为"高精尖"。谈起传承了上千年的工匠精神，毛正石这样理解："是执着，是严谨，更是精益求精；是敬业，是诚信，也是在工作积累中的不断创新。"

　　因为坚守，毛正石带领团队铸造出的国际标准，让"中国制造"变成"中国创造"；因为创新，毛正石带领团队开拓出的海外市场，让炉火纯青的"千年铸造"一步步走出国门，惊艳世界！

第9章

数控加工

9.1 概 述

数字控制技术，简称数控技术，是一种利用数字信息控制机械设备运动和加工的方法。数控系统是建立在数控技术基础上的控制系统，置于数控机床内部。数控机床是一种依靠数控技术，并在数控系统控制下满足零件加工需求的自动化生产机床。加工时，根据图样技术要求规划加工工艺、编写数控程序并将其输入数控系统，经编译处理后由可编程序逻辑控制器（PLC）控制机床运动，实现零件加工。

数控加工具有以下特点。

（1）高柔性 与普通机床相比，数控机床既不需要制造更换各种模具和夹具，也不需要调整机床。对于零件的加工，它可以通过数控程序执行自动加工功能，从而缩短生产周期，节省工艺装备成本，适用于单件、小批量及新产品的生产开发。

（2）加工精度高 数控机床的自身精度与运行稳定性从根本上决定了零件的加工精度。一方面表现为机床传动系统、进给系统与本体结构的高配置精度，另一方面表现为机床的自动连续加工，减少了人为操作误差，提高了加工精度。

（3）生产率高 数控机床刚性好，具备自动换速、自动换刀、自动冷却等功能，允许采用较大的切削量，以减少生产时间，提高生产效率。另外，还可集中工序，在一台机床上实现多道工序的连续加工，减少了半成品的周转时间。

（4）改善劳动条件 相对于普通加工，数控加工自动化程度高，操作工免去了除编辑程序、装卸零件、准备刀具、质量检验和加工状态监控以外的手工劳动，大大降低了劳动者的强度。

9.2 数控编程基础

9.2.1 坐标系

在不考虑机床运动形式的前提下，无论工件或刀具处于静止状态还是运动状态，在确定坐标系时，都假定为刀具相对静止的工件运动，且认为刀具远离工件的方向为坐标轴正方向。依据国家标准，机床在 X、Y、Z 三个方向上的运动执行右手笛卡儿直角坐标系，如图9-1所示。通常情况下，以大拇指方向为 X 轴正方向，食指方向为 Y 轴正方向，中指方向为 Z 轴正方向。A、B、C 表示绕 X、Y、Z 轴回转时的轴线，其正方向依靠右手法则确定。

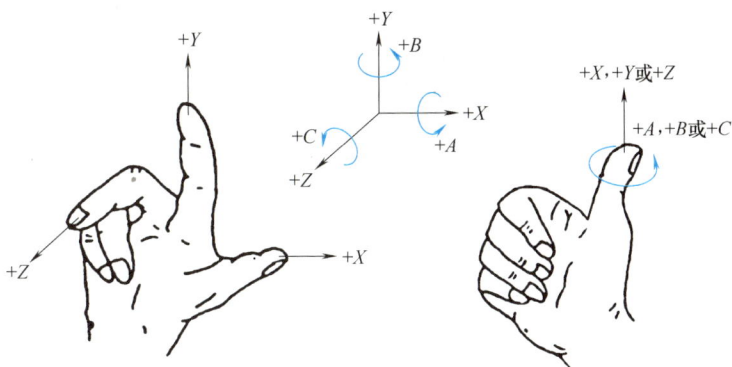

图9-1 右手笛卡儿直角坐标系

数控坐标系有机床坐标系和工件坐标系之分。机床坐标系属于固定坐标系，坐标位置由机床制造厂商决定，一般不允许用户改变。机床坐标系主要用来确定工件位置和机床运动部件的位置。工件坐标系，也称编程坐标系，是定义刀具和工件相对运动关系的坐标系。

9.2.2 编程方式

数控机床有手动编程和自动编程两种编程方式。

1. 手动编程

手动编程是指从图样分析开始，历经工艺规划、数值计算、编写程序、输入程序到校验程序均由人工完成的全部编写程序过程。手动编程适用于数值计算简单、程序段少、手编易于实现的点位加工及几何形状简单的工件。对于形状复杂的零件，特别是有非圆曲线、列表曲线或曲面的零件，可采用自动编程方法。

2. 自动编程

自动编程是指编程人员将程序编制的大部分或全部工作交由计算机来完成，又称计算机编程。编程时，计算机通过运行计算生成刀具运动轨迹，并通过后处理自动输出程序，由通信接口将程序传给数控系统，以控制机床加工。该方法适用于几何形状复杂的零件，可以大大减轻劳动强度，缩短编程时间，提高编程质量。工件表面形状越复杂、工艺过程越烦琐，自动编程的优势就越明显。

9.2.3 程序结构

从结构上来说，程序由程序名、程序主体和程序结束指令组成，如图9-2所示。其中程序段是程序主体的核心，由字代码组成。

```
O1002   程序名
N10 G00 X100 Z50;
N20 S300 M03;
N30 G00 X40 Z0;
N40 G01 X0 F100;
……
N120 M05;
M30;    程序结束指令
```

图9-2 程序结构

1. 程序格式

（1）程序名 程序名是区别其他程序的标识。程序名由地址符和整数组成，其中整数可取范围为 $1 \sim 9999$。不同数控系统采用不同的程序名，常见 FANUC 系统的程序名采用字母"O"，例如 O0001、O0002。

（2）程序主体 程序主体由程序段组成，一个程序段占一行。程序段是指为完成某一

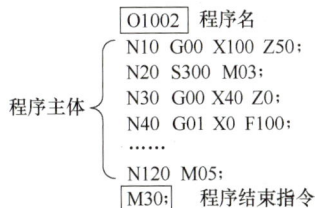

加工动作所需字代码的组，由若干个字代码组成，字代码由字地址符和数字组成，例如 N10 X100、N20 Z100 等。

（3）程序结束指令　程序结束指令以 M02 和 M30 结束。

2. 程序指令

（1）准备功能字 G　由地址符 G 和其后的数字组成，用于指定数控机床的加工方式，比如定位、插补、补偿等，常用 G 功能见表 9-1。

表 9-1　准备功能字 G

G 代码	功能	程序格式（绝对编程）
G00	快速点定位	G00 X_Y_Z_
G01	直线插补	G00 X_Y_Z_F_
G02	顺时针圆弧插补	G02 X_Y_Z_R_
G03	逆时针圆弧插补	G03 X_Y_Z_R_
G04	暂停	G04 X_;或 G04 U_;G04 P_
G17	选择 XY 平面	G17
G18	选择 YZ 平面	G18
G19	选择 ZX 平面	G19
G27	返回参考点检查	G27 X_Y_Z_
G28	返回参考点	G28 X_Y_Z_

（2）进给功能字 F　由地址符 F 和其后的数字组成，用于指定刀具切削的进给速度。进给方式有每分钟进给（mm/min）和每转进给（mm/r）两种，数控车床执行 mm/min，数控铣床执行 mm/r。

（3）主轴转速功能字 S　用于指定主轴的转速，单位一般是 r/min。

（4）刀具功能字 T　用于指定刀具号及刀具补偿号。若地址符后跟两位数值，表示刀具号；若跟四位数值，前两位表示刀具号，后两位表示刀具补偿。

（5）辅助功能字 M　由地址符 M 和其后的数字组成，表示机床辅助装置的开关动作或常用状态，见表 9-2。

表 9-2　辅助功能字 M

M 代码	功能	M 代码	功能
M00	程序暂停	M05	主轴停止
M01	选择暂停	M07	切削液开
M02	程序停止	M08	
M03	主轴正转	M09	切削液关
M04	主轴反转	M30	程序停止并复位

9.2.4　数控编程流程

数控编程是指从分析图样要求开始，历经加工工艺规划、基点坐标计算、程序编写输入，直到程序模拟校验的完整工作过程，如图 9-3 所示。

（1）图样要求分析　根据制造图样，分析零件几何形状、材料、基准、公差和表面粗糙度要求，并选择合理的数控机床，确定机床型号和工作性能。

（2）加工工艺规划　根据零件加工需求指定合适的加工方案，包括工件的定位、夹具的选用、刀具的进给、切削用量的选择以及粗精加工工序的编排。

图 9-3　数控编程流程

（3）基点坐标计算　根据加工路线和编程坐标系，计算刀具运动轨迹的坐标值，即零件轮廓上各几何要素的起点、终点和圆弧圆心坐标。

（4）程序编写输入　编程人员根据程序结构要求，通过指定代码编写数控加工程序，并将程序输入存储至数控系统，以便调取使用。

（5）程序模拟校验　程序模拟校验，既可以通过机床自带的图形模拟功能进行，也可以通过机床空运转的方式进行。对于形状结构比较复杂的零件，还可以通过对塑料和石蜡等材料进行试切，以检验程序。

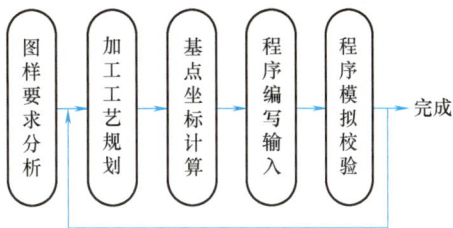

9.3　数控车削

数控车床是一种基于数字控制系统的车床，适用于加工轴类或盘类零件。与普通车床相比，数控车床具有自动化程度高、加工精度高、生产效率高、适应性强和劳动强度低等优势。

9.3.1　数控车床的结构

数控车床包括机械和控制两部分，其中机械部分与普通车床类似，同样具有床身、溜板、刀架、防护门、尾座、卡盘、冷却系统、照明系统等基础部件，如图9-4所示。但与普通车床不同的是，数控车床具有独特的数控装置，并对部分功能件进行了优化，使其结构更

105

图 9-4　CKA6150 数控车床

1—型号　2—数控装置　3—卡盘　4—照明系统　5—冷却系统

6—尾座　7—防护门　8—刀架　9—溜板　10—机床主体

简单，性能更高效，如省去了主轴箱内部的机械式齿轮变速部件，用脉冲触发技术装置替代刻度盘式的手摇调节结构。

9.3.2 数控车床的坐标系

1. 机床坐标系

数控车床有前置刀架和后置刀架之分，相应机床坐标系如图 9-5 所示。机床主轴轴线方向为 Z 方向，其中刀具远离工件的方向为 Z 轴正方向。垂直于机床主轴轴线的方向（工件直径方向）为 X 方向，其中刀具远离工件旋转中心的方向为 X 轴正方向。坐标系原点定义在主轴旋转中心线与卡盘端面的交界处。

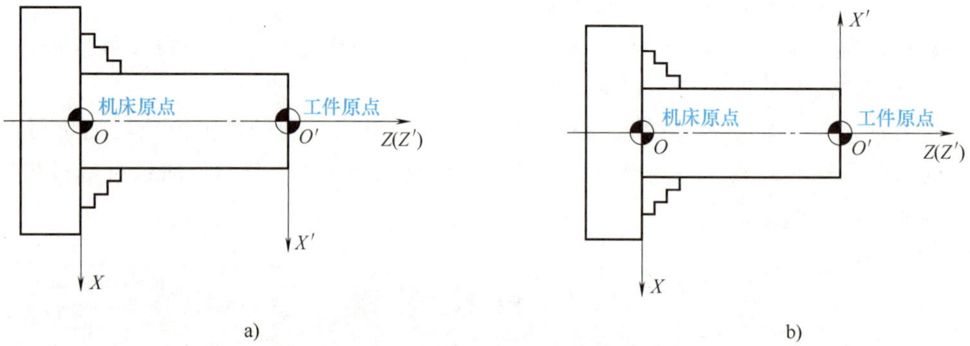

a)   b)

图 9-5　数控车机床坐标系

a）后置刀架　b）前置刀架

2. 工件坐标系

工件坐标系是编程人员根据图样要求人为设定的。从原理上讲，工件原点可以选在任意位置，但为了编程方便，一般将工件坐标系设定在主轴回转中心与工件端面的交点处，尽量保证编程基准、设计基准和安装基准重合。

9.3.3 数控车床的加工原则

加工过程中，往往根据零件的结构形状、材料和批量化制定工艺方案。确定工序时，需要综合考虑以下加工原则。

（1）先粗后精　粗加工时，应选择较大的背吃刀量和进给量，以便快速去除工件加工余量，使工件接近最后的形状和尺寸，以提高生产效率。当粗加工剩余的加工余量过大时，可在精加工之前安排半精加工，使其作为过渡工序，确保精加工余量小且均匀。

（2）先内后外　对于同时含有内外表面的零件，应尽可能先加工内表面，再加工外表面，其原因主要是零件内表面的尺寸和形状难以控制，刀具刚性差、刀尖寿命下降，切屑排除较为困难等。

（3）先近后远　以加工部位相对于对刀点的距离为标准，应先加工离对刀点近的部位，再加工离对刀点远的部位。先近后远有利于缩短刀具移动距离，保持零件刚性，改善切削条件。

（4）刀具集中　加工时，应确保在使用一把刀的情况下将工件适宜部分加工完成，然后再选用另一把刀加工其他部位，以减少换刀时间，提高加工效率。

9.3.4　数控车床的操作步骤与方法

1. 预检机床

机床通电前，需要对机床整体情况进行检查，主要包含防护门是否关闭；润滑油箱、切削液是否充足；尾座是否在安全位置等。检查完毕后，方可接通电源。

机床通电后，需要检查各开关、按钮和按键是否正常灵活、机床有无异常现象。确定机床基本情况正常后，按回零按钮进行回零操作。当机床具有绝对位置测量传感器时无需回零。

2. 安装工件和刀具

根据工件图样要求，选择合适的工件装夹方式和刀具类型，并按照要求将工件和刀具安装在规定位置。关闭机床防护门，输入较低的卡盘转速，观察工件回转情况。当工件出现较大晃动时，应多次调整工件位置，确保回转平稳。

3. 建立工件坐标系

对刀即为建立工件坐标系的过程。对刀时，通常采用试切法，使刀位点与工件原点重合。刀位点是刀具的基准点，车刀刀位点是假想刀尖点或刀尖圆弧的中心点，如图9-6所示。

以后置刀架为例，通过试切法建立工件坐标系，可参照以下步骤。

（1）机床回零　对刀前，手动返回参考点，并将刀具切换至工作位置。

（2）主轴正转　将面板上的方式选择旋钮置于"MDI"状态，进入"程序"界面，输入指令"S500 M03;"使主轴正转。

图9-6　试切法对刀原理图
1—机床原点　2—工件原点　3—刀位点
4—刀具　5—刀架

（3）Z向对刀　将手轮切换至0.1mm挡位，使刀具快速接近工件右侧，然后将手轮切换至0.01mm挡位，使刀具慢慢切入工件距离右端面2~3mm的位置，然后沿X轴负方向切削至工件回转中心，产生新端面；进入"形状"界面，在相应刀具工件坐标系中输入"Z0"并按"测量"键，形成Z向原点。

（4）X向对刀　将手轮切换至0.01mm挡位，使刀具沿X轴正方向快速退至离工件外表面2~3mm的位置，然后沿Z轴负方向切削一段长为5~10mm的新圆柱面，并在X方向保持不变的情况下沿Z轴正方向退出，使主轴停止，用游标卡尺测量工件直径D；进入"形状"界面，在相应刀具工件坐标系中将测量尺寸输入"零件在X方向上的直径"，按"测量"键形成X方向原点。

4. 输入校验程序

以安装有FANUC Oi数控系统的数控车床为例，介绍程序输入和校验操作。

（1）程序输入　将机床设定为"MDI"或"EDIT"状态。按"PRGRM"键进行程序编辑。编辑时，每一程序段后都需要按下"EOB"和"INPUT"键。

（2）程序校验　程序实际投入加工之前，需要对程序进行校验，确保程序无误。为避免因程序错误出现过切、少切和撞刀等现象，可以通过机床自带的图形仿真功能进行程序验

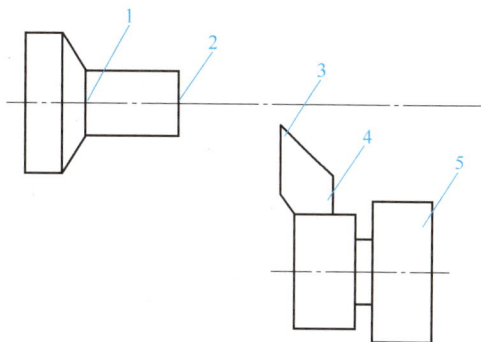

证。将机床设定为"自动""锁住""空运行"状态。按"图形"键，进入"刀具路径图"界面，单击"开始"按钮，即可校验程序。观察刀具路径是否存在错误，待仿真加工完全正确后才可进行实际加工。

5. 自动运行加工

根据程序调整机床至合适转速。将机床设定为"自动"状态，按"循环启动"键，即可启动自动加工功能。机床运行过程中，要求操作者不得离开机床工作区域，如若遇到紧急危险情况，应及时按"急停"按钮。

6. 工件质量检验

根据图样技术要求，使用相应量具对工件的尺寸精度、几何精度和表面粗糙度进行检测。依据检测结果，对程序、刀具及刀具磨损等参数进行调整。

7. 关机清理机床

加工结束后，切断机床电源。将刀具和工件取出，清理并保养工具、量具、夹具和机床。

9.4　数控铣削

数控铣削的主要设备是数控铣床和数控加工中心。数控铣床是一种通过数控技术对普通铣床进行升级改造的自动化机床，主要用于加工复杂的凸轮、型腔和空间曲面。相比数控铣床，数控加工中心配有刀具库，可实现自动换刀功能，加工范围更广，生产效率更高。

9.4.1　数控铣床的结构

数控铣床包括机械和控制两部分，其中机械部分与普通铣床类似，包括主轴箱、主轴、立柱、电气柜、控制面板、工作台、切削液箱、床身等，如图9-7所示。数控系统是数控铣床特有且区别于普通铣床的主要部件，其工作过程体现为操作人员将数控程序传输至数控系统，并在系统作用下将加工信息以脉冲形式传给伺服系统并进行功率放大，驱动机床三轴运动，完成零件加工。

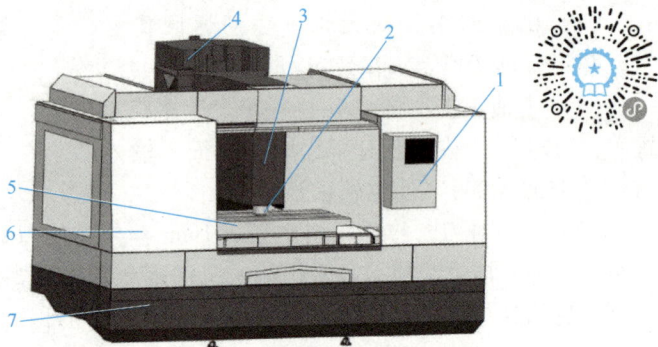

图 9-7　数控铣床
1—控制面板　2—主轴　3—主轴箱　4—立柱
5—工作台　6—防护罩　7—床身

9.4.2　数控铣床的坐标系

1. 机床坐标系

立式数控铣床的机床坐标系，以主轴中心线为 Z 轴方向，其中刀具远离工件的方向为 Z 轴正方向；从数控铣床正面看（从主轴向立柱方向看），垂直于 Z 轴的坐标轴为 X 轴，X 轴正方向向右。Y 轴及其正方向根据右手笛卡儿坐标系确定。通常以刀具移动时的正方向为编程的正方向，如图9-8所示。

2. 工件坐标系

工件坐标系通常采用 G54~G59 指令来设定，设定依据是根据工件原点在机床坐标系内的位置来建立工件坐标系，其中以 G54 指令来设定工件坐标系的情况较为普遍。

9.4.3　数控铣床的加工原则

编排加工工序时，数控铣床在"先粗后精""先内后外"原则上与数控车床保持一致，以下介绍其区别于数控车床的原则。

（1）先面后孔　铣削时，应先加工零件平面，再在平面上钻孔。

（2）先主后次　粗加工时，一般先加工精度要求较高的主要表面，后加工次要表面。另外，主要的大表面一般也安排在较小次要表面前加工。

图 9-8　机床坐标系

（3）优先选择顺铣　加工时，需要根据进给路线选择合适的铣削方式。顺铣时，刀具由厚至薄进行切削，减少了加工过程中的振动。因此，应优先选择通过顺铣的方式铣削零件，尤其是轮廓类零件。

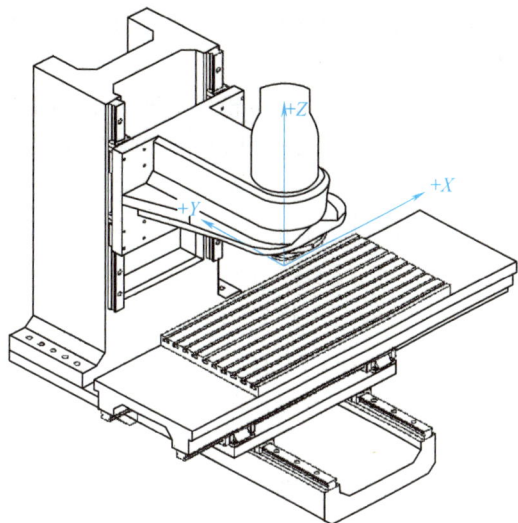

9.4.4　数控铣床的操作步骤与方法

数控铣床在输入检验程序、自动运行加工、工件质量检验及关机清理机床等方面与数控车床具有相通之处，以下介绍其区别于数控车床的操作部分。

1. 预检机床

开机前，要为机床供气，保证机床处于正常工作状态。

开机后，解除"紧急停止"状态，并通过"复位"功能确保机床无报警信息，然后进行回零操作。回零时，先回 Z 轴，以确保机床主轴不会与工作台上的夹具发生碰撞，随后再回 X 轴和 Y 轴。

2. 安装工件和刀具

（1）工件安装　根据零件结构形状选用合适的安装方式，使零件在机床上有固定的位置，以便建立工件坐标系。通常情况下，形状规则的方形零件可以使用机用平口钳夹紧，圆柱一类的零件则通过自定心卡盘夹紧。

（2）刀具安装　根据机床主轴选用合适的刀柄和拉钉，根据零件加工工艺选用相应的刀具。将刀具与刀柄组装为一体，然后将刀柄安装在机床主轴上。

3. 建立工件坐标系

数控铣床多采用试切法对刀，即通过刀具切削工件来建立工件坐标系，适用于加工切削余量充足的毛坯件。

通过试切法建立工件坐标系，可参照以下步骤。

（1）机床回零　对刀前，手动返回参考点，检查刀具安装是否牢固。

（2）主轴正转　将控制面板上的方式选择旋钮切换至"MDI"状态，进入"PROG"界

面，输入指令"S800 M03;"，然后单击"INSERT"键，按下"循环启动"按钮即可使主轴正转。

（3）X向对刀 将手轮切换至0.1mm挡位，使刀具快速接近工件左侧，然后将手轮切换至0.01mm挡位，使刀具慢慢接触工件左表面，直至发现切屑或听到切削声音时，停止移动。进入"POS"界面，在相对坐标一栏将X值清零；以相同方法接触工件右表面，记住显示的X值；沿Z轴正方向抬刀，将刀具移动到X值一半的位置，在G54工件坐标系中输入"X0"并按"测量"键，形成X向原点。

（4）Y向对刀 将手轮切换至0.1mm挡位，使刀具快速接近工件后侧；然后将手轮切换至0.01mm挡位，使刀具慢慢接触工件后表面，直至发现切屑或听到切削声音时，停止移动。进入"POS"界面，在相对坐标一栏将Y值清零；以相同方法接触工件前表面，记住显示的Y值；沿Z轴正方向抬刀，将刀具移动到Y值一半的位置，在G54工件坐标系中输入"Y0"并按"测量"键，形成Y向原点。

（5）Z向对刀 将手轮切换至0.1mm挡位，使刀具快速移到工件上方，然后将手轮切换至0.01mm挡位，使刀具慢慢接触工件上表面，直至发现切屑或听到切削声音时，停止移动。在G54工件坐标系中输入"Z0"并按"测量"键，形成Z向原点。

9.5 数控实训案例

9.5.1 数控车削实训案例

1. 案例描述

本项目通过数控车削实现"葫芦"的加工制作。通过练习，学生可以紧跟学科专业发展和时代变革轨迹，了解车削制造的数字化升级过程，切身感受半自动化制造和数控自动化制造之间的联系和区别，开阔视野。

实训要求：零件材质铝棒，尺寸$\phi35mm\times90mm$，要求使用数控车床加工，如图9-9所示。

实训设备及工、量具：锯床、数控车床、卡盘扳手、刀架扳手、车刀、垫刀片、游标卡尺、千分尺。

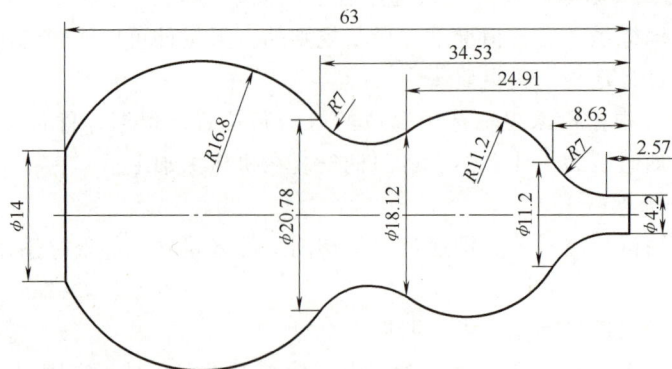

图9-9 葫芦

2. 加工过程

根据零件尺寸精度和力学性能要求，可确定加工步骤依次为下料、分析图样、规划工艺、预检机床、安装工件和刀具、建立工件坐标系、计算轨迹尺寸、输入校验程序、自动运行加工、工件质量检验和关机清理机床，工作步骤和内容见表9-3，程序单见表9-4。

表9-3　数控车削工作步骤和内容

序号	步骤	工作内容
1	下料	截取一段 ϕ35mm×90mm 的棒料
2	分析图样	以工件右端面为设计基准，以工件右端面和回转轴线重合处为工件坐标系原点
3	规划工艺	1）使用自定心卡盘夹持工件左端，伸出长度为73mm 2）粗车工件外轮廓，留出0.5mm双边切削余量。使用93°外圆车刀车削，设定背吃刀量2mm，主轴转速为500r/min，进给量0.25mm/r 3）精车外轮廓，保外圆尺寸。使用93°外圆车刀车削，设定背吃刀量0.5mm，主轴转速800r/min，进给量0.15mm/r 4）切断工件，保证总长63mm。使用4mm切槽刀，背吃刀量1mm，主轴转速300r/min，进给量0.25mm/r
4	预检机床	预热机床，检查设备运行情况
5	安装工件和刀具	安装刀具并将工件装夹在自定心卡盘上，夹紧
6	建立工件坐标系	通过试切法对刀，确定程序原点，建立工件坐标系
7	计算轨迹尺寸	根据图样尺寸和编程坐标系，计算刀尖点加工轨迹
8	输入校验程序	可通过面板手编或机编上传的方式将程序输入系统，之后通过图形模拟功能完成程序校验，程序见表9-4
9	自动运行加工	将机床置于"自动运行"状态，按下"循环启动"按钮，开始自动加工
10	工件质量检验	对照零件图样，检测各项尺寸精度
11	关机清理机床	按下"急停"按钮，断开电源，清理卫生

表9-4　数控车削程序单

设备	数控车床	系统	FANUC	零件号	0001
程序			**注释**		
O0001；			程序名		
G00 G40 G97 G99 M03 S500 F0.25；			取消刀补，设定转速500r/min，进给量0.25mm/r		
T0101；			调用1号刀和1号刀补		
G00 X38.0；			移动到安全设定点		
Z2.0；					
M08；			切削液打开		
G73 U19 R11；			走刀数11刀		
G73 P10 Q20 U0.5 W0.03；			调用程序段，X向余量0.5mm，Z向余量0.03mm		
N10 G0 X0；					
Z0；					
X4.2；					
Z-2.57；					
G02 X11.2 Z-8.63 R7.0；					
G03 X18.12 Z-24.91 R11.2；					
G02 X20.78 Z-34.53 R7；					
G03 X14.0 Z-63.0 R16.8；					
G01 Z-67.0；					

（续）

设备	数控车床		系统	FANUC	零件号	0001
程序			注释			
N20 G00 X38.0；			粗加工完成,返回安全点（方便测量尺寸）			
Z200.0；						
M09；			切削液关闭			
M05；			主轴停止			
M00；			程序暂停			
G00 G40 G97 G99 M03 S800 F0.15；			设定转速 800r/min,进给量 0.15mm/r			
G00 X25.0；			移动到安全设定点			
Z2.0；						
M08；			切削液打开			
G70 P10 Q20；			精加工程序			
G00 X25.0；			返回安全点			
Z200.0；						
M05；			主轴停止			
M09；			切削液关闭			
M30；			程序结束			

3. 评分标准

针对学生综合素质和实操技能，制定评分标准，见表9-5。

表9-5 数控车削评分标准

姓名			
综合素质栏目（30%）			
评分项目	评分细则	配分	得分
衣着穿戴	穿戴不规范不得分	6	
工具摆放	摆放不整齐不得分	6	
文明操作	出现操作失误不得分	6	
应急处理	应急处理不妥当不得分	6	
卫生清理	周边及台面未清理不得分	6	
实操技能栏目（70%）			
评分项目	评分细则	配分	得分
规划工艺	工艺规划合理得分,否则不得分	10	
刀具安装	选用刀具并正确安装得分,否则不得分	5	
毛坯装夹	毛坯装夹正确得分,否则不得分	5	
建立工件坐标系	坐标系创建正确得分,否则不得分	5	
输入校验程序	程序输入验证正确得分,否则不得分	5	
设置参数	参数选择恰当得分,否则不得分	5	
运行加工	安全运行加工得分,否则不得分	5	
加工尺寸	外圆 ϕ4.2mm:无公差范围,设定每超差 0.02mm 扣 1 分	5	
	外圆 ϕ14mm:无公差范围,设定每超差 0.02mm 扣 1 分	5	
	长度 2.57mm:无公差范围,设定每超差 0.05mm,扣 1 分	5	
	长度 63mm:无公差范围,设定每超差 0.05mm 扣 1 分	5	

（续）

实操技能栏目（70%）			
评分项目	评分细则	配分	得分
表面粗糙度	表面光滑得分,否则不得分	10	
合计		100	

否定项说明:
1. 不符合衣着穿戴规范的人员禁止加工;
2. 操作过程中出现危及自身及他人安全的状况将禁止加工;
3. 不服从指导教师指挥,强行进行加工的情况将禁止加工;
4. 因个人操作失误导致设备故障且当场无法排除的将禁止加工。

9.5.2 数控铣削实训案例

1. 案例描述

本项目旨在使用数控铣床进行简单零件的加工。通过练习,学生可以了解制造业的演变历程,打破传统思维定势,以学科交叉为核心主动应对新一轮工业革命变革,提升多角度解决问题的能力。

实训要求:零件材质尼龙,尺寸 85mm×85mm×20mm,要求使用数控铣床加工,如图 9-10 所示。

实训设备及工、量具:锯床、数控铣床、机用平口钳、呆扳手、平行垫铁、游标卡尺、千分尺。

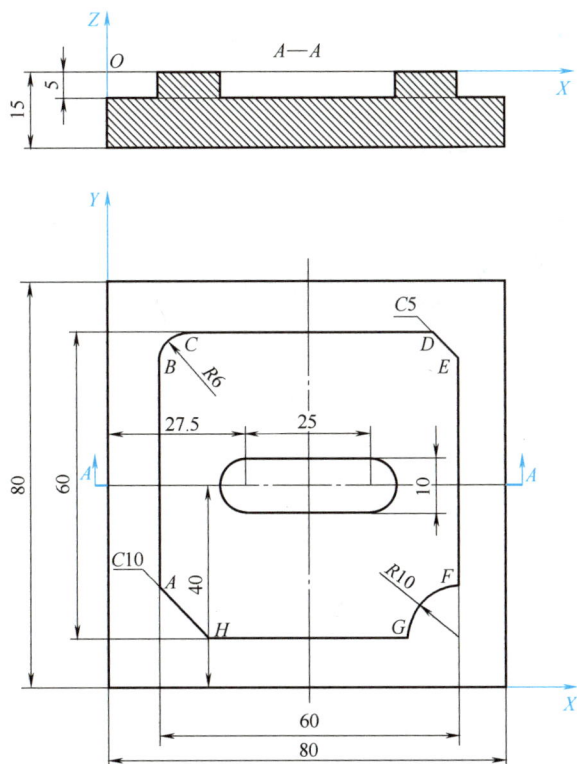

图 9-10 简单轮廓零件

2. 制作过程

根据零件尺寸精度和力学性能要求，可确定加工工序依次为下料、分析图样、规划工艺、预检机床、安装工件和刀具、建立工件坐标系、计算轨迹尺寸、输入校验程序、自动运行加工、工件质量检验和关机清理机床，工作步骤和内容见表 9-6，程序单见表 9-7。

表 9-6　数控铣削工作步骤和内容

序号	步骤	工作内容
1	下料	截取一块长 85mm×85mm×20mm 的方料
2	分析图样	以工件上表面的左下角为设计基准，左下角的角点为工件坐标系原点
3	规划工艺	1）用机用平口钳夹持零件，超出钳口高度为 10mm 2）加工上表面，留出 2mm 切削余量。采用 φ65mm 面铣刀（分四次走刀），设定主轴转速 800r/min，设定粗加工背吃刀量 1.5mm，精加工背吃刀量 0.5mm 3）粗加工工件外轮廓，留出 0.5mm 精加工余量。使用 φ14mm 立铣刀，设定主轴转速 1000r/min，加工路线为：A→B→C→D→E→F→G→H→A 4）精加工外轮廓，保工件尺寸。使用 φ12mm 立铣刀，提高主轴转速至 1500r/min 5）加工槽。使用 φ10mm 键槽铣刀，设定转速为 800r/min
4	预检机床	预热机床，检查设备运行情况
5	安装工件和刀具	将工件安装在机用平口钳上并夹紧，将刀具安装在机床主轴上
6	建立工件坐标系	通过试切法对刀，确定程序原点，建立工件坐标系，并将所用刀具的长度补偿输入到对应的刀补号
7	计算轨迹尺寸	根据图样尺寸和编程坐标系，计算刀尖点的加工轨迹
8	输入校验程序	通过面板手编或机编上传的方式将程序输入系统，之后通过图形模拟功能完成程序校验，程序见表 9-7
9	自动运行加工	将机床置于"自动运行"状态，按下"循环启动"按钮，开始自动加工
10	工件质量检验	对照零件图样检测各项尺寸精度
11	关机清理机床	按下"急停"按钮，断开电源，清理卫生

表 9-7　数控铣削程序单

设备	数控铣床		系统	FANUC	零件号	001
程序			注释			
O0001;			程序名;φ65mm 面铣刀加工			
N10 G90 G00 G54 X-40.0 Y20.0;			坐标点定位			
N20 S800 M03;			转速及转向			
N30 G43 H01 Z30.0;			长度补偿，到起刀位置上方			
N40 G00 Z5.0;						
N50 G01 Z0.5 F200;			粗铣进刀到 Z=0.5mm，背吃刀量 1.5mm			
N60 X120.0;			X 正向铣削平面			
N70 Y60.0;			Y 正向进刀			
N80 X-40.0;			X 负向铣削平面			
N90 Z0 F50.0;			精铣进刀到 Z=0mm，背吃刀量 0.5mm			
N100 X120.0;			X 正向精铣平面			
N110 Y20.0;			Y 负向进刀			
N120 X-40.0;			X 负向精铣平面			
N130 Z50.0			退刀			
M30;			程序结束并返回程序头			

（续）

设备	数控铣床	系统	FANUC	零件号	001
程序			注释		

程序	注释
O0002;	ϕ14mm 立铣刀,粗铣外轮廓
N10 G90 G00 G54 X0 Y−20.0;	到轮廓铣削起点
N20 S1000 M03;	转速及转向
N30 G43 Z30.0 H02;	长度补偿,到起刀位置上方
N40 Z5.0;	
N60 G01 Z−5.0 F100.0;	
N70 G01 G41 X10.0 Y20.0 D02 F200.0;	开 ϕ14mm 立铣刀半径补偿,D02＝7.5mm,留 0.5mm 精铣余量
N80 G01 Y64.0;	到 B 点
N90 G02 X16.0 Y60.0 R6.0;	到 C 点
N100 G01 X65.0;	到 D 点
N110 X70.0 Y65.0;	到 E 点
N120 Y20.0;	到 F 点
N130 G03 X60.0 Y10.0 R10.0;	到 G 点
N140 G01 X20.0;	到 H 点
N150 X10.0 Y20.0;	返回 A 点
N160 G40 G01 X0 Y−20.0;	关闭刀具半径补偿
N170 M03 S1500;	精铣轮廓,主轴转速 1500r/min
N170 G01 G41 X10.0 Y20.0 D02 F200.0;	开 ϕ14mm 立铣刀半径补偿,D02＝7.0mm
N180 G01 Y64.0;	到 B 点
N190 G02 X16.0 Y60.0 R6.0;	到 C 点
N200 G01 X65.0;	到 D 点
N210 X70.0 Y65.0;	到 E 点
N220 Y20.0;	到 F 点
N230 G03 X60.0 Y10.0 R10.0;	到 G 点
N240 G01 X20.0;	到 H 点
N250 X10.0 Y20.0;	返回 A 点
N260 G40 G01 X0 Y−20.0;	关闭刀具半径补偿
N270 G01 X0 Y0;	加工边界
N180 Y80.0;	
N190 X80.0;	
N200 Y0;	
N210 X0;	
N220 Z30.0;	退刀
N230 M30;	程序结束并返回程序头
O0003;	ϕ10mm 键槽铣刀,加工键槽
N10 G90 G00 G54 X27.5 Y40.0;	定位到键槽起点
N20 S800 M03;	转速及转向
N30 G43 Z30.0 H03;	长度补偿,到起刀位置
N40 Z5.0;	
N50 G01 Z0 F50.0;	到工件上表面
N60 X52.5 Z−2.0;	斜线下刀 2mm 到 X52.5 Y40.0 Z−2.0
N70 X27.5 Z−4.0;	斜线下刀 2mm 到 X27..5 Y40.0 Z−4.0
N80 X52.5 Z−5.0;	斜线下刀 1mm 到 X52.5 Y40.0 Z−5.0
N90 X27.5;	加工键槽底部
N100 Z50.0;	退刀
N110 M30;	程序结束并返回程序头

3. 评分标准

针对学生综合素质和实操技能，制定评分标准，见表9-8。

表 9-8　数控铣削评分标准

姓名			
综合素质栏目(30%)			
评分项目	评分细则	配分	得分
衣着穿戴	穿戴不规范不得分	6	
工具摆放	摆放不整齐不得分	6	
文明操作	出现操作失误不得分	6	
应急处理	应急处理不妥当不得分	6	
卫生清理	周边及台面未清理不得分	6	
实操技能栏目(70%)			
评分项目	评分细则	配分	得分
规划工艺	工艺规划合理得分,否则不得分	5	
刀具安装	选用刀具并正确安装得分,否则不得分	5	
毛坯装夹	毛坯装夹正确得分,否则不得分	5	
建立工件坐标系	坐标系创建正确得分,否则不得分	5	
输入校验程序	程序输入验证正确得分,否则不得分	5	
设置参数	参数选择恰当得分,否则不得分	5	
运行加工	安全运行加工得分,否则不得分	5	
加工尺寸	深度(5±0.1)mm:公差范围内得分,超差不得分	5	
	键槽(10±0.1)mm:公差范围内得分,超差不得分	5	
	深度(15±0.1)mm:公差范围内得分,超差不得分	5	
	键槽(25±0.1)mm:公差范围内得分,超差不得分	5	
	边长(60±0.1)mm:公差范围内得分,超差不得分	5	
	边长(80±0.1)mm:公差范围内得分,超差不得分	5	
表面粗糙度	表面光滑得分,否则不得分	5	
合计		100	

否定项说明:
1. 不符合衣着穿戴规范的人员禁止加工;
2. 操作过程中出现危及自身及他人安全的状况将禁止加工;
3. 不服从指导教师指挥,强行进行加工的情况将禁止加工;
4. 因个人操作失误导致设备故障且当场无法排除的将禁止加工。

练习与思考

9-1　数控车床与普通车床有何区别?

9-2　数控车床的组成部分有哪些?

9-3　数控车削的加工流程是怎样的?

9-4　数控车床的精度怎么保证？

9-5　简述数控铣床的组成。

9-6　简述数控铣床机床坐标系的确定方法。

9-7　简述数控铣床如何确定工件坐标系。

9-8　简述数控铣床手动编程的过程。

拓展阅读

"工人院士"胡胜：雕刻金色时光，极致工匠精神

胡胜，中国电科第十四研究所数控车高级技师，被称为锻造"雷达"的幕后英雄。二十年，从一名初级工到高级技师，胡胜完成了技能上的大提升；从一名小车工到全国技术能手，胡胜实现了人生的大跨越；从一名普通工人到中华技能大奖获得者，胡胜展现出大国工匠的筑梦之路。

2006年，全国数控大赛竞选人数约有11万，赛项要求选手在7h内按照图样做出一套零部件，以检验选手识图、编程序、合理使用工具的能力。连续7h的比赛，强度可想而知。成绩出来后，胡胜脱颖而出，捧得冠军奖杯。同年，胡胜创新小组成立，胡胜成为领军人，先后在机载火控、机载预警、舰载火控、星载等一系列具有国际先进水平的重点科研项目中，承担关键件加工70多项，攻克了毫米波雷达的波纹管一次车削成形、机载火控雷达反射面加工变形等技术难题。除此之外，他还提出了技术革新和合理化建议30多项，尤其在数控车的宏程序编程模块、车铣一次性加工成形等方面研发出许多独特的方法，大大提高了生产效率，节约科研经费近千万元。

荣耀归于勇者。长期以来，胡胜潜心于数控技术，始终奋战在国防尖端武器装备精密加工制造的最前线，从一名小车工晋升为我国精密加工制造领域的领军人物。2015年，他被誉为"工人院士"。

作为团队"领头羊"，胡胜更是把绝技绝活代际传承当作头等大事。他将自己的工作经验、加工技巧进行归纳，编写了"天线数控加工作业指导书"等20余本册子，与同事们共享。

2012年，以胡胜命名的国家级技能大师工作室挂牌。在胡胜的带领与指导下，一批又一批高技能人才涌现出来，他们不仅成为各岗位的技术骨干，而且在省市乃至全国的各项技能大赛中均收获丰硕。8年来，在全国及省市的数控大赛中，团队成员共计35人次进入了前三甲，团队也荣膺"江苏省青年文明号""中央企业青年文明号"等光荣称号。2015年，胡胜同志所在的企业也荣获中华全国总工会颁发的"全国模范职工小家"荣誉称号。

数控铣工刘湘宾：以匠人之心，铸大国重器

在以微米度量的世界里，刘湘宾坚守寂寞、不断超越，用一点点缩小的精度一次又一次续写着中国故事。

2022年3月2日，央视直播2021年"大国工匠年度人物"发布仪式，当介绍到陕西航天时代导航设备有限公司首席技师刘湘宾时，画面播出的是2019年国庆阅兵时火箭军方队出场的场面，刘湘宾再次忍不住泪流满面。

"火箭军方队中导航核心部件50%以上是我们配套的。磨'剑'多年，终于亮出，我眼

泪止不住地流，那是最激动的一刻。"刘湘宾说。

刘湘宾所在的企业精密加工事业部数控组承担着国家防务装备惯导系统关键件、重要件的精密超精密车铣加工任务。2018年5月，刘湘宾转入石英半球谐振子研究，有人提醒他，石英玻璃易崩易裂，零件加工精度要求又高，是国际难题。

刘湘宾没有退缩，查资料、访同行、绘图、建模……那一阵，他通宵加班，即使回家，也满脑子是微米级的精度尺寸，一度熬得视线模糊。"实验做了无数次，每天面对失败，不止一次想放弃，但最后还是把自己逼回去了。"

一天半夜，刘湘宾从睡梦中惊醒，披衣而起，一路小跑到车间，把产品全部量了一遍。原来，他晚上梦到自己白天加工的产品多了 $5\mu m$，量完后发现，尺寸都对。

"做航天，尤其是精密仪器的，产品要百分之百没问题，东西是要上天的，容不得半点儿大意。"刘湘宾说。

终于，2019年2月，刘湘宾远超预定要求，成功攻关，打通了该型号研制的瓶颈，为我国航空、船舶、新型防务装备、卫星研制提供了技术保障，使我国成为惯导领域超精密加工的"领跑者"。

多年来，刘湘宾带领团队，自制特种工装夹具及刀具100余种，这些工具均成本低、加工质量高。他们成功将陶瓷类产品的加工合格率提到95.5%以上，加工效率提升3倍以上。此外，他们加工的陀螺零件组装的惯性导航产品50余次参加国家重点防务装备、载人航天、探月工程等大型试验任务，均获成功。

在他的带领下，团队超精密机械加工水平达到行业一流，尤其在加工微米级、亚微米级的高精度精密零件中，轴的圆柱度、半球的球面度等的加工精度和水平在我国西北地区独占鳌头。

第10章

电火花线切割

10.1 概 述

电火花加工，又称电腐蚀加工，是一种利用工具电极和工件电极之间相互靠近产生的脉冲性火花放电现象来腐蚀多余金属，以达到零件形状尺寸和表面质量要求的加工方法，其电腐蚀过程大致分为工作液介质电离、形成火花放电通道、金属熔化和金属微粒脱离工件表面四个阶段。电火花加工原理如图 10-1 所示，脉冲电源将发出的脉冲电压施加于浸在工作液中的工具电极和工件电极上，此时工作液被迅速电离，形成放电通道并产生高温（10000℃左右），促使局部金属熔化，并在工件表面形成微小的凹坑。由于脉冲连续放电，随着工具电极不断靠近工件，在工件表面产生无数凹坑，从而将工具电极的轮廓形状复制在工件电极上，以获得所需要形状尺寸的零件。

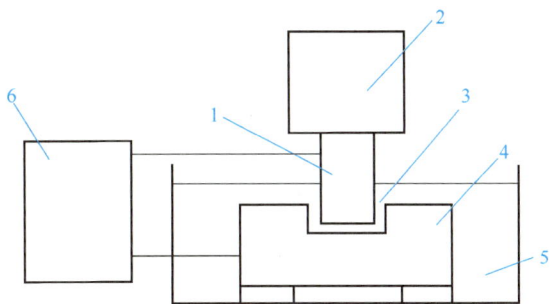

图 10-1 电火花加工原理

1—工具电极　2—进给系统　3—放电间隙
4—工件电极　5—工作液　6—直流脉冲电源

电火花加工具有以下特点。

1）适用于任何难以进行金属切削的导电材料。电火花材料的加工性主要取决于材料自身的导电性和热学特性，几乎和力学性能无关，由此突破了传统切削加工对刀具要求的局限，可满足各类硬性、脆性、软性和高耐热材料的加工需求。

2）可以加工各类复杂形状的表面和零件。加工过程中，可以简单地将工具电极形状复制于工件，因此特别适用于加工带有复杂型腔的各种模具。

3）一次装夹即可完成零件加工。工作过程中，通过调节脉冲参数，即可在同一台电火花机床上一次性完成零件的粗加工、半精加工和精加工，具有加工精度高、表面质量好等特点。

电火花线切割，是在电火花成型加工基础上发展起来的一种新的加工工艺，其工作原理是依靠金属丝（钼丝或铜丝）做工具电极，对工件进行脉冲性火花放电，切割成型，故又称线切割。

电火花线切割具有以下特点。

1）无需制造成型电极，可采用钼丝或铜丝作为电极，准备工作简单。

2）可忽略电极丝损耗，尺寸精度高，表面质量好。

3）加工过程主要通过两极间隙放电进行，几乎不存在切削力。

4）采用乳化液和去离子水作为工作液，无需人工监控，可连续运行。

5）可加工各种高硬度、高强度、高韧性、高脆性和高熔点的导体材料。

10.2　电火花线切割机床的结构

根据电极丝运动速度的不同，线切割分为慢走丝和快走丝两种类型。其中，慢走丝线切割的电极丝线速度为 0.001~0.2m/s，一般采用铜丝或以铜为主体的合金作电极丝，单方向一次性使用；快走丝线切割的电极丝线速度为 6~12m/s，一般采用钼丝或钨钼合金作电极丝，可循环反复使用。

由于钼丝可循环使用，成本较低，国内大多以快走丝机床为主；相较国内，国外大多生产和使用慢走丝机床，用于加工精度要求高的零件。目前，国内厂家综合上述两种机床优势，研发了一种在走丝机构上装有变频器，确保粗加工时使用快走丝增加效率；精加工时降低走丝速度，减少抖动，以使零件质量介于快走丝机床和慢走丝机床之间的机床，俗称中走丝机床。

根据国家标准，线切割机床型号以 DK7□□□ 表示，常用的 DK7763 机床为快走丝机床，其型号含义见表 10-1。

表 10-1　型号 DK7763 的含义

D	K	7	7	63
机床类型代号	机床特性代号	组别代号	型别代号（7:快走丝）	基本参数代号指 X 轴行程为 630mm

电火花线切割机床主要由机床本体、脉冲电源、数控系统和工作液循环系统等组成，如图 10-2 所示。

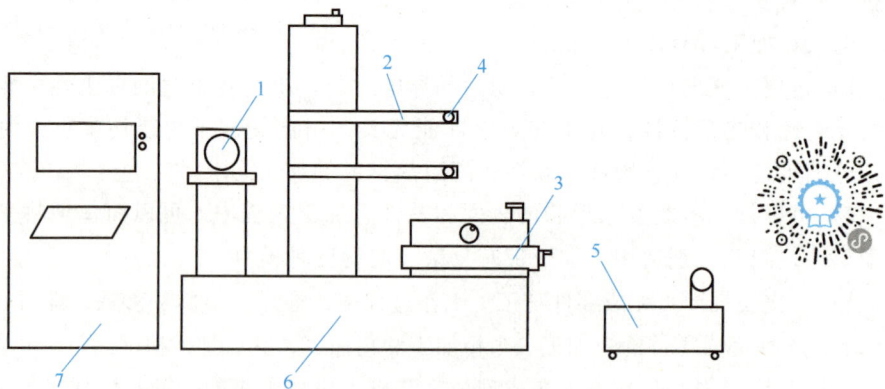

图 10-2　电火花线切割机床基本组成

1—储丝筒　2—丝架　3—工作台　4—主导轮　5—切削液　6—床体　7—控制柜

（1）机床本体　机床本体由床身、工作台、运丝机构和附件等组成。床身是机床的基础件，对精度起决定性作用，用于支撑和安装各功能部件；工作台则是通过电动机驱动导轨和丝杠带动工件实现 X、Y 方向上的运动；运丝机构主要是依靠电动机带动储丝筒交替正反运动，使钼丝通过丝架、导轮做高速运动。

120

（2）脉冲电源 脉冲电源是加工过程中的能源动力，其作用是将直流或交流电转变为具有一定频率的脉冲电流。

（3）数控系统 数控系统是机床的控制核心，主要作用是按照程序指令执行机床动作，实现运动轨迹并控制加工过程。通常情况下，快走丝机床多采用步进电动机开环控制系统，慢走丝机床采用伺服电动机闭环控制系统。

（4）工作液循环系统 工作液循环系统除用于冷却电极及工件之外，还可以排除电腐蚀产物。线切割多以去离子水和乳化液作为工作液。

10.3 电火花线切割的加工工艺

10.3.1 工艺参数

（1）工艺指标 线切割的基本工艺指标主要有切割速度、加工精度和表面质量，通过衡量这些指标，可以综合评价工件的切割效果。

1）切割速度。切割速度指的是电极丝切割工件的快慢程度。快走丝机床的切割速度以单位时间内工件被切割的面积来衡量，速度大小与加工电流成正比，电流越大，切割速度越快，反之越慢。通常情况下，快走丝线切割的切割速度为 $40 \sim 80 \mathrm{mm}^2/\mathrm{min}$。慢走丝机床的切割速度多以线速度来表示，即单位时间内电极丝沿着轨迹方向进给的距离，单位为 mm/s。

2）加工精度。操作者熟练程度、脉冲参数波动、切割损耗及抖动、切割轨迹误差、机械传动误差、工件装夹误差、电极丝直径误差等都是影响加工精度的基本因素。一般情况下，要求快走丝机床的加工精度控制在 $0.01 \sim 0.02 \mathrm{mm}$。

3）表面质量。工件的表面质量多以表面粗糙度来衡量。快走丝机床切割的工件表面粗糙度值一般为 $Ra5 \sim 2.5 \mu \mathrm{m}$，慢走丝机床切割的工件表面粗糙度值为 $Ra1.25 \mu \mathrm{m}$。

（2）工作参数 线切割机床的工作参数有放电参数和非电参数两种类型，其中放电参数包括脉冲电流、脉冲宽度和脉冲间隙，非电参数包括电极丝材料、电极丝直径、走丝速度和工作液。

1）放电参数

① 脉冲电流。其他参数不变的前提下，增大脉冲电流，有利于提高切割速度，但也会因为放电痕迹明显导致表面质量下降，通常适用于零件粗加工或切割较厚的工件。

② 脉冲宽度。增大脉冲宽度，有利于提高切割效率，同时也会加剧电极丝的磨损，迫使表面粗糙度值增加。若要提高加工精度，则要适当减小脉冲宽度，降低电流大小。

③ 脉冲间隙。工件厚度越大，切割加工排屑时间就越长，需增大脉冲间隙，但脉冲间隙不宜太大，否则容易导致速度降低，甚至造成无法进给的状况。当脉冲间隙减小时，适度增大电流，有利于提高切割速度，但脉冲间隙过小又会导致放电产物不能及时排出，使得加工不稳定，致使工件表面烧伤或出现断丝。

2）非电参数

① 电极丝材料。钨丝和钼丝是较为常用的电极丝材料。使用钨丝加工可获得较高的切割速度，但放电后丝质变脆，容易断丝；相比钨丝，钼丝韧性好，丝质不易变脆，易于长时间连续作业。常用钼丝规格为 $\phi 0.10 \sim 0.18 \mathrm{mm}$。

121

② 电极丝直径。一般选用小直径电极丝加工表面质量要求不高或较薄的工件，选用大直径电极丝加工较厚的工件。

③ 走丝速度。提高走丝速度有利于排出电腐蚀产物，使加工稳定，速度提高。但过高的走丝速度会导致机械振动加大、精度降低并造成断丝。

④ 工作液。加工时，以工件厚度、材质和加工精度综合考虑确定工作液浓度。浓度较大的工作液，有利于提高工件表面质量，但不利于排屑，且易造成短路；相反，浓度较低的工作液利于排屑，但会使工件表面粗糙度值增大。一般情况下，在快走丝机床中采用乳化液，在慢走丝机床中采用去离子水。

10.3.2 基准选择

1）加工时，通过分析零件图样，选择合适的定位基准。一般情况下，要求定位基准与图样设计基准重合，以使工件稳固地装夹在工作平台上。

2）通常选用电极丝的定位基准作为工艺基准。以规则外形为基准的工件，应尽量选用两个相互垂直的平面作为电极丝的定位基准；以底面为基准的工件，应以其上的两个相互垂直且同时垂直于底面的相邻面作为电极丝的定位基准；外形不规则工件的基准通常将孔作为加工基准。

10.3.3 穿丝点确定

穿丝点，是电极丝相对零件运动的起始点，对零件加工精度和切割速度起决定性作用。切割封闭凹模零件时，一般将穿丝点确定在型孔中心，这样既可以准确加工穿丝孔，又能准确计算坐标轨迹，但会使切入的无用行程较长。所以，对于较大一类的型孔零件，可以将穿丝点位置设在靠近加工轨迹的边角处，通常控制在 5mm 以内，以缩短无用行程，如图 10-3a 所示。切割凸模零件时，应将穿丝点选在毛坯件内部外形附近的位置，且运动轨迹与坯件边缘距离应大于 5mm，如图 10-3b 所示。

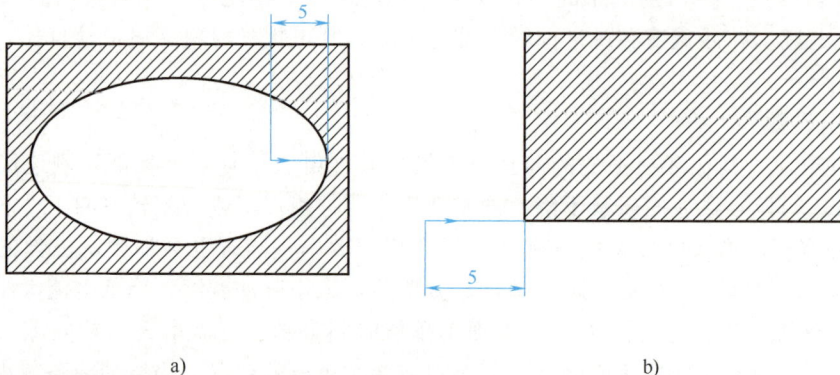

图 10-3　零件穿丝点
a）凹模　b）凸模

10.3.4 工件装夹

在线切割机床上装夹工件时，既要确保工件切割部位处在工作台 X 轴和 Y 轴进给的加工范围之内，还要考虑电极丝的运动空间。常见的工件装夹方式主要有悬臂式装夹、两端支撑装夹、桥式支撑装夹、板式支撑装夹和复式支撑装夹五种方式，其中悬臂式装夹应用最为广泛，具有装夹灵活、通用性强等特点，适用于加工精度要求不高的悬臂较短的工件。

装夹完成后，还需通过百分表或千分表进行工件找正，以确保工件定位基准与机床工作台面和工作台进给方向保持平行。

10.4　电火花线切割的编程方法

线切割的编程方法有手工编程和自动编程两种，程序格式有 3B/4B 和 ISO 两种形式。其中 3B/4B 属于国内标准，ISO 属于国际标准。

1. 3B/4B 程序格式

3B/4B 程序格式执行国内标准，其中 3B 格式用于快走丝机床，4B 格式用于慢走丝机床。3B 格式属于固定程序格式，由五个指令代码组成，即 B X̲ B Y̲ B J̲ G ＿ Z ＿，程序注释见表 10-2。

表 10-2　3B 程序注释

名称	B	X	Y	J	G	Z
注释	分隔符	X 坐标	Y 坐标	计数长度	计数方向	加工指令

（1）坐标系　电火花线切割属于平面加工，因此可将工作台面作为坐标平面。面向机床，左右方向为 X 坐标，朝右为正方向；前后方向为 Y 坐标，朝前为正方向。

（2）坐标值 X、Y 的确定方法　编程时，采用相对坐标系，即坐标系原点和坐标值随程序段的变化而变化，坐标值取绝对值，单位是 μm。

1）直线。直线起点为坐标系原点，直线终点为 X、Y 坐标值。

2）圆弧。圆弧圆心为坐标系原点，圆弧起点坐标为 X、Y 坐标值。

（3）计数方向 G 的确定方法　无论是走直线还是圆弧，计数方向均依据终点位置确定。

1）直线。终点靠近哪个轴，计数方向取该轴。比如终点靠近 X 轴，计数方向取 X 轴，记作 GX；反之记作 GY。若加工直线与坐标轴成 45°，则取 X 轴或 Y 轴均可。

2）圆弧。终点靠近哪个轴，计数方向取相反轴。比如终点靠近 X 轴，计数方向须选 Y 轴，记作 GY；反之取 X 轴。倘若圆弧终点坐标与坐标轴成 45°，则取 X 轴或 Y 轴均可。

（4）计数长度 J　被加工直线或圆弧在计数方向坐标轴上的投影的绝对值总和。

（5）加工指令 Z 的确定方法

1）直线。按走向和终点所在象限，确定指令分别是 L1、L2、L3 和 L4，如图 10-4 所示。当直线在第Ⅰ象限（包括 X 轴正方向而不包括 Y 轴正方向）时，加工指令记作 L1。当直线在第Ⅱ象限（包括 Y 轴正方向而不包括 X 轴负方向）时，加工指令记作 L2；L3、L4 依此类推。

2）圆弧。按起点所在象限和走向分为顺时针圆弧指令 SR1、SR2、SR3、SR4 和逆时针圆弧指令 NR1、NR2、NR3、NR4，如图 10-5 所示。

加工顺时针圆弧时，当圆弧起点在第Ⅰ象限（包括 Y 轴正方向而不包括 X 轴正方向），指令记作 SR1；当圆弧起点在第Ⅱ象限（包括 X 轴负方向不包括 Y 轴正方向），指令记作 SR2；SR3、SR4 依此类推。

123

加工逆时针圆弧时，当圆弧起点在第 Ⅰ 象限（包括 X 轴正方向而不包括 Y 轴正方向），指令记作 NR1；当圆弧起点在第 Ⅱ 象限（包括 Y 轴正方向而不包括 X 轴负方向）时，指令记作 NR2；NR3、NR4 依此类推。

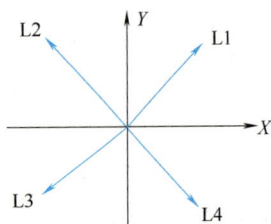

图 10-4 直线指令范围

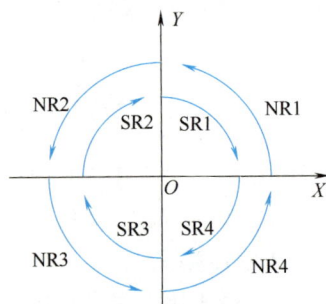

图 10-5 圆弧指令范围

2. 标准 ISO 程序格式

ISO 程序格式、指令与数控编程类似，具体参考 9.2 节，这里不再赘述。需要注意的是，线切割编程过程中一般使用 G92 指令来预置加工坐标系，其尺寸单位是微米；除此之外，还应在部分功能指令定义上加以区别，比如指令 T 在数控编程指令中是刀具选择功能，在线切割编程中则定义为：T84 代表切削液泵开启，T85 代表切削液泵关闭，T86 代表运丝机构开启，T87 代表运丝机构关闭。

3. 编程示例

不考虑补偿，以 3B 和 ISO 两种方式编制如图 10-6 所示零件的加工程序。

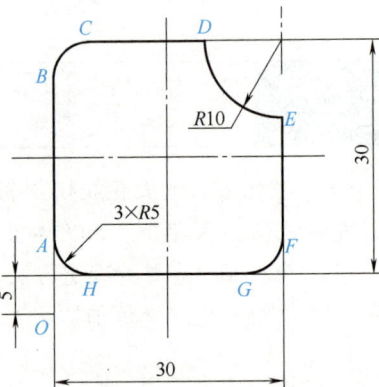

图 10-6 加工工件

1）规划工艺路径，确定 O 点为穿丝点，加工轨迹为 $O \rightarrow A \rightarrow B \rightarrow C \rightarrow D \rightarrow E \rightarrow F \rightarrow G \rightarrow H \rightarrow A$。

2）编写加工程序，其中 3B 程序格式见表 10-3，ISO 程序格式见表 10-4。

表 10-3 3B 编程

设备	电火花线切割				编程方式	3B
程序					注释	
P001						
B	B10000	B10000	GY	L2	$O \rightarrow A$	
B	B20000	B20000	GY	L2	$A \rightarrow B$	
B5000	B5000	B5000	GX	SR2	$B \rightarrow C$	
B15000	B	B15000	GX	L1	$C \rightarrow D$	
B10000	B10000	B10000	GX	NR3	$D \rightarrow E$	
B	B15000	B15000	GY	L4	$E \rightarrow F$	
B5000	B5000	B5000	GX	SR4	$F \rightarrow G$	
B20000	B	B20000	GX	L3	$G \rightarrow H$	
B	B5000	B5000	GY	SR3	$H \rightarrow A$	
D					停机	

表 10-4 标准 ISO 编程

设备	电火花线切割	编程方式	标准 ISO
程序		注释	
P002 G92 X0 Y0 G01 X0 Y10000 G01 X0 Y30000 G02 X5000 Y35000 I5000 J0 G01 X20000 Y35000 G03 X30000 Y25000 I10000 J0 G01 X30000 Y10000 G02 X25000 Y5000 I-5000 J0 G01 X5000 Y5000 G02 X0 Y10000 I0 J5000 M02		以 O 建立工件坐标系 $O{\to}A$ $A{\to}B$ $B{\to}C$ $C{\to}D$ $D{\to}E$ $E{\to}F$ $F{\to}G$ $G{\to}H$ $H{\to}A$	

10.5 线切割的操作步骤

1. 预检机床

通电前，检查水箱工作液容量，并连接好上下水管。然后，完成上丝架高度调整、穿丝和 X、Y 轴的校正工作。调整高度时，需通过转动立柱上方的手轮来进行。

通电时，依次开启总电源、控制柜电源、急停开关和计算机。

通电后，依次开启运丝电动机和水泵电动机。启动运丝电动机时，打开运丝开关，使电极丝空转，并检查电极丝的松紧程度。若电极丝过松，则应均匀紧丝。开启水泵时，慢慢旋开调节阀，使喷水柱水量包容电极丝。

2. 安装工件

根据图样编制加工工艺，确定好穿丝点、加工范围及加工方向，通过压板装夹的方法将毛坯装夹于工作台上，保证导电回路连通。

3. 建立工件坐标

根据机床操作位确定好 X 轴和 Y 轴方向，移动 X 轴和 Y 轴手轮使钼丝到达预制的穿丝点位置，即可完成坐标系的建立。绘制图形时按照工件坐标系方向进行操作。

4. 编制程序

利用配置计算机绘图并导出加工轨迹即为线切割编程过程。用 Auto CAD 绘制图形，或利用 U 盘导入 CAD 矢量图，格式为 .dwg。之后选中图形，生成加工轨迹。针对一次性加工的零件，必须确保图形处于"一笔画"状态，无法完成"一笔画"时必须为每个图形绘制相应的穿丝点。

5. 设置参数

根据工件实际加工要求，选择合适的工作参数。一般情况下，可通过增大电流、降低脉冲间隔或加大蚀除物去除的方法提高切割速率；通过降低电流和脉冲宽度的方法提高加工精度；通过降低脉冲宽度的方法提高表面质量。

6. 自动运行

依次开启手控盒上的运行开关和水泵电动机开关、软件上的高频开关，然后单击"开始加工"按钮，即可按照预制图形进行切割。加工过程中，应注意检查步进电动机是否吸住，工作台分度值有无变化，电流表指针是否稳定。

7. 关机清理

加工完成后，依次关闭高频电源、水泵电动机和运丝电动机，检查工作台回零情况，确保终点与始点坐标值一致，最后拆下工件。将工作台移至 X 轴和 Y 轴中间，按下"急停"开关，依次关闭计算机、控制柜开关、机床电源和总电源开关。

练习与思考

10-1 简述电火花加工的工作原理。

10-2 简述电火花线切割机床的组成部分。

10-3 简述快走丝线切割与慢走丝线切割之间的区别。

10-4 简述穿丝点的确定方法。

10-5 简述电火花线切割的工作参数及其影响。

10-6 简述线切割的两种编程方式。

第11章

3D打印

11.1 概　述

20世纪90年代以来，市场环境开始发生变化，一方面表现为消费者对生活的个性化追求，另一方面表现为全球市场的竞争压力。面对这样的市场环境，制造商不仅要快速设计出符合大众消费需求的产品，还要在较短的时间内将其转变为实物，以抢占市场先机。随着科技的不断进步，新的制造技术和产业模式应运而生，制造工程取得了前所未有的发展。

3D打印技术就是在这种背景下发展壮大起来的。3D打印技术，又称快速成型、增材制造技术，被公认为是第三次工业革命的标志性生产工具。本质上来说，3D打印既不需要传统的刀具夹具，也不需要多种制造工艺的结合。对于产品的实体成型，它可以基于三维数据模型，通过计算机控制系统完成任意复杂产品的累积制造，是一项集CAD、数据处理、测试传感、计算机软件、数控、激光、材料科学于一身的综合性技术。3D打印技术可轻松解决传统工艺无法解决的复杂零件制造问题，大大降低制造成本，减少加工工序，缩短加工周期。

相比传统制造技术，3D打印技术具有以下特点。

（1）不受结构形状限制　理论上，只要在计算机上设计出模型，就可以在无刀具、模具及复杂工艺的条件下快速将设计转变为实物。因此，3D打印技术不受零件结构限制，可实现任意复杂形状产品的自由制造。

（2）定制化产品，满足个性发展需求　利用3D打印定制个性化产品，有利于让用户参与产品的全周期制造过程，并将一系列个人观点和要求反映在产品上，以获得同个人需求相匹配的产品，提升消费体验。

（3）实现轻量化制造　轻量化制造就是在保持工业制件强度或性能的基础上减轻其重量。在航空航天和汽车领域，3D打印通过简化供应链实现了一系列工业部件的集成化制造，大大提高了飞机的燃油性能和汽车的有效载荷，对于变革行业生产模式、推动市场发展具有重要影响。

11.2　3D打印的原理

3D打印的流程是根据图样要求建立三维数据模型，并将其转换为相应的数据格式（如

STL、OBJ、3MF），由切片软件对其进行分层后获得二维轮廓信息；系统根据轮廓截面信息自动生成加工路径，经喷头逐层堆积后形成实体产品；对产品进行后处理，使其在功能、尺寸、外观上满足要求，如图 11-1 所示。

3D 打印技术遵循"分层离散、逐层堆积"的基本原理，工艺过程体现为前处理、原型制作和后处理三个阶段。

（1）前处理　利用建模软件或扫描仪设计三维模型并将其转换为相应的数据格式。当数据模型存在错误时，可通过数据编辑处理软件 Magics 进行模型修复；接下来根据模型几何形状和使用功能，对模型进行位置调整和参数设置，经切片后形成层片数据文件。

（2）原型制作　开启成型设备，载入模型并执行打印功能。3D 打印机根据分层截面信息逐层打印，经层层累积后形成实体。

（3）后处理　利用专用工具去除支撑，修理表面，并根据强度要求对零件力学性能和物理性能进行二次处理，转换其物理性质，得到最终零件。

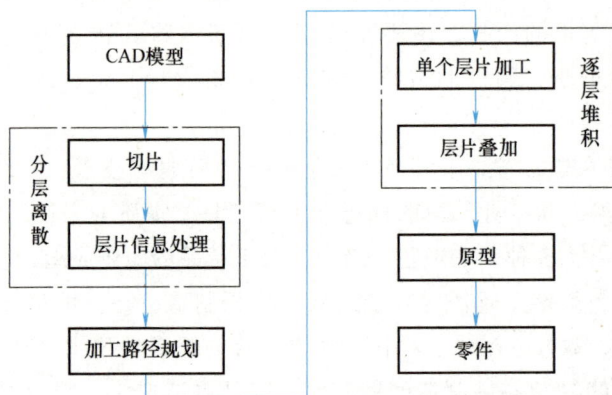

图 11-1　3D 打印流程

11.3　3D 打印的主流工艺

根据 GB/T 35021—2018《增材制造　工艺分类及原材料》国家标准，将 3D 打印工艺分为材料挤出、立体光固化、粉末床熔融、薄材叠层、材料喷射、黏结剂喷射和定向能量沉积七大类，见表 11-1。

表 11-1　增材制造工艺分类及原材料国家标准

序号	工艺类型	定义核心	原材料	代表技术
1	材料挤出	通过喷嘴挤出材料	热塑性线材或膏体	FDM
2	立体光固化	通过光聚合作用固化树脂	液态/糊状光敏树脂	SLA、DLP、CLIP
3	粉末床熔融	通过选择性熔化烧结粉末材料	热塑性聚合物、金属、陶瓷粉末	SLS、SLM
4	薄材叠层	通过薄层材料黏结成型	纸、金属箔、聚合物等片材	LOM

（续）

序号	工艺类型	定义核心	原材料	代表技术
5	材料喷射	通过微滴形式喷射沉积材料	熔融态的蜡、液态光敏树脂	Polyjet
6	黏结剂喷射	通过喷射黏结剂黏结粉末材料	粉末、粉末混合物、液态交联剂	3DP
7	定向能量沉积	通过聚焦热熔化沉积材料	金属类的粉材或线材	LENS

11.3.1 材料挤出工艺

1. 成型原理

熔融沉积成型（Fused Deposition Modeling，FDM）技术，简称 FDM 技术，是材料挤出工艺的代表性技术，工作原理如图 11-2 所示。在计算机控制下，线材由供丝机构送至喷头，并在喷头中受热熔化至半流体状态挤压而出，有选择性地涂覆于工作平台（X-Y），经快速冷却后形成第一层截面。第一层截面成型后，工作台下降一定高度（Z），由喷头继续涂覆，经层层堆积后形成实体模型。随着高度的持续增加，分层轮廓面积和形状不断发生变化，当变化较大时，前一层轮廓不足以支撑当前轮廓截面，此时就需要设计添加辅助结构——支撑，以便模型的顺利成型。

FDM 技术的关键是将喷头中喷出的材料温度控制在稍高于凝固点 $1 \sim 5 ℃$ 的

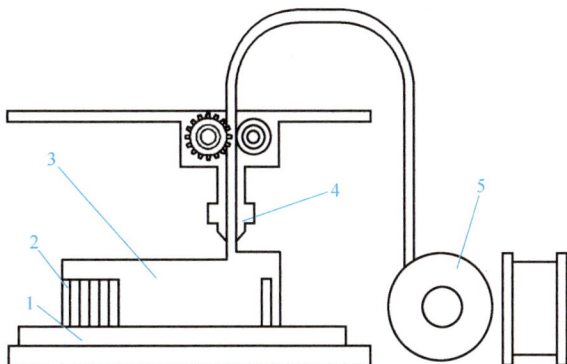

图 11-2　FDM 工作原理

1—工作平台　2—支撑　3—打印模型　4—喷嘴　5—线材

状态。通俗讲，即保持材料始终处于熔融状态。过高或过低的温度均不利于模型的成型。温度过高，易出现成型精度低、产品变形等问题；温度过低，则会直接导致熔化材料堆积于喷头，使喷头处于堵死状态，成型失败。

相比其他成型工艺，FDM 技术具有以下优点。

1）设备构造简单，维护成本低，系统运行平稳且安全。

2）材料选择范围广，价格低且利用率高，易搬运保存，仓储成本小。

3）基本不受零件复杂结构影响，后处理相对简单，去除支撑打磨即可。

4）原材料在成型过程中不会发生化学变化，产品模型翘曲变形小。

与此同时，FDM 技术也存在以下缺点。

1）成型速度较慢，成型时间较长，不适合制造大型零部件。

2）成型件表面易出现明显的打印条纹和台阶，整体精度偏低。

3）成型件在成型轴垂直方向上的强度相对较弱。

2. 成型系统

FDM 系统由机械系统和控制系统组成。

（1）机械系统　机械系统包括机身、三轴运动系统和喷头打印系统。机身由型材和连接件组成，用于支撑安装各功能部件。根据工作方式不同，机身结构有笛卡儿式、并联臂式和极坐标式三种类型，其中以笛卡儿式结构为设计首选。三轴运动系统是指以 X 轴、Y 轴和 Z 轴为组合的传动机构，其中 X 轴和 Y 轴方向上的运动依靠同步带实现，Z 轴方向上的运动通过丝杠实现。喷头打印系统包括送丝机构、挤出机构和工作平台，用于打印模型。

（2）控制系统　控制系统包括硬件系统和软件系统，其中硬件系统由主控模块、运动控制模块、温度控制模块、挤出控制模块、人机交互控制模块、上位机交互通信模块和辅助功能控制模块组成。软件系统由计算机、应用软件、底层控制软件和接口驱动单元组成。

3. 工艺过程

FDM 技术的工艺过程分为前处理、原型制作和后处理三个阶段。

（1）前处理

1）进行三维建模并输出 STL、OBJ 等 3D 打印需要的文件格式，获取数据源。

2）将模型载入切片软件完成模型文件的校验与修复。

3）从模型精度、强度、支撑施加及成型时间等方面确定模型摆放位置。

4）规划模型加工路径，设置切片参数并对模型切片分层，将生成的切片数据文件进行存储。

（2）原型制作

1）开启设备并初始化系统，载入打印模型。

2）对设备归零预热，并执行打印命令。

3）成型结束，取出模型。

（3）后处理　利用工具去除支撑，打磨模型，使模型获得较高的表面质量。

4. 成型材料

FDM 技术对材料的要求体现在黏度、熔融温度、黏结性和收缩率四个方面。

（1）黏度　选择使用黏度低的材料，会产生较好的流动性，便于材料的顺利挤出；若材料黏度较大，流动性差，会显著增加系统内部的供丝压力，加重喷头启停效应，从而影响打印质量。

（2）熔融温度　合适的熔融温度可以保证材料的顺利挤出，有利于提高设备系统的使用寿命。减少材料在挤出前后的温度差，能够从根本上减少热应力，提高模型成型精度。

（3）黏结性　黏结性是决定成型件强度的重要因素。一般情况下，FDM 技术制造的成型件容易产生明显的阶梯纹路，导致层和层之间的强度较为薄弱。若材料黏结性较低，将有可能在成型过程中因热应力造成模型层与层之间的开裂。

（4）收缩率　在喷头内部压力作用下，从喷嘴中挤出的线材会发生膨胀。若线材的收缩率对压力比较敏感，会造成喷头实际挤出的线材直径与其名义直径相差太大，从而影响成型精度。因此，FDM 技术要求其成型材料的收缩率不能对温度太敏感，以免造成零件翘曲变形和开裂。

PLA 和 ABS 是 FDM 技术所使用的主要材料。PLA 既是一种高分子材料，也是一种生物降解材料，不仅具有良好的抗拉强度和韧性，而且无毒无害，收缩率低，能够最大限度地保证产品的成型精度，其打印温度一般控制在 $190 \sim 210$℃；ABS 是一种综合性能良好的树脂，具有良好的力学性能、热学性能、电学性能和化学性能，但其会产生刺鼻的有害气体，且热收缩率高，如若保存不当或在打印过程中没有保持恒定不变的温度，则会降低零件成型质量，影响产品效果。

11.3.2 立体光固化工艺

1. 成型原理

立体光固化工艺（Stere Lithography Appearance，SLA）是一种利用激光器发射激光促使光敏树脂发生聚合反应从而完成模型固化的成型技术。

3D打印机使工作平台处于液槽中的一个确定深度，由计算机控制激光器发出激光，激光聚焦后形成的光斑根据零件分层轮廓信息逐点扫描，使光敏树脂发生聚合反应而固化，形成第一个物理薄层。此时，刮刀刮过零件表层，刮平表面黏度较大的树脂溶液。随后，工作台下降一定高度，使激光形成的光斑重新照射在树脂上，形成新的薄层。如此循环，直至零件成型。随后，将零件轻轻取出，利用电镀、喷漆、着色等方法进行表面再处理，得到最终产品，如图11-3所示。

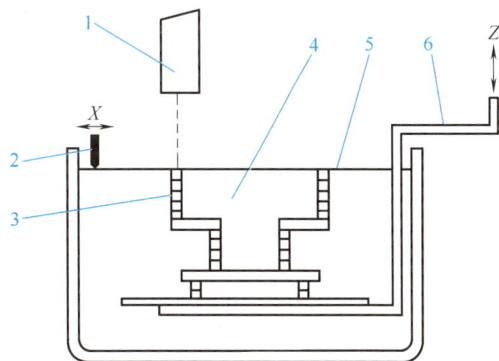

图 11-3 SLA 成型原理图

1—激光器　2—刮刀　3—打印模型
4—光敏树脂　5—液体表面　6—工作台

相比其他成型工艺，SLA技术具有以下优势。

1）成型系统运行稳定，尺寸精度高，表面质量光滑。

2）成型速度快，材料利用率高，原型件一定程度上可以代替塑料件。

3）反应过程敏捷，可制作任意结构复杂、尺寸比较精细的零件模型。

与此同时，SLA技术也存在着一定不足，具体如下。

1）设备所用配件价格昂贵，运转及维护成本较高。

2）伴随物理和化学变化，容易造成加工件翘曲变形。

3）经光固化后的原型需要进行二次固化，成型时间较长。

4）成型材料大多是液态树脂，具有一定毒性，可应用的材料种类较少。

2. 成型系统

SLA成型系统主要由光源系统、光学扫描系统、托板升降系统和涂覆刮平系统组成。

（1）光源系统　光源的选择主要取决于光敏剂对不同频率光子的吸收程度。由于大部分光敏剂在紫外区的光吸收系数较大，一般使用很低的光能量密度就可使树脂固化，通常采用输出紫外波段的光源。目前，激光器是SLA技术的主要光源，根据不同的使用功能，大致将其分为气体激光器、固体激光器和半导体激光器三种类型，少数情况下也可将普通紫外线灯作为光源。

（2）光学扫描系统　常用光学扫描系统有数控 X-Y 导轨式扫描和振镜式激光扫描两种类型。数控 X-Y 导轨式扫描系统可以理解为一个计算机控制下的二维运动工作台，通过激光器、光纤和聚焦镜的相互配合完成二维轮廓扫描，具有结构简单、成本低、定位精度高等特点；振镜式激光扫描系统更适用于精度高且要求成型速度快的高端设备中，具有低惯量、动态特性好等特点。

（3）托板升降系统　托板升降系统采用步进电动机驱动、精密滚珠丝杠传动及精密导轨导向的结构，主要用于支撑 Z 方向的运动。

（4）涂覆刮平系统　涂覆刮平系统的主要作用是实现对树脂液面的涂覆，使液面尽快流平，提高涂覆效率并缩短成型时间。常用涂覆机构主要有吸附式、浸没式和吸附浸没式三种类型。

3. 工艺过程

（1）前处理

1）利用建模软件或扫描仪设计三维数据模型并将其转换为相应的数据格式。

2）综合考虑模型结构和加工要求，选择合适的摆放位置。

3）规划加工路径，设置切片参数并对模型切片分层，生成二维轮廓截面数据。

（2）原型制作

1）开启设备并初始化系统，预热树脂，使其获得一定黏性。

2）启动软件，将模型轮廓数据载入设备系统。

3）执行打印命令，设备开始工作，直至原型制作完成。

（3）后处理

1）将原型件空置一段时间，待晾干后放入清洗液清洗。

2）去除支撑，修光表面。若强度不够，需将其置入紫外线烘箱中进行二次固化。

4. 成型材料

光敏树脂是 SLA 技术的主要材料。根据光引发剂引发机理，可以将光固化树脂分为三类：自由基光固化树脂、阳离子光固化树脂、混杂型光固化树脂。光敏树脂主要由低聚物、光引发剂和稀释剂三部分组成。常用树脂材料主要有 Vantico 公司的 SL 系列、3D Systems 公司的 ACCURA 和 RenShape 系列、DSM 公司的 SOMOS 系列。为提高原型件质量，一般要求成型材料具有黏度低、流动性好、固化灵敏、溶胀小、毒性小等特点。

11.4　3D 打印的工艺过程

3D 打印工艺分前处理、原型制作和后处理三个过程。前处理主要是通过三维建模软件获取数据源并对其进行数据转换、校验修复、确定方位、设置参数和切片分层；原型制作是对生成的数据文件进行打印，形成实体模型；成型之后，视具体工艺类型进行后处理工作，如去除支撑、打磨表面、二次固化及增强处理等。本节以 FDM 技术为例，介绍 3D 打印工艺过程。

11.4.1　前处理

1. 三维建模

三维建模有正向建模、逆向建模和正逆向混合建模三种方法。

（1）正向建模　正向建模是一个将概念构想创建为三维实体的过程。正向设计流程一般是设计者对要设计的产品进行功能分析，得出结构参数，运用三维建模软件建立实体模

型。常用三维建模软件包括 NX、SolidWorks、CATIA、3D Max 和 Rhino。该类建模软件的特点是利用一些基本几何元素，通过平移、旋转、拉伸、布尔运算等系列特征来构建复杂的三维实体，如图 11-4 所示。

图 11-4　正向建模

（2）逆向建模　逆向建模，又称反求设计，是一种逆向推理建模方法。该方法主要是通过各类测量手段对现有样件进行扫描和测量，提取出三维数字化信息，然后通过计算机辅助设计技术来进一步处理测量数据并进行模型重构，形成三维数字模型，其过程包括数据采集、数据处理、模型重构和再设计四个阶段，如图 11-5 所示。反求设计对于难以使用 CAD 设计的零件模型，以及活性组织和艺术模型的数据摄取是非常有利的工具，常用方法包括三坐标测量法、投影光栅法、激光三角形法和自动断层扫描法。逆向建模软件主要是 Imageware Surfacer 和 Geomagic Studio。

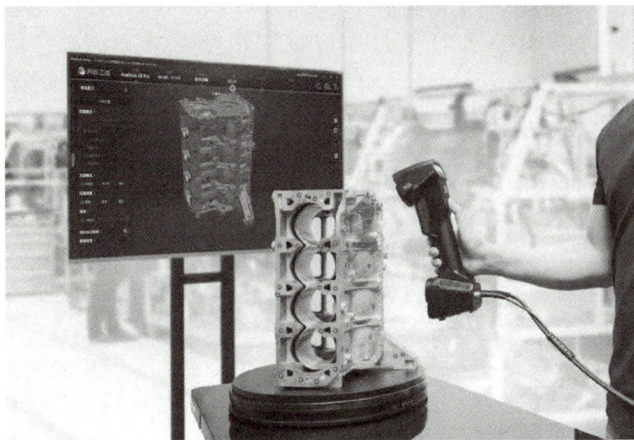

图 11-5　逆向建模

（3）正逆向混合建模　正向建模的优势主要是特征造型和实体造型，对零件的特征编辑和修改较为便利，逆向建模则凭借其强大的测量点处理功能实现了复杂自由曲面的重构、编辑和修改功能。面对既有复杂曲面又有简单特征的复杂产品，本质上难以通过单一的设计方法实现模型建构。因此，设计过程中需要将两者的设计优势结合起来，实现产品的二次开发创新。

正逆向混合建模的核心是通过逆向扫描设备获得模型点云数据，通过对齐、封装、修复、填充等处理建立网格面模型，进一步借助拉伸、抽壳、布尔运算等命令进行正向设计，获得三维数字化模型。常用正逆向混合建模设计软件是 Geomagic Design Direct。

2. 数据转换

STL 是美国 3D Systems 公司研制的一种服务于增材制造技术的文件格式，也是目前 3D 打印制作中应用最广泛的一种数据格式，被工业界认为是 3D 打印制造的准数据标准。STL 数据格式的实质是通过无限个小三角形面片来逼近还原三维实体表面，类似于实体模型表面的无限网格划分，三角形面片越多，模型精度越高。该文件记录了组成 STL 模型的所有三角形面，有二进制（Binary）和文本文件（ASCII）两种形式，如图 11-6 所示。

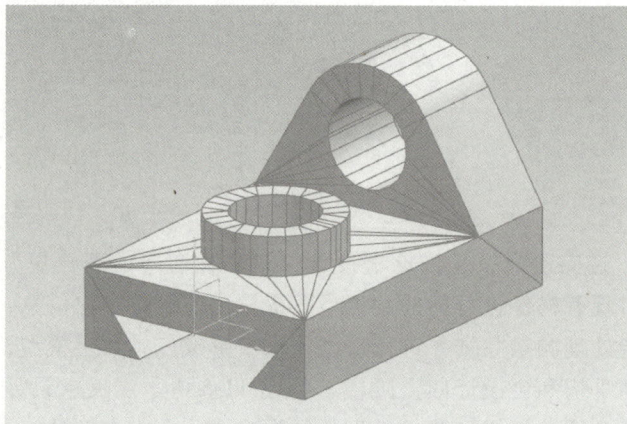

图 11-6　STL 数据文件

当三维 CAD 模型设计完成后，需要将其转换为 STL 格式。目前，几乎所有的 CAD/CAM 制造商都在三维软件中提供了 CAD—STL 文件的数据转换接口，操作十分方便。另外，在 STL 格式文件的输出过程中，设计人员还可根据精度要求选择合适的输出精度，以准确控制成型质量。以 NX 软件为例，介绍 STL 文件输出过程：选择"文件"菜单，找到"导出"命令，并在其下拉菜单中单击"STL"命令，如图 11-7 所示。

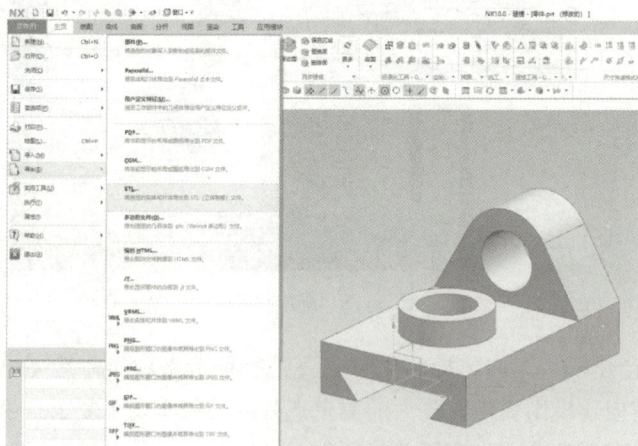

图 11-7　CAD—STL 转换界面

出现"快速成型"对话框后，根据精度要求选择"输出类型"，并调整"三角公差"和"相邻公差"，也可直接选择系统默认值。单击"确定"按钮完成，并保存至适当位置，如图11-8所示。

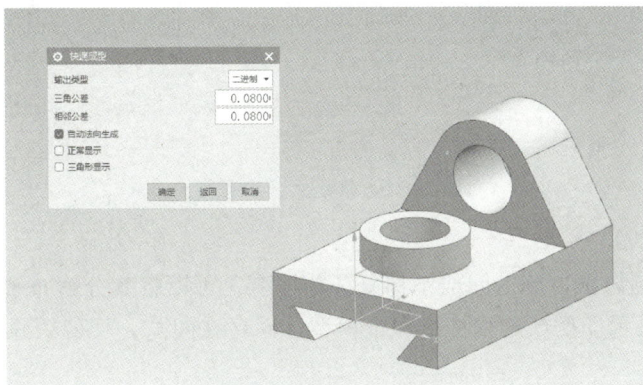

图11-8 STL输出界面

3. 校验修复

文件校验主要是保证STL模型没有裂缝、空洞、悬面、重叠面和交叉面。对于一般的错误，利用切片软件中的自动修复功能即可修复模型。当模型出现较大问题且修复功能不再见效时，就需要使用比利时Materialise公司推出的大型STL数据编辑处理软件——Magics。

4. 确定方位

通常情况下，模型摆放需要遵循三个原则：一是利用模型大平面作为底面，二是禁止大面积悬空，三是最大化利用空间。

（1）利用模型大平面作为底面 选择较为平整的模型面与平台接触，有利于增大模型与平台的接触面积，发挥面接触优势，使模型稳固地立在平台上，如图11-9所示。如果实在没有相对平整的面可以作为底面，此时就必须根据点状接触特点施加支撑，使模型借助支撑平稳地立在平台上。

a)   b)

135

图11-9 利用模型大平面作为底面
a）正确 b）错误

（2）禁止大面积悬空 过多悬空会使模型产生大量支撑，不仅造成材料浪费，还会使接触表面变得粗糙，降低成型质量。为提高成型精度，切片时一定要仔细观察模型的结构特征，选择合适的摆放位置，如图11-10所示。

（3）最大化利用空间 充分利用平台空间，可以一次性导入多个模型，在尽可能短的

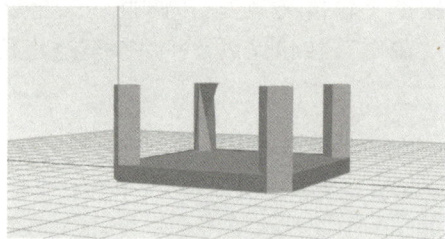
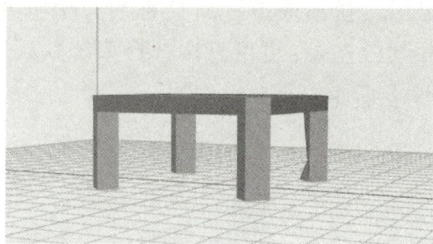

a)   b)

图 11-10 禁止大面积悬空

a）正确 b）错误

时间里成型。若碰到超出打印空间或结构复杂的模型，可以将其分解布置在平台上同时进行打印，如图 11-11 所示。摆放过程中要保证模型之间存在间隙，切勿因重叠、粘连现象造成模型成型失败。

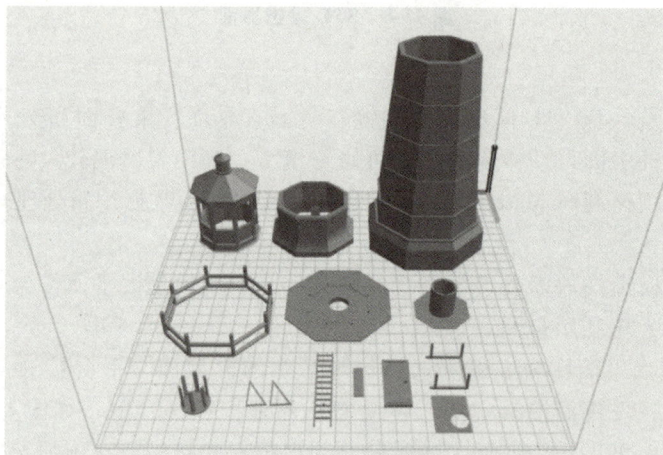

图 11-11 最大化利用空间

5. 设置参数

（1）层厚 层厚，也称层高，指的是模型成型某一层面的实际厚度。不同层厚具有不同效果。层厚越小，精度越高，成型时间越长；反之精度越低，成型时间越短，如图 11-12 所示。对于精度要求不高的模型，推荐层厚值为 0.25mm；对于精度要求较高的模型，比如

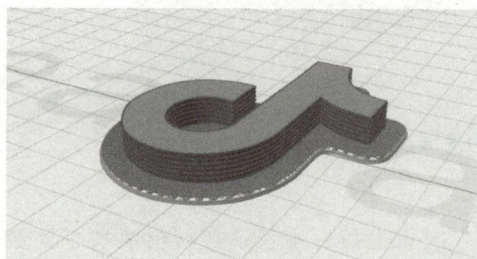
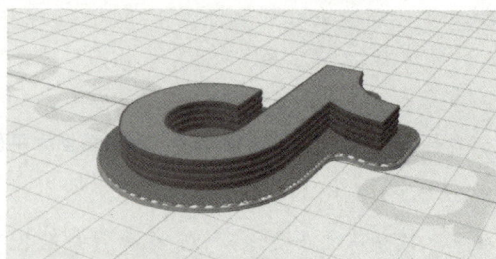

a)   b)

图 11-12 层厚效果

a）0.25mm 层厚 b）0.5mm 层厚

人像、立面图像，推荐层厚值为0.1mm。

（2）壁厚　壁厚指的是模型边缘壳体的实际厚度，也是模型外壳内外表面之间的距离。壁厚与模型强度直接相关。壁厚越大，强度越高，成型时间越长；反之强度越低，越容易开裂，如图11-13所示。对于强度要求不高的模型，建议壁厚设置为2mm；对于强度要求较高的模型，壁厚可设置为4mm。

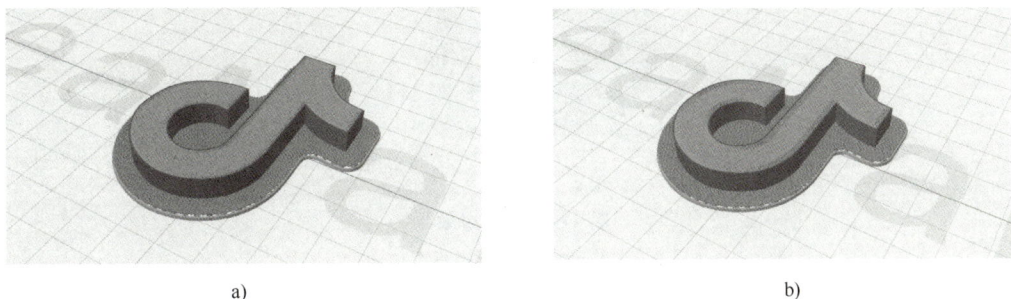

图 11-13　壁厚效果

a）2mm 壁厚　b）4mm 壁厚

（3）填充率　填充率指的是模型内部的填充密度。填充率与强度成正比，填充率越大，强度越高，材料消耗越多，模型就越重；反之，填充率越低，强度越低，如图11-14所示。一般情况下，填充率不建议采用100%或10%以下填充，推荐值在15%~20%之间。

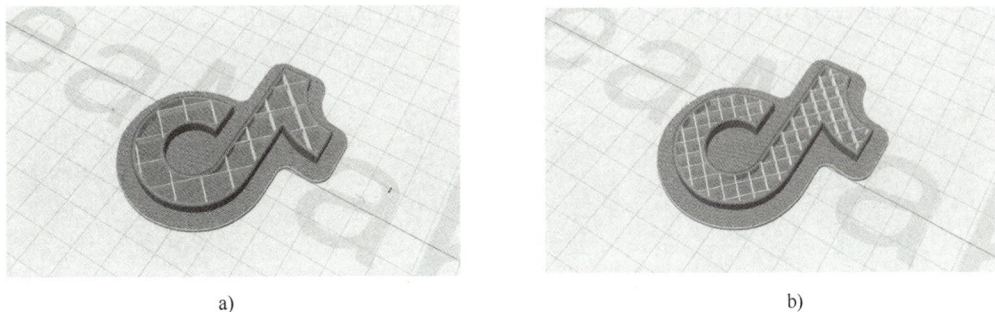

图 11-14　填充率效果

a）10%填充　b）20%填充

（4）支撑　添加支撑的目的是解决三维模型因悬垂结构而产生的脱落问题。支撑有很多类型，为便于剥离，常采用网格支撑和线状支撑。按照添加方式的不同，支撑又分为外部支撑和内部支撑。外部支撑是坐落于平台上的支撑，内部支撑是坐落于模型本体上的支撑。为保证模型的顺利成型，必要时选择完全支撑，即同时设置内外支撑，如图11-15所示。

支撑临界角是衡量模型是否添加支撑的依据。当悬空部分与垂直方向倾斜角度小于支撑临界角时不需要为模型添加支撑，大于支撑临界角时就需要为其添加支撑。

（5）工作温度　工作温度包括平台温度和喷嘴温度。耗材的种类是影响温度高低的主要因素。对于PLA材料，要求平台板温度控制在60℃左右，喷嘴温度控制在180~220℃之间；对于ABS材料，要求平台温度控制在100℃左右，喷嘴温度控制210~250℃之间。有

图 11-15　支撑效果

1—内部支撑　2—外部支撑

时，工作温度还需根据季节变化做出调整，比如冬天的时候，线材容易收缩，需要适当增加 5～10℃。

6. 切片分层

切片的目的是将模型离散为多个二维片层，以便快速成型。切片软件是切片处理的主要载体，切片软件的主要任务是通过接受无误的 STL 文件，生成指定方向的截面轮廓线和网格扫描线。切片完成后，将得到一个有数层片层累积起来的模型文件，如图 11-16 所示。将切片完的文件保存为 3D 打印机可识别的格式，以便打印机进行调用。

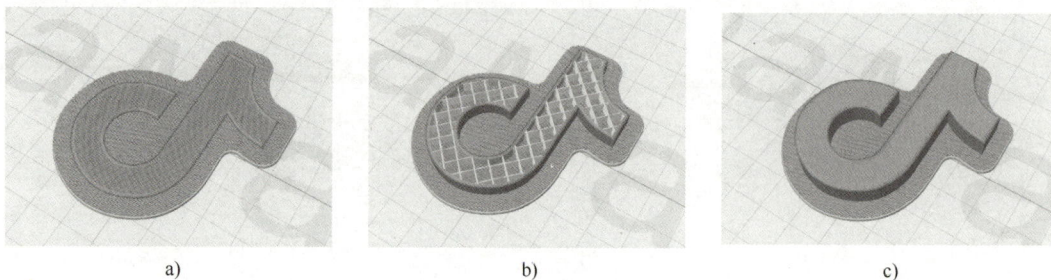

a)　　　　　　　　　　　　b)　　　　　　　　　　　　c)

图 11-16　切片效果

a）第 1 层　b）第 25 层　c）第 50 层

11.4.2　原型制作

原型制作本质上也是设备预检、载入模型、执行打印和移除模型的过程。设备预检包括进料送丝、高度校准和平台调平三项工作；设备正常起动后，将模型载入设备，执行打印功能，然后由 3D 打印机完成模型打印；最后，用铲子轻轻取下模型。本节以 Raised 3D Pro2 Plus 机型（双喷嘴）为例，介绍原型制作的操作程序。

1. 设备预检

（1）进料送丝　在确保线材不折弯不损伤的前提下，用剪刀为线材剪一个斜口，并插入进料口；接下来，将进料一侧的喷头加热至目标温度，然后执行进料功能，同时用手轻捏线材感觉线材慢慢下移，直至线材从喷头中挤出，说明进料成功。

（2）高度校准　首次打印或出现模型底部与平台粘接不牢的现象时，需要调整喷嘴与平台之间的高度，使其高度差保持一个塞尺厚度（0.2mm）。

1）首先，通过微调机构增大一侧喷嘴与平台之间的距离，以免在 Z 向回零过程中使喷头与平台发生碰撞。

2）其次，将打印机 Z 向回零，观察喷嘴与平台之间的高度，并通过旋转微调机构螺母进行高度调整，直至两者间隙能够插进 0.2mm 塞尺。当塞尺来回滑动时感到些许微阻力，说明一侧喷嘴与平台之间的高度差为合理状态。

（3）平台调平　调平时，既可以通过设备自带的自动调平功能来实现，也可以通过平台上的手动调节螺母来实现。

2. 载入模型

将模型载入 3D 打印机的方式有两种。一种在脱机打印状态下利用移动 U 盘或 SD 卡实现模型的传输，另一种是在在线打印状态下通过数据线或网络将模型传输至 3D 打印机。

3. 执行打印

在 3D 打印机中找到目标文件，执行打印功能。打印时，应注意观察喷嘴出料是否顺利、首层截面与平台粘接是否牢固等情况。如若出现上述问题或其他特殊情况，应立即停止打印，查看解决设备故障。

4. 移除模型

打印完成后，用小铲子慢慢插进模型底板下面，通过左右晃动增大底板与平台的分离面积；接着来回撬动模型使其脱离工作平台。如果模型冷却过久不易取下，可以将平台升温至 40℃ 左右，使黏合面松动，趁机取下模型。

11.4.3　后处理

FDM 技术后处理过程相对简单，主要包括去除支撑和打磨表面两个过程。

1. 去除支撑

首先，采用专用剪钳去除大面积支撑，接下来通过镊子、美工刀等工具去除模型细节部分的支撑残留和毛刺。

2. 打磨表面

采用 FDM 技术成型的模型表面易产生明显的阶梯纹。为提高表面质量，可以通过砂纸打磨的方法来减少纹路痕迹。砂纸打磨讲究粗磨、半精磨和精磨三个阶段。3D 打印模型一般采用 200 目砂纸粗磨，以达到快速细化表面纹路的目的；采用 600~800 目砂纸半精磨，使模型表面纹路基本消失；采用 1200 目以上砂纸精磨，使模型表面更为光滑。

139

11.5　3D 打印实训案例

1. 案例描述

本项目通过制作鲁班锁，引导学生从全生命周期视角理解工业产品从设计到生产的过程，从而培养学生勇于创新的工匠精神及同心协力、包容理解的合作精神，促使课堂焕发活力，推动传统文化创新性发展。

实训要求：零件材质 PLA，单体零件尺寸 130mm×50mm×20mm，要求 3D 打印，如图 11-17 所示。

实训设备及工具：3D 打印机、铲子、镊子、剪钳、砂纸、小锉刀。

2. 制作过程

（1）三维建模

步骤一：新建模型。

打开 NX 软件，单击"新建"按钮，在弹出的对话框中输入名称，单击"确定"按钮，进入软件主界面，如图 11-18 所示。

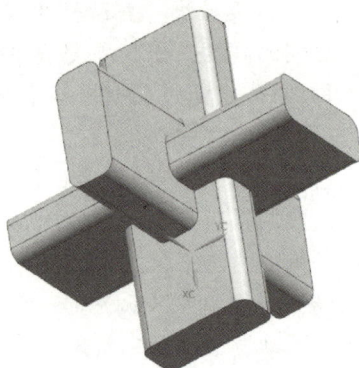

图 11-17　鲁班锁模型

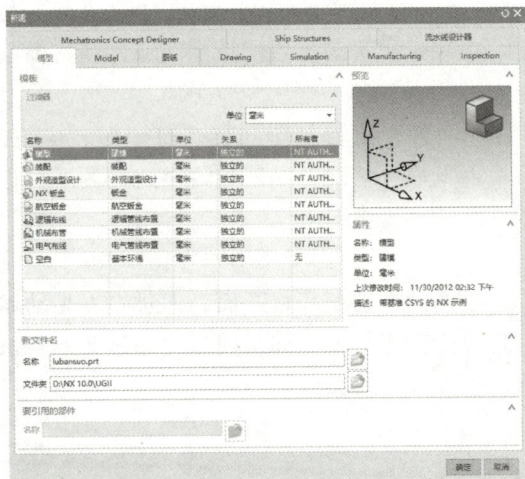

图 11-18　新建模型

步骤二：创建草图 1。

单击"菜单"—"插入"—"在任务环境中绘制草图"命令，在弹出的对话框中指定 *YOZ* 平面，进入草图绘制界面。通过"矩形"和"圆角"命令绘制草图 1，并通过"快速尺寸"命令进行零件尺寸约束，单击"完成"按钮，如图 11-19 所示。

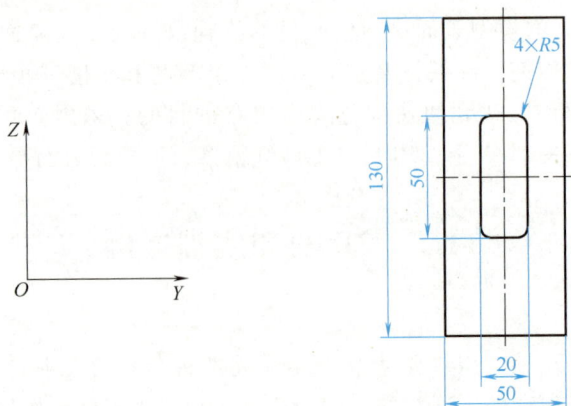

图 11-19　创建草图 1

步骤三：创建实体1。

单击"拉伸"命令，在弹出对话框中选择"截面"为整个轮廓，指定"方向"为X方向，设定"限制"为"值"，"距离"为"0~20mm"，选择"布尔（无）"为"自动判断"，单击"确定"按钮后完成拉伸，如图11-20所示。最后，通过"边导圆"命令对外长方形倒圆，如图11-21所示。

图 11-20　实体拉伸（一）

图 11-21　实体倒圆（一）

步骤四：创建草图2。

单击"菜单"—"插入"—"在任务环境中绘制草图"命令，在弹出的对话框中指定 YOZ 平面，进入草图绘制界面。通过"矩形""圆角"和"直线"命令绘制草图2，并通过"快速尺寸"命令进行零件尺寸约束，单击"完成"按钮，如图11-22所示。

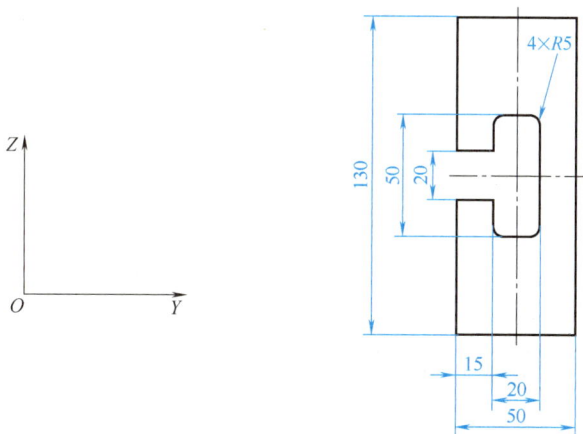

图 11-22　创建草图 2

步骤五：创建实体2。

单击"拉伸"命令，选择"截面"为整个边界，指定"方向"为X方向，设定"限制"为"值"，"距离"为"0~20mm"，选择"布尔"为自动判断，单击"确定"完成拉伸，如图11-23所示。最后，通过"边导圆"命令进行倒圆，如图11-24所示。

图 11-23　实体拉伸（二）　　　　图 11-24　实体倒圆（二）

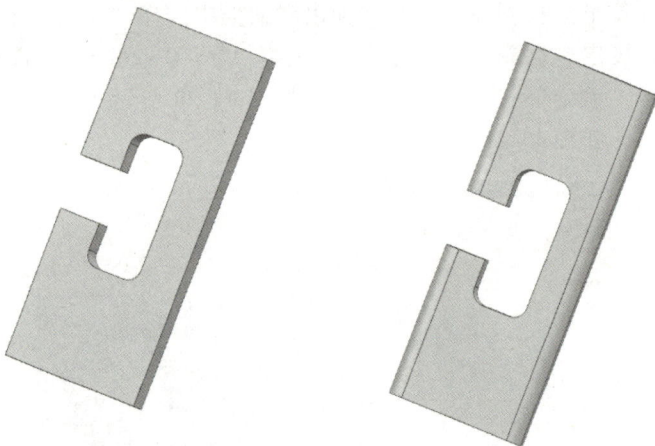

（2）数据转换　在"文件"下拉菜单中单击"导出"—"STL"命令，在弹出的对话框中默认"输出类型"为"二进制"，如图 11-25 所示。

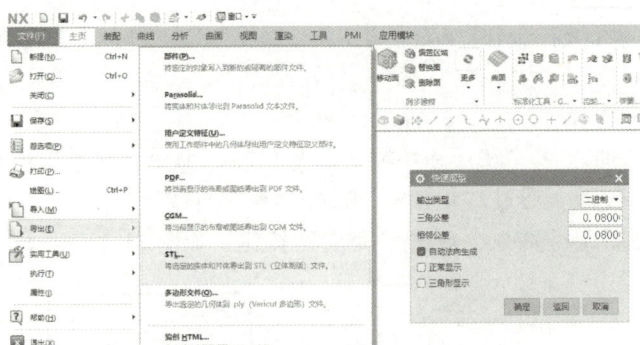

图 11-25　数据转换

（3）校验修复　将 STL 文件导入切片软件（以 IdeaMaker 为例），观察模型是否存在错误。若提示错误信息，可通过"修复"功能进行修复，修复成功后模型显示"√"，如图 11-26 所示。

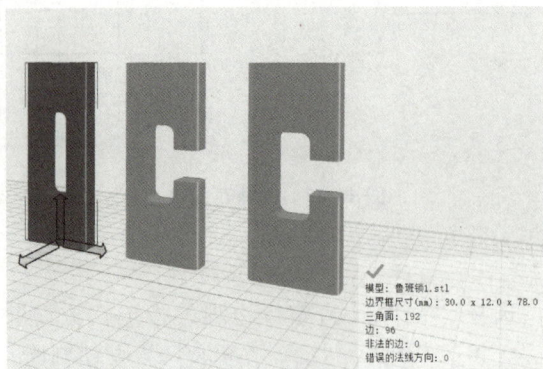

图 11-26　校验修复过程

142

（4）确定方位　根据模型结构特征，通过"模型旋转"命令对模型方位进行调整，如图 11-27 所示。

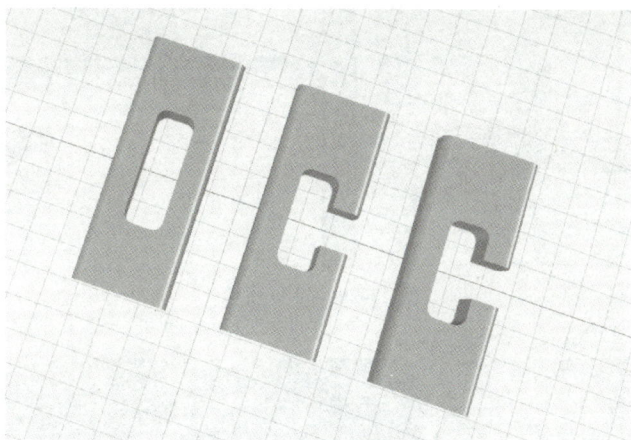

图 11-27　确定方位

（5）设置参数　考虑鲁班锁的装配需求，选择切片软件中的"最佳"模式进行打印，执行层厚为 0.1mm，填充率为 15%，其他参数默认不变，如图 11-28 所示。

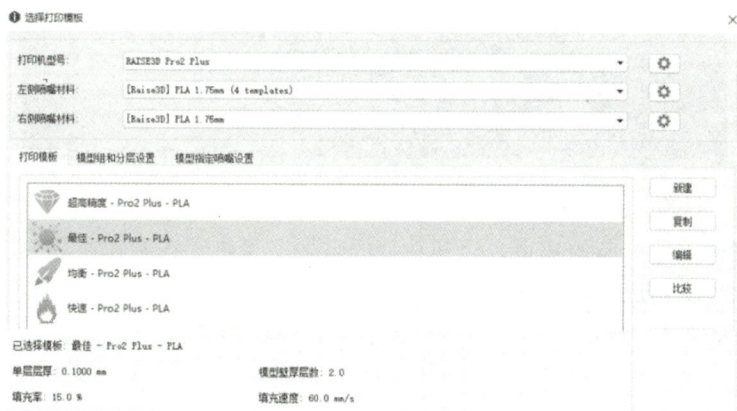

图 11-28　设置参数

（6）切片分层　单击"开始切片"命令，执行切片功能，格式为 Gcode。参数设置见 11.4.1 节。

（7）设备预检　对 Raised 3D pro 2 plus 机型而言，预检工作主要是通过高度校准调整 3D 打印机。通过旋转微调螺母调整喷嘴与平台之间的高度差，直至两者间隙插进 0.2mm 塞尺并感到些许阻力，如图 11-29 所示。

（8）载入模型　脱机状态下，将模型保存至 U 盘，并传输到 3D 打印机。

（9）执行打印　在设备中找到目标文件并执行打印功能，如图 11-30 所示。打印开始时，操作者应注意观察材料与工作平台的粘接情况，并等到模型第一层成功打印完后再离开。如若出现材料与平台粘接不牢的情况，应立即停止打印。

（10）移除模型　用设备自带的专用铲子轻轻插至模型底部取下模型。

（11）去除支撑　去除支撑时，先用剪刀去除大面积支撑，然后再通过美工刀、镊子等

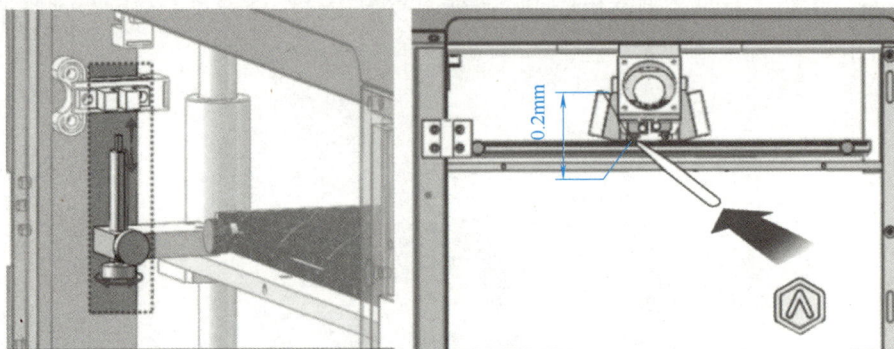

图 11-29　设备预检

图 11-30　执行打印

工具去除模型表面支撑细节的残留。因其独特的结构，鲁班锁在制作过程中不会产生任何支撑，因此，去除鲁班锁底板即可。

（12）打磨表面　用砂纸或锉刀轻轻打磨表面，使模型获得较高的表面质量。鲁班锁如图 11-31 所示。

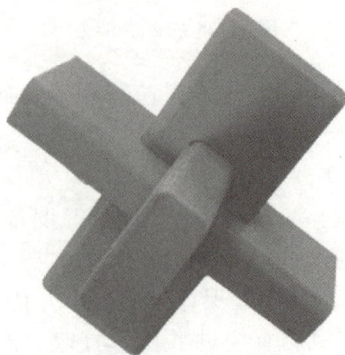

图 11-31　鲁班锁

3. 评分标准

针对学生综合素质和实操技能，制定评分标准，见表 11-2。

表 11-2　3D 打印评分标准

姓名			
综合素质栏目(30%)			
评分项目	评分细则	配分	得分
衣着穿戴	穿戴不规范不得分	6	
工具摆放	摆放不整齐不得分	6	
文明操作	出现操作失误不得分	6	
应急处理	应急处理不妥当不得分	6	
卫生清理	周边及台面未清理不得分	6	
实操技能栏目(70%)			
评分项目	评分细则	配分	得分
三维建模	建模完整得分,不完整酌情扣分	10	
数据转换与修复	数据处理正确得分,否则不得分	10	
确定方位与参数	参数设置正确得分,否则不得分	10	
切片分层与导出	切片分层正确得分,否则不得分	10	
设备预检与操作	操作顺利无误得分,否则不得分	10	
模型导入与打印	导入打印正确得分,否则不得分	10	
模型移除与打磨	正确拆除且组装得分,否则不得分	10	
合计		100	

否定项说明:
1. 不符合衣着穿戴规范的人员禁止加工;
2. 操作过程中出现危及自身及他人安全的状况将禁止加工;
3. 不服从指导教师指挥,强行进行加工的情况将禁止加工;
4. 因个人操作失误导致设备故障且当场无法排除的将禁止加工。

练习与思考

11-1　简述 3D 打印的工作原理。

11-2　简述 3D 打印的显著特点。

11-3　正向设计 3D 打印模型的建模软件有哪些?

11-4　常见的 3D 打印主流工艺包括什么?

11-5　简述 FDM 技术的工作原理与特点。

11-6　简述 SLA 技术的工作原理。SLA 技术与 FDM 技术之间有什么区别?

11-7　简述 3D 打印的完整工艺过程。

11-8　3D 打印时需要考虑哪些工作参数?

11-9　简述 3~4 项工作参数对模型性能产生的影响。

11-10　试述 3D 打印技术未来发展的趋势及面临的挑战。

利用人类心肌细胞，3D 打印心腔能自主跳动数月

据英国《新科学家》网站最新消息，德国埃尔朗根-纽伦堡大学科学家开发出一种新技术，可以 3D 打印微型心腔（心脏底部的腔室）（图 11-32）。他们用活的人类心肌细胞打印的心腔被证明可自主跳动至少 3 个月。

图 11-32 3D 打印微型心腔

人造心脏组织可通过在模具或支架上培养心脏细胞来制造，但这通常只允许构建简单的形状，如片状或环状。3D 打印可创造出更为复杂的结构。例如，2019 年，以色列特拉维夫大学研究人员展示了一颗基于 3D 打印技术的完整心脏。然而，它无法跳动。

新的 3D 打印技术可以让科学家制造出跳动的心腔，将血液输送到身体的各个部位。研究人员制造了一种"墨水"，该墨水含有活的心肌细胞、胶原蛋白和透明质酸，赋予心腔组织结构。他们使用喷嘴将这种"墨水"注入支撑凝胶，凝胶在打印过程中将其保持在所需的形状，然后熔化以留下打印的结构。

研究表明，使用这种技术可打印出高 14mm、直径 8mm 的气球形状的心腔结构，大小大约是真正人类心腔的 1/6。心腔在打印一周后开始跳动，100 天后仍在跳动。使用兴奋剂药物可让它跳动得更快，如同真正的心脏。

研究人员希望能使用这项技术打印出包含所有 4 个心腔的完整心脏。通过添加含有血管细胞的第二种打印"墨水"，他们期待这种油墨能在打印的心脏组织内生长成血管。

第12章

激光加工

12.1 概　述

激光加工是一种将高密度激光束投射至物体表面，使其产生光热效应并达到切割、打标、焊接、雕刻等目的的制造技术。根据激光束与材料相互作用特性的不同，激光加工又分激光冷加工和激光热加工两类。其中，激光冷加工包括激光雕刻、激光刻蚀、光化学沉积等，激光热加工包括激光打标、激光切割和激光焊接。

（1）激光雕刻　激光雕刻是将高能量密度的激光束作用于物体内部或表面，迫使材料发生物理变化，形成平面或立体图像的过程。

（2）激光打标　激光打标是利用高能量密度的激光束对工件进行局部照射，使表层材料气化或发生颜色变化，从而留下永久性标记的方法。

（3）激光切割　激光切割是利用高功率激光束照射被切割材料，使材料达到气化温度，蒸发形成孔洞，以完成材料切割的过程。

（4）激光焊接　激光焊接是利用高强度激光束照射工件金属表面，使工件金属表面热量通过热传导向内扩散，使工件熔化形成特定的熔池的过程。

与其他加工技术相比，激光加工具有以下特点。

1）依靠激光束进行加工，能量集中，工件热变形小，加工精度高。

2）能够实现非接触加工，不需借助任何刀具工具，不会造成机械应力。

3）功率密度高，可同步实现金属和非金属材料的加工，尤其适合加工金刚石、硬质合金、耐热合金等高熔点硬脆性材料。

4）聚焦后的激光光斑能达到微米级，因此可以进行精密微细加工。

5）激光加工过程主要通过计算机输出图样进行，不仅不受零件数量限制，还可以缩短工艺流程。

6）对非照射部位几乎没有影响。

12.2　激光加工的原理

1. 激光的产生

（1）光的自发辐射　正常状态下，原子内带有一个正电原子核和若干数量的核外电子。核外电子按一定半径的轨道围绕原子核运动，产生"内能"。当采用一定手段（如光照射）传给原子能量时，原子通过吸收能量增加内能，跃迁到高能级。处在高能级的原子状态不稳定，总是试图回到低能级。当原子自发从高能级跃迁到低能级时，以光子的形式释放出能量，则认为这一发光过程是光的自发辐射。

（2）光的受激辐射　当光束里的一个光子入射到激发态原子的系统中，并以一定光速途径某个原子，若该光子频率与该原子的高低能差级相对应，则会促使处在激发能级上的原子跃迁到低能级，同时释放出一个新光子，并与原光子保持相同特性。受激辐射后，该光束同时拥有两个相同特性的光子，此时将这一现象等同于入射光放大。

激光，也称"受激辐射的光"，指的是入射光子促使高能级原子、离子或分子自发跃迁到低能级这一过程中完成受激辐射而发出的光。

2. 激光的特性

与其他光源相比，激光具有方向性强、单色性好、亮度高等特点。

（1）方向性强　光束的方向性由发散角来表征。发散角越小，光的方向性越强。由于激光的各个发光中心相互连接定向发射，因此可以将激光束压缩在很小的立体角内，保证发出的激光处于平行状态。

（2）单色性好　在光学领域中，"单色"被定义为光的波长的确定值。单色性好，本质上也是说光谱的谱线宽度较小。鉴于激光器输出的光的波长分布范围非常窄，颜色极纯，因此能够保证光束聚焦于一点，形成很高的能量密度。

（3）亮度高　由于大量光子集中在一个极小的空间范围内射出，发射能力强，能量密度集中，所以亮度很高，是普通光源的亿万倍。通常红宝石脉冲激光器的输出功率为 $1000\mathrm{mW/cm}^2$，亮度约为 $3.7\times10^{15}\mathrm{sb}$（$1\mathrm{sb}=10^4\mathrm{cd/m}^2$）。

3. 激光工作原理

根据激光基本机理，理论上可以将激光束聚焦到工件表面上，形成一个功率密度特别大、温度特别高的光斑。通过光斑的光热效应，可在短时间内完成材料切割。

用于加工的激光器分为固体激光器和气体激光器两种类型。其中，工作介质为固体时，即为固体激光器；工作介质为气体时，即为气体激光器。以气体激光器为例，激光器工作原理如图12-1所示。工作时，由放电管作为激励能源为工作介质（CO_2 气体粒子）提供能量，

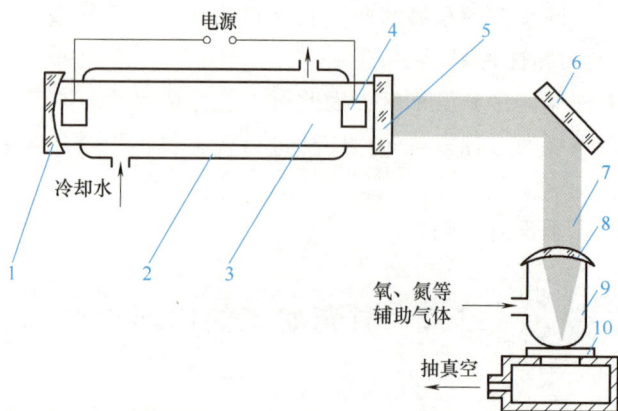

图12-1　激光器工作原理

1—全反射凹镜　2—放电管　3—工作介质（气体 CO_2 等）　4—电极
5—反射平镜　6—转向反射镜　7—激光束　8—聚焦透镜　9—喷嘴　10—工件

使工作介质吸收能量并被激发到高能级上，从而形成与低能级之间的粒子数反转，产生受激辐射跃迁，造成光放大。接下来通过谐振腔的反馈作用产生光振荡，输出激光，并经聚焦透镜集中于工件表面，完成工件加工。

12.3　激光器的基本组成

激光器是激光设备产生激光的关键部件，主要作用是把电能转换为光能，输出激光。根据工作介质不同，激光器可以分为固体激光器、气体激光器、液体激光器和半导体激光器四种类型；根据输出方式不同，激光器可以分为连续激光器、单脉冲激光器、连续脉冲激光器和超短脉冲激光器四种类型；根据激活介质的粒子结构不同，激光器又分原子激光器、离子激光器、分子激光器和自由电子激光器四种类型。

激光器由激活介质、激励装置和光学谐振腔组成。

（1）激活介质　激活介质是激光产生的前提，该介质可以是固体、气体或液体，也可以是半导体。通过激活介质可以实现粒子数反转，制造获得激光的条件。

（2）激励装置　激励装置主要用于激励粒子体系，使处于高能级的粒子数不断增加，常有电激励、光激励、热激励和化学激励四种激励方式。为持续输出激光，必须不断"泵浦"以维持处于激发态的粒子数。

（3）光学谐振腔　在激活介质和激励源的基础上，需要进一步采用光学谐振腔对受激辐射强度进行"放大"，以加速粒子数反转。

12.4　金属激光打标

12.4.1　激光打标机的基本原理

激光打标的基本原理是通过激光器产生高能量密度的激光束对工件表面进行局部照射，光能在工件表面瞬间转换成热能，使工件表面气化或者改变颜色，形成任意文字图案，以作为防伪标志使用。

激光打标机采用扫描法，即将激光器发出的激光束入射到两反射镜上，计算机控制扫描电动机带动反射镜沿 X、Y 轴转动，使激光束聚焦于工件表面形成标记痕迹。作为一种现代化精密制造方法，激光打标具有刻画精细、标记耐磨、标记部位热影响小等特点。

12.4.2　激光打标机的结构组成

常见的激光打标机类型有光纤激光打标机、紫外激光打标机和二氧化碳激光打标机。其中，光纤激光打标机是目前应用最为广泛的机型。下面以光纤激光打标机为例介绍其基本结构组成，包括激光光源、聚焦系统、光纤激光器、振镜扫描系统和计算机控制系统五个部分。

（1）激光光源　激光光源主要为激光器提供动力，位于设备控制盒内，输入电压为220V。

（2）聚焦系统　聚焦系统的主要作用是通过 $F\text{-}\theta$ 透镜将激光束聚焦于一点，使激光能量更强更密。

（3）光纤激光器　光纤激光打标机采用先进的脉冲光纤激光器，具有激光发射效果好、使用寿命长等特点。

（4）振镜扫描系统　振镜扫描系统由光学扫描器和伺服控制系统两部分组成。

（5）计算机控制系统　通过计算机协调控制声光系统和振镜扫描系统，确保机械结构正常运行。

12.4.3　激光打标机的操作步骤

激光打标分为起动机器和调整焦距、图像处理、打标软件处理（导入文件、设置参数）、精确位置和打标加工、关机清理五个步骤。

1. 起动机器，调整焦距

起动机器，依次打开急停开关、总电源开关、计算机开关、振镜和激光电源开关。调整焦距的目的是使激光能量集中，保证获得良好的打标效果。对焦时，先将材料放置在标刻区域，一边打标一边摇动手轮。当材料表面出现明亮的白光，并伴随着阵阵标刻声音时，缓慢调整镜头高度，找到激光亮度最高、打标声音最响的位置，固定镜头高度，对焦结束。

2. 图像处理

利用激光打标机打标图案需要先进行图像处理，处理重点主要是围绕尺寸、曝光调整、色彩校正、瑕疵修复和清晰化润饰五个方面进行，以达到美观通透的色彩效果。常用的图像处理软件是 Photoshop 和 Lightroom。

3. 打标软件处理

（1）导入文件　打开软件，通过单击"文件"→"打开位图文件"命令导入照片，或单击系统工具栏中的"绘制"→"文本"命令开始文字编辑。

（2）设置参数　打标时，要同步设置加工参数（如功率，速度）和文件参数（如大小、位置）。

在对象属性栏进行文字内容以及文件参数编辑，经确认无误后单击"应用"按钮，将文字区域调整至合适位置并进行填充。

4. 精确位置，打标加工

放置打标材料或工件，单击"红光"命令。根据红光区域大小，调整具体文件尺寸。单击加工控制栏"标刻"命令，开始加工。

5. 关机清理

加工结束后，退出软件，按照顺序关机，并清理桌面。

6. 注意事项

1）加工厚度不同的材料需要利用升降装置调整聚焦透镜的位置，调整时应保证材料上表面的平整性，严禁将任何物品放置在激光头上。

2）空气中的灰尘将吸附在聚焦透镜下端表面上，轻者会降低激光器的功率，影响最终效果，重者会造成光学镜片吸热过温，以致炸裂。可以用镜头纸或棉签蘸取医用酒精对振镜头镜片进行擦拭，待酒精完全蒸发完再进行开光。

3）激光打标机不工作时，应切断机器和计算机电源，将镜头盖盖好，防止灰尘污染光学镜片。

12.4.4 激光打标实训案例

1. 案例描述

本项目在铝片上对中国海洋大学校门图案进行打标。通过练习，学生可以了解激光加工技术的实现方式，拓展现代机械制造的应用视野和思维深度，激发学生对工程领域的探索兴趣和求知欲。

实训要求：零件材质铝片，尺寸85mm×55mm，要求激光打标，如图11-2所示。

实训设备及工、量具：激光打标机、铝片、钢直尺、激光护目镜。

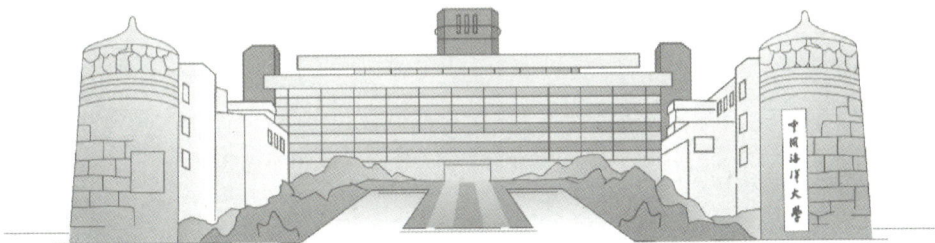

图 12-2　校门照片

2. 制作过程

（1）起动机器，调整焦距　接通电源并按照一定顺序开机。将与打标材料相同厚度的实验材料置于打标区域，调整镜头高度至合适位置，固定镜头，完成对焦。

（2）图像处理　利用 Photoshop 软件调整图片效果，如图12-3所示。

图 12-3　图像处理（一）

（3）打标软件处理

1）导入文件。单击相关命令，导入图片，如图 12-4 所示。

2）根据所需要的成像效果，调整功率为 55%，频率为 21kHz，速度为 40mm/s，其他参数默认不变，如图 12-5 所示。

（4）精确位置，打标加工　根据红光区域大小，调整工件位置。单击"标刻"按钮，开始打标，如图 12-6 所示。

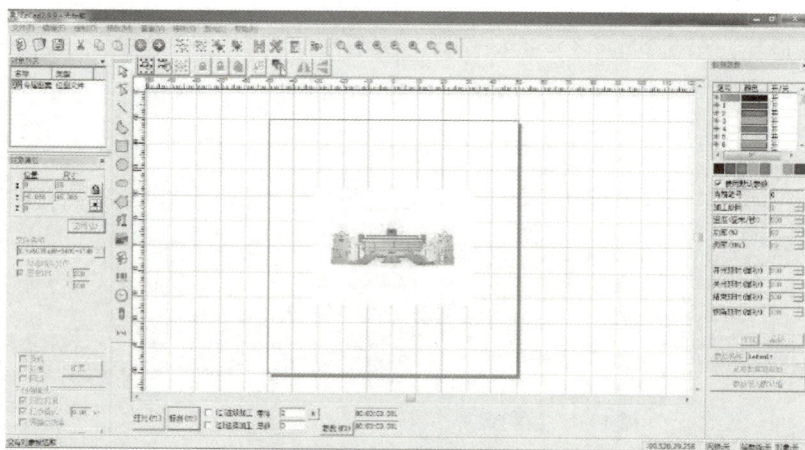

图 12-4　导入照片

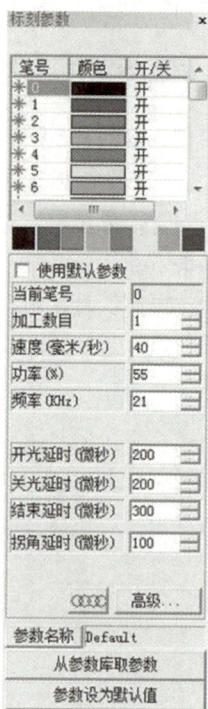

图 12-5　调整加工参数

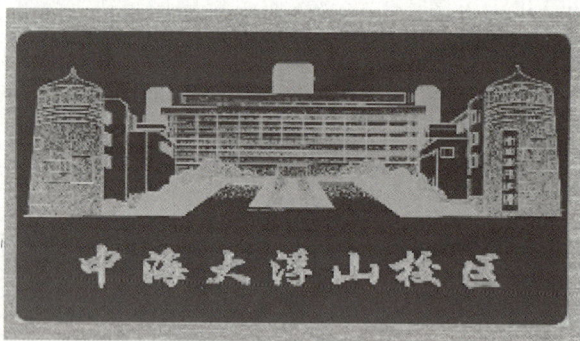

图 12-6　加工完成（一）

（5）关机清理　退出软件，按照顺序关机，清理周边环境。

3. 评分标准

针对学生综合素质和实操技能，制定评分标准，见表 12-1。

表 12-1　激光打标评分标准

姓名			
综合素质栏目（30%）			
评分项目	评分细则	配分	得分
衣着穿戴	穿戴不规范不得分	6	
工具摆放	摆放不整齐不得分	6	

（续）

综合素质栏目（30%）			
评分项目	评分细则	配分	得分
文明操作	出现操作失误不得分	6	
应急处理	应急处理不妥当不得分	6	
卫生清理	周边及台面未清理不得分	6	
实操技能栏目（70%）			
评分项目	评分细则	配分	得分
修饰照片	校正色彩正确得分，否则不得分	10	
调整设备	设备调整合适得分，否则不得分	10	
设置参数	参数设置正确得分，有误不得分	20	
打标效果	图像清晰得分，有误酌情扣分	10	
制作创新性	根据打印效果，适当得分	20	
合计		100	

否定项说明：
1. 不符合衣着穿戴规范的人员禁止加工；
2. 操作过程中出现危及自身及他人安全的状况将禁止加工；
3. 不服从指导教师指挥，强行进行加工的情况将禁止加工；
4. 因个人操作失误导致设备故障且当场无法排除的将禁止加工。

12.5 激 光 内 雕

12.5.1 激光内雕机的基本原理

激光内雕是一种将激光聚焦于玻璃内部，令其特定部位发生细微气化爆裂点，并在计算机控制下勾勒出预置形状的一种加工工艺，可广泛应用于制作各种玻璃工艺品和纪念品。

激光内雕机的工作原理是通过专用的点云转化软件，将平面或立体图像转化为点云图。雕刻时，由计算机控制激光器发出激光，并经光学系统（X 轴振镜、Y 轴振镜、透镜）到达工件内部，使其内部特定位置发生爆裂，形成二维平面图像；三维立体图像则需要在 X-Y 振镜摆动的基础上，协同 Z 轴升降运动来完成雕刻，如图 12-7 所示。

12.5.2 激光内雕机的结构组成

从机器结构来看，激光内雕机主要由机械系统、光学系统、传动系统、控制系统和辅助系统五部分组成。

1）机械系统由机盖、导轨、底座、反射镜架等机

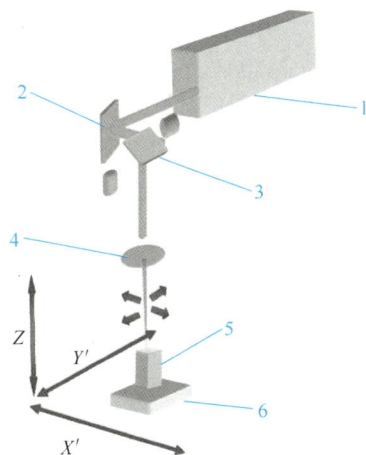

图 12-7　激光内雕机工作原理图

1—激光器　2—X 轴振镜　3—Y 轴振镜
4—透镜　5—水晶块　6—工作平台

械配件组成。

2）光学系统由激光管、激光电源、激光头、反射镜和聚焦镜组成。

3）传动系统由伺服电动机和滚球丝杠组成。

4）控制系统由 XY 光控和 XYZ 三维机控组成。

5）辅助系统由恒温风冷和磁性夹具等组成。

12.5.3　激光内雕机的操作步骤

激光内雕机的操作分为起动机床、图像处理、内雕软件处理（导入文件、设置参数）、精确位置和内雕加工、关机清理五个步骤。

1. 起动机床

接通电源后，起动机床，依次开启机器开关、急停旋钮和激光器开关。

2. 图像处理

由于内雕机无法雕刻彩色作品，只能依据图像的明暗程度来决定曝光裂点的数量，因此需要通过 Photoshop 软件对彩色图像进行灰度处理，将其转换为黑白色，并设置图像大小。

3. 内雕软件处理

对于一般的平面图像，可以直接将其导入打点软件生成点云；对于三维数据模型，需要先将其导入算点软件生成点云，再导入打点软件调整亮度、对比度、锐度至合适效果。

（1）导入原始文件　导入处理后的文件，设置水晶块尺寸。

（2）设置算点参数　根据加工效果，设置算点参数，包括层数、点距和层距等。参数设置完成后，即可生成点云文件。

（3）导入点云文件　点云文件导入到打点软件，移至合适位置。

（4）设置打点参数　调整雕刻模型的尺寸大小、工作电压等。

4. 精确位置，内雕加工

单击"复位"按钮，使系统回至零点。将水晶块放在同步于软件设定的具体位置，单击"雕刻"按钮，开始加工。

5. 关机清理

加工结束后，退出软件，依次关闭激光器开关、急停旋钮和机器开关。关机结束后，清理工作台及周边卫生。

6. 注意事项

1）请勿将易燃材料置于光路或被激光照射的位置，以免引起火灾甚至爆炸。

2）设置模型尺寸时，应充分考虑水晶块大小，防止尺寸超出造成工件破裂。

3）激光器开机过程中，严禁用眼睛直视激光，以防损伤眼睛。

12.5.4　激光内雕实训案例

1. 案例描述

本项目以学校校徽为案例进行练习。通过实践，让学生感受激光内雕的工作模式，掌握激光内雕机的基本操作，鼓励学生自我探索，勇于挑战，从而形成全面发展的意识。

实训要求：零件材质水晶，尺寸 58mm×40mm×40mm，要求激光内雕，如图 12-8 所示。

实训设备及工、量具：激光内雕机、水晶块、钢直尺、激光护目镜。

图 12-8　校徽

2. 制作过程

（1）起动机床　接通电源，按照一定顺序打开开关。

（2）图像处理　首先，使用 Photoshop 软件将图片转换为黑白色。其次，根据水晶块实际尺寸设置图片大小；最后，使用"淡化"工具，将照片过深的地方进行淡化处理，并保存为图片格式，如图 12-9 所示。

（3）内雕软件处理

1）导入原始文件。通过"文件"→"导入"命令导入图片；通过"图形设置"→"基本设置"命令设置水晶尺寸。

2）设置算点参数。调整图片亮度、对比度、锐度至合适效果，并移动图片到合适位置。单击"平面图片"选项卡，执行最小点距为 0.06mm，层数为 12，层距为 0.4mm。参数设置完成后，单击"成点"即可生成点云文件，如图 12-10 所示。

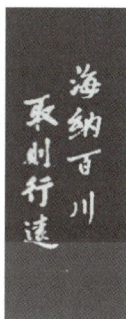

图 12-9　图像处理（二）

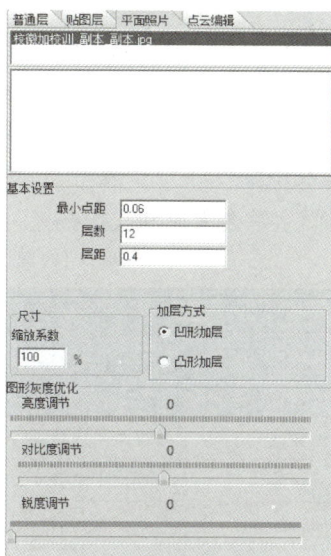

图 12-10　算点参数

155

3）导入点云文件。将点云文件导入到打点软件，通过"点云编辑"→"精准控制"命令将点云移到合适位置，如图 12-11 所示。

4）设置打点参数。雕刻前，需要调整图片尺寸和工作电压。首先，通过"尺寸"命令调整图片大小，然后单击"电压"将其调整为 9.2V，如图 12-12 所示。

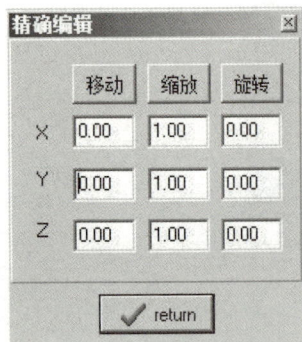

图 12-11　调整位置

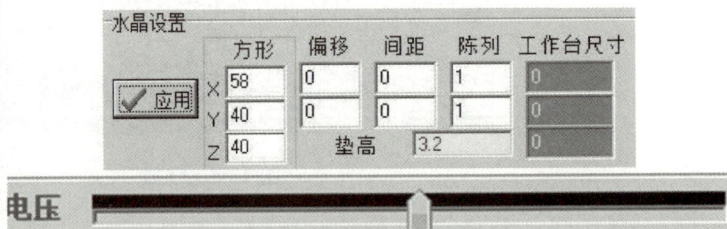

图 12-12　打点参数

（4）精确位置，内雕加工　使系统回零，并将水晶块置于工作台右上角，单击"雕刻"按钮，开始加工，如图 12-13 所示。

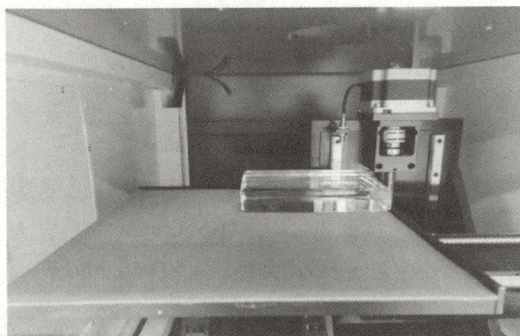

图 12-13　放置工件

（5）关机清理　退出软件，按照顺序关机，清理周边环境。

3. 评分标准

针对学生综合素质和实操技能，制定评分标准，见表 12-2。

表 12-2　激光内雕评分标准

姓名			
综合素质栏目（30%）			
评分项目	评分细则	配分	得分
衣着穿戴	穿戴不规范不得分	6	
工具摆放	摆放不整齐不得分	6	
文明操作	出现操作失误不得分	6	
应急处理	应急处理不妥当不得分	6	
卫生清理	周边及台面未清理不得分	6	

（续）

实操技能栏目（70%）			
评分项目	评分细则	配分	得分
修饰照片	校正色彩正确得分，否则不得分	10	
算点参数	算点参数设置合理得分，有误酌情扣分	10	
调整设备	设备调整合适得分，否则不得分	20	
设置加工参数	加工参数设置合理得分，有误酌情扣分	20	
内雕效果	效果清晰得分，不清晰酌情扣分	10	
合计		100	

否定项说明：
1. 不符合衣着穿戴规范的人员禁止加工；
2. 操作过程中出现危及自身及他人安全的状况将禁止加工；
3. 不服从指导教师指挥，强行进行加工的情况将禁止加工；
4. 因个人操作失误导致设备故障且当场无法排除的将禁止加工。

12.6　非金属激光切割

12.6.1　非金属激光切割机的基本原理

非金属激光切割是一种通过高能量密度激光实现非金属板材切割的加工方法，具有切割速度快、加工精度高、热影响区域小、切缝平滑、无机械应力等特点。

非金属激光切割机的工作原理可概括为聚焦光路和切割运动两个过程。聚焦光路时，激光器输出的激光经一系列反射镜反射至聚焦镜上，经聚焦镜聚焦后形成具有高能量密度的激光光斑，以作用于板材切割；切割时，由计算机控制激光头在 X-Y 平面上运动，从而使激光束完成图案扫描或轮廓切割，如图 12-14 所示。通常情况下，非金属激光切割机还需通过辅助气体吹除装置排除切缝处的熔渣。

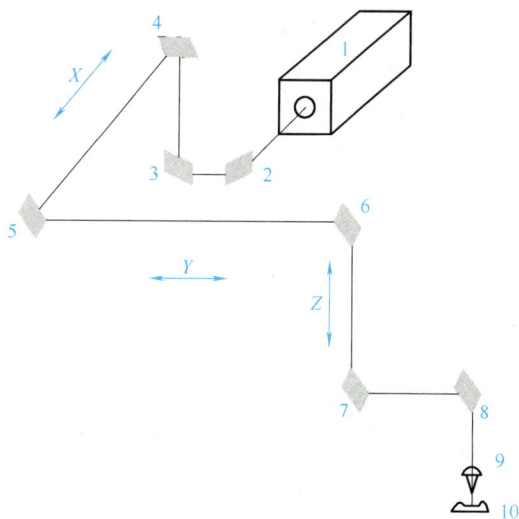

图 12-14　激光切割原理图

1—激光器　2—反射镜 1　3—反射镜 2　4—反射镜 3　5—反射镜 4　6—反射镜 5　7—反射镜 6　8—反射镜 7　9—聚焦镜　10—工件

12.6.2　非金属激光切割机的结构组成

1. 系统构造

从机器结构来看，非金属激光切割机由机械系统、光学系统、传动系统、控制系统和辅助系统五部分组成，其中光学系统是非金属激光切割机的核心。

（1）机械系统　该系统由机盖、导轨、底座、反射镜架等机械配件组成。

（2）光学系统　该系统由激光电源、激光管、激光头、反射镜和聚焦镜组成。

（3）传动系统　该系统由三条高精度直线导轨、步进电机和若干齿轮组成。

（4）控制系统　该系统由高速 DSP 控制卡、开关电源、步进电机驱动器组成。

（5）辅助系统　该系统包括水冷机、吹气压缩机和抽烟排风机等。

完整的光学系统由激光电源、激光管、激光头、反射镜和聚焦镜组成，其中激光管是该系统的核心部件。激光管采用套管式结构，即内层为放电管，中间层为水冷套管，外层为储气管，如图 12-15 所示。

放电管长度与输出功率成正比，一定长度范围内，每米输出的功率随总长度的增加而增加。储气管两端分别通过小孔和螺旋形回气管与放电管相通，可以使气体在两条管道中循环流动，确保放电管中的气体随时交换。水冷套管的目的是冷却工作气体，使其稳定输出。

2. 控制面板

通过控制面板，可以稳定控制机器运行，如图 12-16 所示。

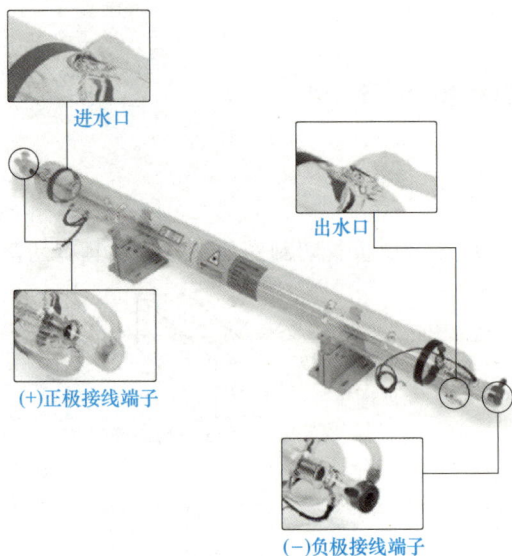

图 12-15　激光管结构

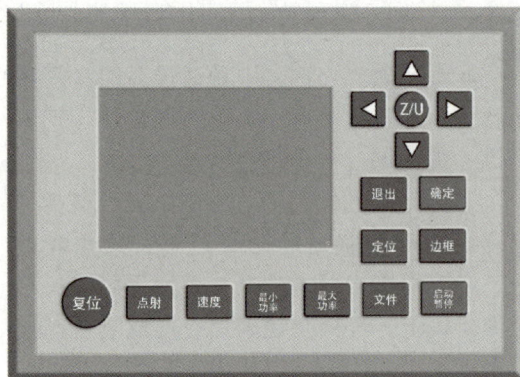

图 12-16　控制面板

控制面板主要按钮功能见表 12-3。

表 12-3　控制面板主要按钮功能

序号	按钮名称	功能定义
1	复位	复位主板,机器在任何状态下按下此键都会进入复位状态,并返回定位点
2	点射	激光点射出激光,用于测试。按键一次,出光一次,便于调整光路
3	速度	设置当前加工速度值
4	最大功率/最小功率	调整激光当前加工最大或最小功率
5	退出	用于停止工作,关闭菜单,取消设置,退出当前状态返回上级菜单
6	确定	进入编辑状态,确认当前操作
7	定位	设置当前加工的起始点

12.6.3　非金属激光切割机的操作步骤

1. 平放材料

将切割材料平放于工作台合适位置，保证其平整性。如若材料有翘边或轻微弯曲现象，在不影响激光头运动的情况下可使用强力吸铁石固定。

2. 起动机床，调整焦距

起动机床，依次打开风机、水箱、计算机、机器开关和激光电源开关。然后根据切割材料的厚度，选取聚焦块，调整工作台 Z 轴，使激光头下方与工件上表面距离与聚焦块的厚度相同，保证切割精度。

3. 设计图形

设计图形时，既可以使用 AutoCAD 设计软件，也可以在配套切割软件中绘制编辑，通过简单图形指令完成图形设计。使用 AutoCAD 软件绘制图形时，需将其保存为 dxf、lcp、plt 格式，将其传至非金属激光切割机。

如对已有图片进行扫描切割，需先进行图像处理，调整对比度。将处理完成的图片导入软件，并确定切割外缘边框的图层及参数，即可传至设备进行切割。

4. 设置参数

非金属激光切割机有"激光扫描""激光切割""激光打孔"和"激光划线"四种加工模式，其中"激光扫描"和"激光切割"两种模式最为常用。

激光扫描的工作原理类似于激光打标，是一种通过表面烧蚀将图片文字标刻在材料表面的方法，常采用较快的速度和较小的功率。图片颜色较深时宜采取较小的功率，较浅时采取较大的功率。木板的扫描速度一般为 200~600mm/s，功率为 10%~30%。

激光切割适用于图形线性切割。若只需要对表面进行烧蚀形成线条痕迹，建议采用较快的速度和较小的功率。以木板为例，通常选取速度为 200~400mm/s，功率为 5%~15%。若需要切割材料，建议采用较慢的速度和较大的功率，以 2mm 木板为例，通常选取速度为 40~80mm/s，功率为 50%~70%。

5. 切割加工

将文件传至机器，通过控制面板上的"边框"按钮确定图形切割边界的合理性，以保证足够的切割空间。确认无误后即可进行切割。

6. 关机清理

加工结束后，按照顺序依次关闭激光电源开关、机器开关、计算机、水箱、风机，并清理桌面及周边卫生。

12.6.4　非金属激光切割实训案例

1. 案例描述

本项目以学校校徽为案例进行实践。通过实践，让学生了解学校历史底蕴，增强文化自信和社会责任感，并在劳动过程中获得幸福感，激发创造热情，助力课堂创造性转化、创新性发展。

实训要求：零件材质 3mm 木板，切割尺寸 70mm×70mm，要求激光切割，如图 12-17 所示。

实训设备及工、量具：非金属激光切割机、木板、钢直尺、激光护目镜。

2. 制作过程

（1）平放材料　将 3mm 木板平放在设备工作台上，并使用吸铁石固定。

（2）起动机床，调整焦距　接通电源并按照一定顺序开机。通过选取合适的聚焦块，调整激光头与工件之间的距离，完成对焦工作，如图 12-18 所示。

图 12-17　校徽照片

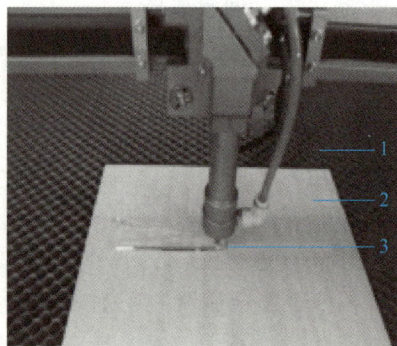

图 12-18　调整焦距

1—工作平台　2—材料　3—调焦尺

（3）设计图形　案例使用现有图片，不需设计。打开切割软件，单击"文件"→"导入"命令导入图片，并调整图片大小至合适尺寸。运用 AutoCAD 软件绘制外圆切割轮廓，使其与校徽外形重合。选择"图层"工具栏里的相应颜色的图层，区分激光扫描和激光切割命令，如图 12-19 所示。

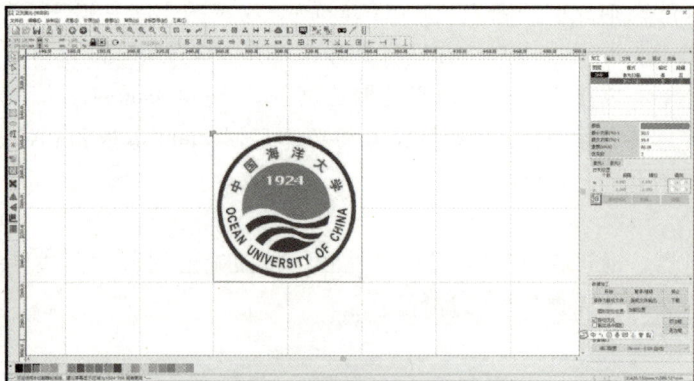

图 12-19　二维建模和修饰照片

（4）设置参数　使用 3mm 木板，设置切割速度为 60mm/s，功率为 70%～75%，扫描速度为 600mm/s，功率为 15%～18%，如图 12-20 所示。

（5）切割加工　单击控制面板上的"文件"按钮，即可显示预览图，确认无误后，单击"确定"按钮。然后将激光头移至切割图形的左上角，单击"定位"按钮，并通过"边框"命令确定图形切割边界。最后，单击"启动"按钮，切割指定图形，如图 12-21 所示。

（6）关机清理　退出软件，按照顺序关机，清理周边环境。

3. 评分标准

针对学生综合素质和实操技能，制定评分标准，见表 12-4。

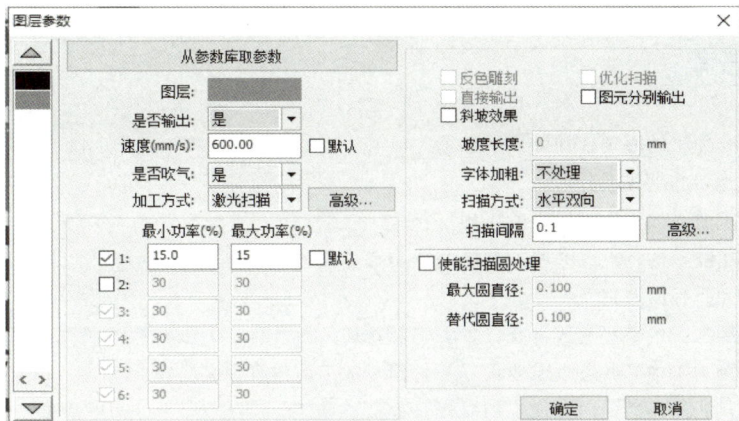

图 12-20　设置参数

图 12-21　加工完成（二）

表 12-4　激光切割评分标准

姓名			
综合素质栏目（30%）			
评分项目	评分细则	配分	得分
衣着穿戴	穿戴不规范不得分	6	
工具摆放	摆放不整齐不得分	6	
文明操作	出现操作失误不得分	6	
应急处理	应急处理不妥当不得分	6	
卫生清理	周边及台面未清理不得分	6	
实操技能栏目（70%）			
评分项目	评分细则	配分	得分
修饰照片	校正色彩正确得分，否则不得分	10	
调整设备	设备调整合适得分，否则不得分	10	
设置工件参数	工件参数设置正确得分，有误酌情扣分	10	
设置加工参数	加工参数设置合理得分，否则不得分	10	
打印效果	效果清晰得分，不清晰酌情扣分	10	
制作创新性	根据打印效果，酌情得分	20	
合计		100	

否定项说明：

1. 不符合衣着穿戴规范要求的人员禁止进行加工操作。

2. 操作过程中出现危及自身及他人安全状况的将禁止进行加工操作。

3. 不服从指导教师指挥，强行进行加工的情况将禁止加工操作。

4. 因个人操作失误导致设备故障且当场无法排除的将禁止加工操作。

练习与思考

12-1　简述激光加工的原理，并画出示意图。

12-2　简述激光器的组成及分类。

12-3　简单举例激光加工在生活中的应用。

12-4　激光加工技术的特点有哪些？常用的分类有哪几种？

12-5　简述激光打标的原理及特点。

12-6　激光内雕加工中哪些参数需要设置？它们对加工质量有什么影响？

12-7　激光切割加工中哪些参数需要设置？它们对加工质量有什么影响？

12-8　自选案例，简述激光内雕加工的操作过程。

12-9　自选案例，简述激光打标加工的操作过程。

12-10　自选案例，简述非金属激光切割加工的操作过程。

拓展阅读

国内首次实现独立自主完成业务化应用星地激光高速图像传输试验

长光卫星技术股份有限公司（以下简称长光卫星）使用自主研制的车载激光通信地面站，与"吉林一号"星座 MF02A04 星星载激光终端开展了星地激光高速图像传输试验并取得成功（图 12-22）。这标志着长光卫星已成功实现星地激光高速图像传输全业务链的工程化，这也是我国首次实现独立自主完成业务化应用星地激光高速图像传输试验。

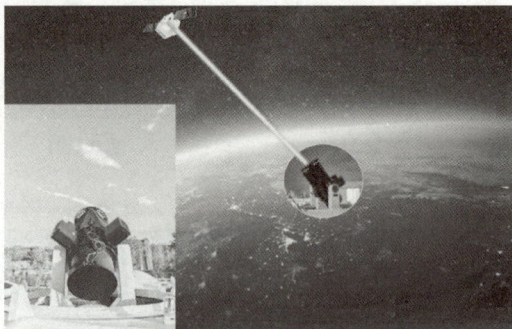

图 12-22　星地激光高速图像传输

"吉林一号"星座是长光卫星在建的核心工程，随着星座时空分辨率的不断提高，其产生的数据量呈几何级增长。2020 年初，长光卫星意识到，星地数传链路带宽已成为制约卫星海量数据下传的"卡脖子"问题，而激光通信因具有高带宽、低延迟、安全性好等特点，成为海量数据超高速传输的最佳解决方案之一。2020 年 3 月，长光卫星同步组建基于业务化应用的"车载激光通信地面站"与"星载激光通信终端"攻关团队。车载本着"应做尽做"的设计原则，星载本着"简洁可靠"的设计原则，采用天地一体联合设计理念，全面开展研制工作。2023 年 4 月 8 日，车载激光通信地面站与星载激光通信终端完成地面水平对接测试，水平距离 500m，实现了下行 10Gbt/s、上行 10Mbt/s 双向激光通信。2023 年 6 月 14 日，车载激光通信地面站与"吉林一号"MF02A04 星星载激光终端开展了星地双向捕获跟踪试验，首次完成星地双向建链。2023 年 10 月 5 日，车载激光通信地面站接收 MF02A04 星星载激光终端下传的 120GB 遥感图像，完成首次星地双向高速激光图像传输试验。

长光卫星自主研发的激光通信地面站采用了车载构型，不仅具备高带宽和小型化的特点，同时可以随时移动、随地部署，通过地面站站址的灵活变化，为躲避极端天气、大气湍流提供了有效支撑，这一特性将为星地激光数传的可靠性和稳定性带来巨大的提升。长光卫星激光通信地面站技术负责人王行行介绍："本次星地激光图像传输试验通信带宽达10Gbt/s，是传统微波数传带宽的 10 倍以上。未来，长光卫星计划将这一带宽扩展到 40~100Gbt/s，并在全国多处布站，这将极大提升'吉林一号'遥感影像数据获取的效率。"

长光卫星自成立以来，致力于用科技创新推动卫星技术的进步及航天事业的发展，星地激光高速图像传输技术的应用将为灾害预警、环境监测、资源管理等领域提供更多实时、优质的遥感数据，为国家经济社会高质量发展和社会公共需求提供更好的技术支撑和服务。

第13章

智能制造

13.1 概　　述

　　智能制造（Intelligent Manufacturing，IM）是由计算机技术、通信技术、自动控制技术、人工智能技术、可视化技术、数据搜索与分析技术等共同支撑，且与专家智慧、管理流程和经营模式结合形成的制造服务状态。狭义上来讲，智能制造是一种由智能机器和人类专家共同组成的人机一体化智能系统，能够进行分析、推理、判断、构思和决策等智能活动。通过智能机器，扩大、延伸甚至部分取代人类在制造过程中的脑力劳动，将制造自动化的概念更新到柔性化、智能化和高度集成化的层面。

13.2 智能制造技术基础

13.2.1 智能制造的本质

　　智能制造是智能技术与制造技术的深度融合。传统制造技术在智能技术的引导下，向更加成熟高效的方向进步，并以智能制造技术的方式赋能制造工厂向数字化、智能化转型。

　　智能制造包含智能制造技术（IMT）和智能制造系统（IMS）。

　　智能制造技术是指利用计算机，综合应用人工智能技术（如人工神经网络）、智能制造机器、代理技术、材料技术、现代管理技术、制造信息技术、自动化技术、并行工程技术、生命科学技术和系统工程理论方法，使整个企业生产系统中的各个子系统智能化，并升级成网络集成、高度自动化的制造系统，以具备智能分析、判断、推理、构思和决策活动的能力，将上述智能活动与智能机器有机融合，实现企业经营运作的高度柔性化和集成化，进一步取代或延伸制造环境中专家的部分脑力劳动，并对智能信息进行收集、存储、完善、共享、继承和发展的一种先进制造技术。

　　智能制造系统是智能技术集成应用的环境，也是得以展现智能制造模式的载体。IMS 理念建立在自组织、分布自治和社会生态学机制上，目的是通过设备柔性和计算机人工智能控制，自动完成设计、加工和过程管理，提高制造有效性。由于知识经济是继工业经济后的主体经济形式，而智能制造系统突出了知识在制造活动中的价值地位，因而使智能制造成为影响未来经济发展的主要制造模式。

　　对智能制造而言，数字化是手段，网络化是基础，智慧化是目标。首先，数字化的重点在于从单点的数字化模型表达向全局、全生命周期模型化表达及传递体系进行转变，实现数字量体系的传递；网络化在于打通设计工艺，并向系统工程、并行工程、模块化支撑下的产品全生命周期及生产全生命周期的广域协同模式进行转变；智慧化，就是从过去的经验决策向大数据支撑下的智慧化研发和管理模式进行转变。

13.2.2 智能制造的显著特征

和传统制造相比，智能制造集自动化、柔性化、集成化和智能化于一身，具有实时感知、优化决策和动态执行三个方面的优点。具体来说，智能制造具有以下鲜明特征。

（1）自组织和超柔性 智能制造中的组成单元能够根据工作需要快速组建新系统，并以最优的柔性方式运行。同时，对于快速变化的市场、变化的制造要求有很强的适应性，其柔性不仅表现在运行方式上，也表现在结构组成上，所以称这种柔性为超柔性。例如，在当前任务完成后，该结构能够自行解散，以便在下一任务中组成新的结构。

（2）自律能力 智能制造具有搜集理解环境信息，并进行分析判断和规划自身行为的能力。它可以监测周围环境和自身作业状况并进行信息处理，根据处理结果自行调整控制策略，以采用最佳运行方案使整个制造系统具备抗干扰、自适应和容错纠错能力。具有自律能力的设备称为"智能机器"，该机器既可以表现出独立性和自主性，还可以实现协调运作与竞争。

（3）自我学习和自我保护 智能制造系统基于原有的专家知识库，能够在实践中充实完善知识库且剔除不适用的知识，实现知识库的升级优化，具有自学习功能，与此同时，还具备自行诊断、排除故障和维护的能力，能够更好地使智能制造系统自我优化并适应各种复杂的环境。

（4）人机一体化 智能制造是一种"混合"智能，即人机一体化的智能系统。从人工智能的发展现状来看，基于人工智能的智能机器只能进行机械式的推理、预测和判断，只能具有逻辑思维，最多做到形象思维，完全做不到灵感思维。因此，现阶段想以人工智能全面取代制造过程中人类专家的智能，独立承担起分析、判断和决策任务是不现实的，但人机一体化可以突出人在制造系统中的核心地位，并在智能机器的配合下更好发挥人的潜能，使人机之间表现出一种平等共事、相互理解、相互协作的关系，二者各显其能，相辅相成。

（5）网络集成 智能制造系统既强调各个子系统的智能化，又注重整个系统的网络化集成。这种网络集成包括两个层面：一是企业智能生产系统的纵向整合和网络化，网络化的生产系统可以利用信息物理系统（CPS）实现工厂对订单需求、库存水平变化以及突发故障的迅速反应；二是价值链横向整合，与生产系统网络化相似，全球或本地的价值链网络通过CPS连接，包含物流、仓储、生产、市场营销，甚至下游服务。任何产品的历史数据和轨迹都有据可查，仿佛产品拥有了"记忆"功能。

（6）虚拟现实 虚拟现实是以计算机为基础，融合信号处理、智能推理、动画、预测、仿真、多媒体等技术为一体，借助各种音像和传感装置，虚拟展示现实生活中的各种过程和物件。基于虚拟现实的新一代智能界面，可以用虚拟手段表现现实，模拟实际制造过程和未来产品，属于智能制造的显著特征。

13.3 智能制造参考架构

参考架构（Reference Architecture，RA）是一种系统设计蓝图，用来描述系统各部分物理或概念对象的基本排列和连接关系。它在给定的"域"上按相应规则或约束条件，对构成系统的各个组件及其组件间的互联、动作或活动进行描述。

参考架构给出了系统结构设计的共性解决方案模板，具有通用性、一致性、适用性和抽象性的特点，既对具体行业产生主导作用，又具有不同行业的通用性。因此，参考架构被广泛用于描述复杂系统的顶层结构和内部关系，针对特定域或项目，又可根据实例对参考架构进行调整。

采用参考架构，可以对智能制造的概念、内涵和范围等建立统一、规范的标准，便于不同行业、领域进行技术交流，并用于指导智能制造在企业的具体应用实践。

智能制造参考架构模型是在给定的域空间，对智能制造系统的模块、组件、接口和功能等采用一致、通用的定义术语和描述语言，对抽象结构描述进行整理归纳。建构智能造参考架构，需考虑以下三个基本要素。

1）物理结构，用来描述构成智能制造系统的资源或组件。

2）功能结构，用来描述系统工作所需要的功能或活动。

3）分配体系结构，用来对物理结构和功能结构进行集成。

近年来，国际上不同的工业组织和研究团体发布了多种智能制造参考架构模型。常用的智能制造参考架构模型有工业 4.0 参考架构模型、智能制造生态系统、工业互联网参考架构、智能制造系统架构、物联网架构参考模型、智能制造标准路线图框架、工业价值链参考架构等，见表 13-1。

表 13-1 智能制造参考框架

序号	模型名称	指定组织	模型特点
1	工业 4.0 参考架构模型	德国工业 4.0 平台	①三个维度：类别、生命周期和价值链、递阶层级 ②三大集成：横向、纵向和端到端集成 ③智能工厂 ④嵌入式智能 ⑤智能产品和自治制造系统
2	智能制造生态系统	美国国家标准与技术研究院（NIST）	①四个层次：设备层、网络层、服务支持和应用支持层、应用层 ②跨层能力：管理能力、安全能力 ③互联和通信：任意物体、任意时刻、任意地点
3	工业互联网参考架构	工业互联网联盟（IC）	①四个视角：业务、使用、功能、实现 ②工业互联网、工业软件、信息数据链驱动、模型高级分析、开放和智能 ③9 大系统特性
4	智能制造系统架构	中国国家智能制造标准化总体组	①三个维度：生命周期、系统层级、智能功能 ②标准体系架构 ③五种核心技术装备 ④五种新模式

（续）

序号	模型名称	指定组织	模型特点
5	物联网概念模型	ISO/IEC JTC1/WG10 物联网工作组	①提供公共结构和定义用于描述物联网系统中实体之间的概念和关系 ②基于修正的 UML 类图表示法
6	IEEE 物联网参考模型	IEEE P2313 物联网工作组	①定义多种参考模型及其关系 ②协同不同参考模型以达到相同的系统质量 ③使用 ISO/IEC/IEEE 42010 中规定的符号进行描述
7	ITU 物联网参考模型	ITU-T SG20 物联网及其应用	①四个层次：设备层、网络层、服务支持和应用支持层、应用层 ②跨层能力：管理能力、安全能力 ③互联和通信：任意物体、任意时刻、任意地点
8	物联网架构参考模型	oneM2M 物联网协议联盟	①三个层次：应用层、公共服务层、网络服务层 ②专注于物联网应用层标准制定，以实现各领域信息互通
9	全局三维图	ISO/TC184 自动化系统与集成	①使用"全局图"矩阵识别已有标准 ②三个维度：角色层级、价值链和全生命周期
10	智能制造标准路线图框架	法国国家制造创新网络（AIF）	①提供现行标准的映射和连接，通过未来工厂数字模型描述行业活动 ②给出一种分析过程
11	工业价值链参考架构（IVRA）	日本工业价值链计划（IVI）	定义一种智能制造单元，包括资产、活动管理视角三个维度

13.3.1　德国工业 4.0 参考架构模型

工业 4.0 参考架构模型（Reference Architecture Model Industrie 4.0，RAMI 4.0）是由德国发布的一种智能制造参考模型，旨在为智能制造价值链提供包含构建、开发、集成和运行等要素的系统框架。通过建立智能制造参考模型，可以将现有标准（如工业通信、建模、信息安全、设备集成、数字工厂等）和拟定的新标准（如数据字典、互联互通、系统能效、大数据、工业互联网等）一同纳入整体制造参考体系。

工业 4.0 参考架构模型涵盖架构等级、层级和价值链三个维度，构成了一个三维立体空间。理论上，任何组织的任何业务都可以在该模型中找到自己的空间位置，所有相关的三维坐标构成整体的公司业务情况，如图 13-1 所示。

第一个维度是架构等级，在 IEC 62264 企业系统层级架构的标准基础上补充了产品或工件的内容，并由个体工厂拓展至"连接世界"，从而体现工业 4.0 针对产品服务和企业协同的要求。

第二个维度是层级，也被认为是信息物理系统的核心功能，以各层级的功能来体现。具体来看，资产层是指机器、设备、零部件及人等生产环节的每个单元；集成层是指一些传感器和控制实体；通信层指的是专业的网络架构；信息层是指对数据的处理与分析过程；功能层是企业运营管理的集成化平台；商业业务层指的是各类商业模式和业务流程，以各类业务活动为主要体现。

第三个维度是价值链，即以产品全生命周期为视角，描述以零部件、机器和工厂为典型

167

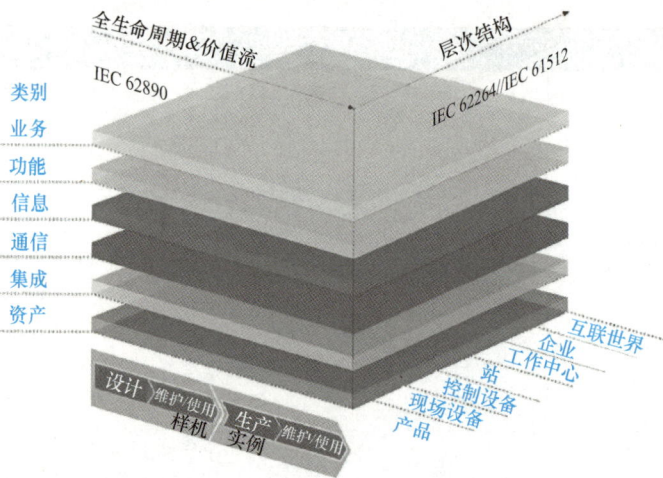

图 13-1 德国工业 4.0 参考架构模型

代表的工业要素从虚拟原型到实物的全过程，具体体现为三个方面：一是基于 IEC 62890 标准，将其划分为虚拟原型和实物制造两个阶段；二是突出零部件、机器和工厂等各类工业要素拥有虚拟和现实两个过程的"数字孪生"特征；三是在价值链构建过程中，工业生产要素之间依托数字系统紧密联系，实现工业生产环节的完整性。

目前公布的 RAMI4.0 模型已经覆盖工业网络通信、信息数据、价值链和企业分层领域。采用现有标准，将有助于提升参考架构的通用性，从而更广泛地指导不同行业企业开展工业4.0 实践。

13.3.2 我国智能制造系统架构

智能制造是一种基于新一代信息技术和先进制造技术深度融合，贯穿于设计、生产、管理、服务等产品生命周期，具有自感知、自决策、自执行、自适应、自学习等特征，旨在提高制造业质量、效率和效益的柔性生产方式。从生命周期、系统层级和智能特征三个维度对智能制造所涉及的要素、装备、活动进行描述，用以明确智能制造的标准化对象和范围，如图 13-2 所示。

1. 生命周期

生命周期涵盖从产品原型研发到制造再到产品回收的各个阶段，包括设计、生产、物流、销售、服务等一系列相互联系的价值创造活动。生命周期的各项活动可进行迭代优化，具有可持续性发展的特点，不同行业的生命周期构成和时间顺序不尽相同。

1）设计是根据企业约束条件对需求进行实现和优化的过程。

2）生产是对物料进行加工、运送、装配、检验等活动创造产品的过程。

3）物流是将物品从供应地向接收地的实体流动过程。

4）销售是指产品或商品从企业转移到客户手中的经营活动。

5）服务是产品提供者与客户接触过程中所产生的系列活动。

2. 系统层级

系统层级是指与企业生产活动相关的组织结构的层级划分，包括设备层、单元层、车间层、企业层和协同层。

1）设备层是指企业利用传感器、仪器仪表、机器、装置等实现、感知和操控物理流程的层级。

2）单元层是指用于企业内处理信息、实现监测和控制物理流程的层级。

3）车间层是面向工厂或车间的生产管理层级。

4）企业层是面向企业经营管理的层级。

5）协同层是企业实现其内部和外部信息互联和共享，实现跨企业间业务协同的层级。

3. 智能特征

智能特征表征为制造活动本身所具有的自感知、自决策、自执行、自学习和自适应功能，包括资源要素、互联互通、融合共享、系统集成和新兴业态五层要求。

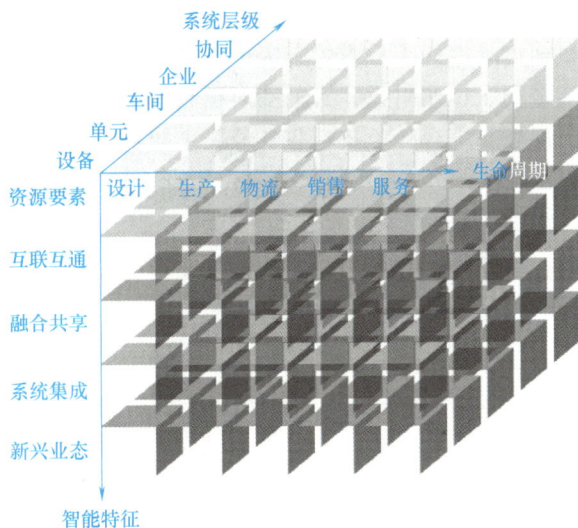

图 13-2　智能制造系统架构

1）资源要素是指企业从事生产时所需要使用的资源、工具及其数字化模型所在的层级。

2）互联互通是指通过有线或无线网络、通信协议与接口实现资源要素之间数据传递与参数语义交换的层级。

3）融合共享是指在互联互通的基础上，利用云计算、大数据等新一代信息技术实现信息协同共享的层级。

4）系统集成是指企业实现智能装备、生产单元、生产线、数字化车间、智能工厂之间以及智能制造系统之间的数据交换和功能互连的层级。

5）新兴业态是指基于物理空间不同层级资源要素和数字空间集成与融合的数据、模型及系统，建立涵盖认知、诊断、预测及决策等功能且支持虚实迭代优化的层级。

13.4　智能制造运行平台

13.4.1　智能制造工艺规划

产品设计的数字化、制造技术的自动化以及信息系统与物理硬件集成化是成功实施智能制造的前提。产品设计工艺规划是智能制造的关键环节之一。

与传统工艺相比，智能制造工艺既能减少人工依赖，又能发挥智造优势，提高加工质量。本节以自动生产线为基础，对东方红3号科学考察船进行工艺设计。

1. 产品介绍及结构分析

"东方红 3"是我国自主研发的新一代深海大洋综合科学考察实习船，由中国船舶工业集团第七〇八所设计，江南造船（集团）有限责任公司建造，于 2019 年 6 月交付中国海洋大学使用，是国内首艘、国际上第 4 艘获得 DNV SILENT-R 认证证书的海洋综合科考船，也是目前世界上同类科考船中定员最多、快速性与经济性指标最高、科考静音和电磁兼容环境标准最高、作业甲板和实验室面积利用率最大、科考和船舶数据网络信息智能化管理程度最高、船舶和综合科考技术装备最先进的新一代海洋综合科考实习船。

科考船长 103.8m、宽 18m，由船身、上层建筑、观察仓、雷达底座和雷达组成，如图 13-3 所示。考虑加工效果，采用 1：400 的比例建模生成三维数据模型。根据学校现有智造生产线，加工时，选用船身材料为工业铝，观察仓和雷达底座材料为钢，其余材料为 PLA。

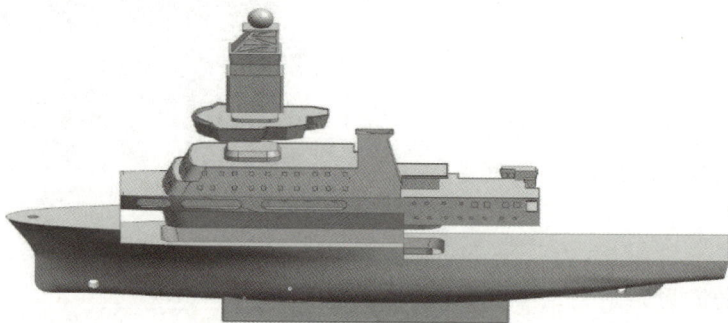

图 13-3　产品结构

2. 产品加工方案

规划工艺之前，根据产品结构选取生产设备、制定加工方式、装夹方案等。智造时，由机器人完成工件的夹取、上料、取料操作。

选用高精度五轴机床加工船身，确保曲面质量。为了更好地配合机器人装夹，选用软爪进行机床装夹；采用左右卡爪挤压方式进行机器人定位装夹。

为保证稳定的焊接质量，且使焊接缝隙光滑美观，通过机器人激光焊接技术完成雷达底座和观察仓的装配。焊接时，采用焊接台装夹工件，确保稳焊的同时旋转工件，实现一次装夹多位置焊接。

加工完成后，通过机器人配合砂轮完成工件打磨工作，表面质量得到进一步提高。接下来，由机器人配合激光打标机进行"东方红 3"的文字标刻工作，形成永久标记。

最后，以涂胶的方式进行产品组装。

为了实现更好的工件定位和分类，还需要单独设计工件托盘，并在托盘上搭配相应的定位槽。托盘底部需安装电子标签，方便产品管理。

3. 产品工艺设计

系统采用智能制造技术实现柔性化生产，充分体现了数字化和智能化的特点。产品工艺设计包括部署 MES、手机下单、RFID 物料追踪和 AGV 物流四项工作。

船模智能制造生产线是由工业机器人、柔性加工、AGV 小车运送、机床加工及 MES 系统等集成融合的智造定制加工系统，具体如图 13-4 所示。

4. 数字化三维车间建模

工艺设计完成后，利用数字化工厂软件对整个制造工艺设备进行并行工程设计，以生产大纲为基础，迅速简便地建立、分析和展示可视化工厂模型。在构建的虚拟生产线平台上，将设备三维布局、生产物流路径和物料管理数据集成，生成有关节拍、品种、物流、设备、

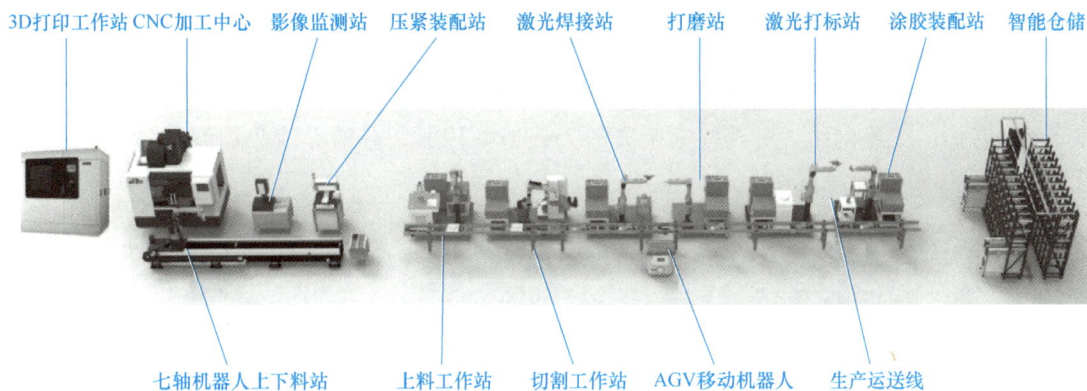

图 13-4 工艺设计

人员和安全的图表，提供数字化仿真分析报告，判断分析各种方案的优劣程度，便于评审确定优化方案，如图 13-5 所示。

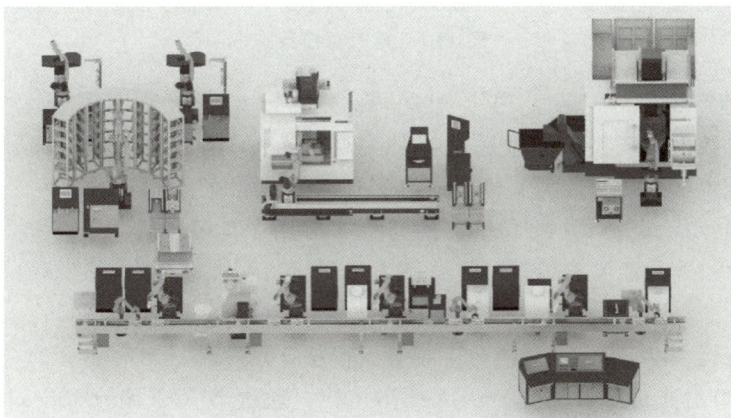

图 13-5 工艺布局示意图

5. 建立数字化仿真

利用物流仿真软件对数控加工进行可视化仿真优化，构建数控加工仿真分析模型。依据车间物流仿真分析结果，对车间的物流和缓存区现状进行评估，并结合产量及零件输送方式、车间的设备布局等因素对车间的物流输送提供优化建议。建立数字化车间物流仿真模型，实现一次建模就可在产品全生命周期中使用，以最短的时间科学高效地指导生产。

13.4.2 智能制造系统组成

船模智能制造系统是一种由智能机器和人类专家共同组成的人机一体化定制系统，具备分析、推理、判断、构思和决策等智能活动，由工业机器人、柔性加工、AGV 小车运送、机床加工及 MES 系统集成融合。

1. 电气总控系统

电气总控系统是智能定制生产系统安全运行的总控制，集生产线电源总控与各单站电源分配功能于一体。总控系统搭载西门子可编程序逻辑控制器 S7-1512 PLC，能满足高复杂性、高效协调的生产要求。

与此同时，该系统通过安装两台高配置、高性能计算机用以生产线辅助控制，便于人机交互和系统监管，以工业以太网的形式实现系统控制和数据采集。在主控平台内布置有一台企业级大功率交换机，可满足大型实训基地网络通信需求。通过简单设置即可辐射 2.4GHz 或 5GHz 频段的无线网络，实现较远距离的无线通信传输，有效保障生产线中 AGV 小车的无线通信，如图 13-6 所示。

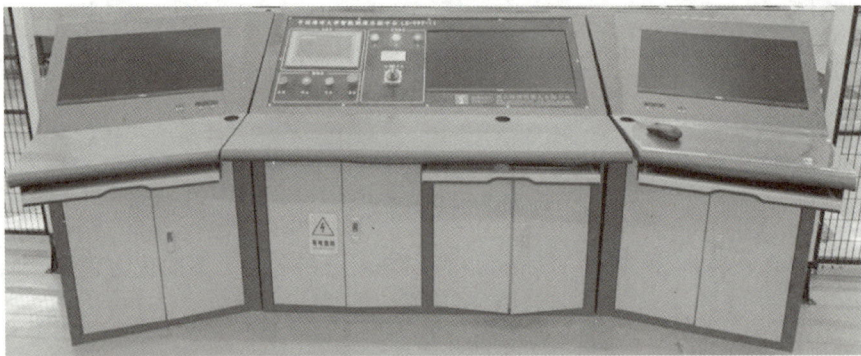

图 13-6　电气总控系统

2. 船模制造产线

船模制造产线由循环倍速链输送系统、工业机器人上料工作站、工业机器人激光切割站、工业机器人焊接工作站、工业机器人打磨打标工作站、工业机器人涂胶工作站和工业机器人装配工作站组成。各单站配有单独控制柜，可独立实现各级功能，如上下料、激光切割、激光焊接、打磨及激光打标等。设备联机运行时可实现多种定制船模的工艺和装配，如图 13-7 所示。

智造产线首尾两端与 AGV 对接台上装有定位板，是一种特制的 U 形直角板块。AGV 通过前后 Sick S300 激光传感器进行 360° 无死角定位，通过 NUC（Next Unit of Computing）计算机处理分析后，由左右双通道独立控制电动机进行精确移动，并在紧急情况下通过继电器将电动机电路短接，实现快速制动。

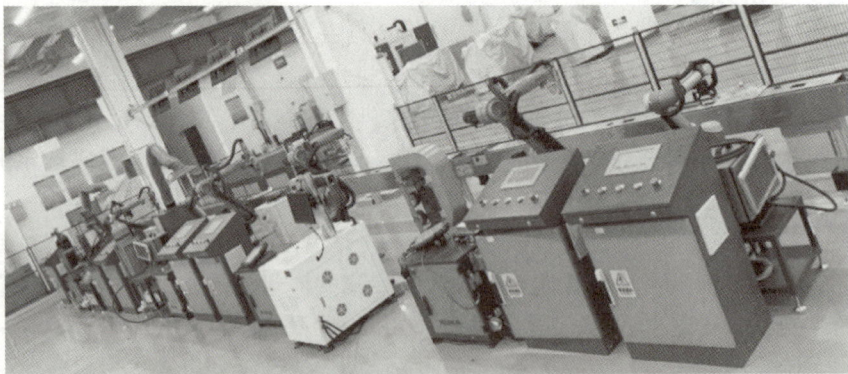

图 13-7　船模制造产线

3. AGV 系统

AGV 即自动导引小车，是一种以电池为动力，搭载左右双通道独立控制电动机、前后

Sick S300 激光传感器的高灵活可编程机器人，主要包括激光避障寻轨系统和无线网络指引系统，如图 13-8 所示。其系统技术和产品已经成为柔性生产线、柔性装配线、仓储物流自动化系统的重要载体。

　　AGV 系统由 AGV 小车、双向传送带和内部控制通信系统组成，以无线网络和 PLC 进行信号交互。当小车电量降低到一定程度（最低电量可设定）时，会自动移动到充电桩充电。

4. 智能仓储系统

　　智能仓储系统由系统本体和控制模块组成。

　　仓储系统本体由货架、工装板、KUKA R1610 工业机器人和对接台组成。环形货架以内是标准尺寸的货位空间，工业机器人穿行于货架之间的巷道中，完成存货取货工作，如图 13-9 所示。

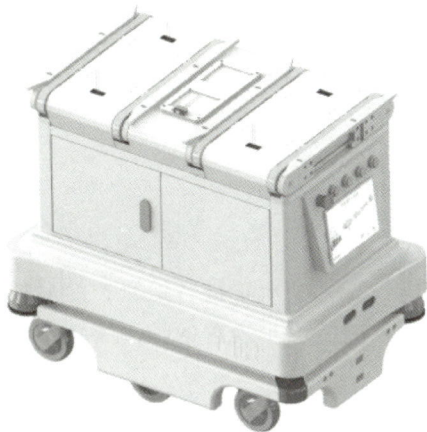

图 13-8　AGV 系统

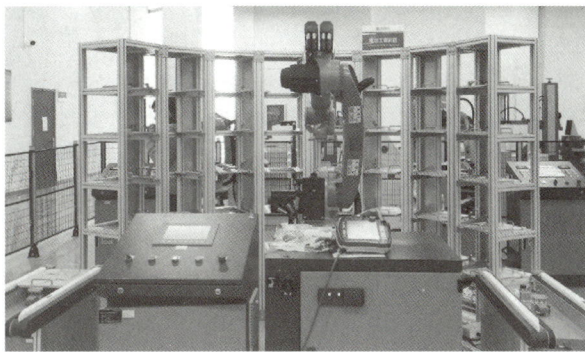

图 13-9　智能仓储系统

　　仓储系统控制模块包括管理软件和控制器。仓储管理软件基于物联网控制系统和仓储管理系统开发。用户通过智能仓储控制器实现人机交互，控制整个仓储系统，涵盖智能仓储、机器人智能搬运、智能仓储管理系统、物联网控制系统和仓储对接台。使用立体环形仓库设备可实现仓库存取位置合理化、存取自动化、操作简便化。

5. 工业 4.0 定制生产线 MES 系统

　　工业 4.0 定制生产线 MES 系统软件，是一个高度集成的组件集合，专门针对工厂内部系统的协同运作而设计，可以标准化整个企业的生产活动，并保证制造流程与供应链活动需求保持一致。MES 系统借助各个组件功能的同步与协调，完成且实时展示制造过程和操作流程。此外，一套 MES 管理系统还可以包括 8 块独立液晶屏幕，用以监控显示实时生产大数据，部分显示屏如图 13-10 所示。

图 13-10　MES 系统的液晶显示屏

6. 智能数控加工站

船模产线的智能数控加工站（图 13-11）主要用于生产船身。KUKA 工业机器人将坯料送入三轴数控机床完成粗加工，再将粗加工件取出经 AGV 小车运输至五轴数控机床，进行精加工。

图 13-11　智能数控加工站

机器人取出成品后，会将其送至图像检测系统（Ala 2500-10gm）进行检测，然后放置在对接台上，通知 AGV 小车过来取件，所有任务流程均由控制电柜内置的控制系统进行协调分配。

13.5　智能制造实训模块

13.5.1　认知实训模块

认知实训模块旨在通过平台资源和视频文件，使学生了解智能制造的显著特征、参考框架和运行平台的基本单元，并掌握智能制造的基本构成要素：智能设计、智能产品、智能生产、智能管理和智能服务。

1. 智能设计

智能设计是指应用现代信息技术，采用计算机模拟的方式实现人类思维创作活动，以提高设计智能水平的过程。智能设计既包括产品设计，也包括生产线的工艺设计、系统单元设计。

不同设计阶段采取不同的智能方法。

（1）产品规划阶段　通过各种途径收集与客户产品需求有关的数据信息，采用智能化数据分析手段识别分析客户需求，设定产品目标和规格，获取设计要求。

（2）方案设计阶段　在功能结构的分析基础上，确定产品原理方案和概念构想。通过智能创新方法进行概念筛选，确定具体任务需求；然后采用智能映射、智能决策、产品设计综合评价等方法优选确定方案，并给出实现功能结构的概念设计。

（3）结构设计阶段　应用专业方法进行设计、迭代和优化。设计时，可灵活采用多专家系统协同、智能特征技术、智能装配技术、虚拟仿真和试验、快速原型和虚拟现实等智能虚拟工具。

（4）施工设计阶段　基于全部设计，拟定出实现设计对象的制造工艺，给出相关施工指导文件。

2. 智能产品

智能产品定义为一类由产品、传感器、通信单元、微处理器和控制器等组成的嵌入式系统。从功能角度而言，智能产品是一类具有感知、计算、数据存储、通信和交互等智能化特征的产品装备。

智能产品具备以下功能。

（1）自感知功能　智能产品嵌有各种传感器，通过对环境中的温度、压力、振动、噪声等物理量的检测，能够实现产品自身工作状态、所处环境的自感知。

（2）自诊断功能　智能产品能够对工作过程中感知的信号和数据进行存储计算，实时监测工作环境和工作状态，对故障进行判别、诊断和报警。

（3）自适应功能　智能产品能够在辨识自身和环境状态的基础上，自适应地调整内部算法和参数，从而适应自身和外部环境的变化。

（4）自决策功能　智能产品能够在服务过程中，根据自感知信息和自诊断结果做出优化操作、协调控制的决策。

依靠感知、计算、存储、通信和交互等特征，智能产品能够提供产品在整个生命周期的状态信息，确保在不受任何人为干预的情况下感知环境或与其物理环境进行交互，从而提高产品适用性和竞争力。智能产品的自感知、自诊断、自适应和自决策功能，将为智能生产系统提供材料、设计、工艺、质量等方面的数据信息，并进行实时管理，优化智能工厂的物流、生产、维护和业务流程。

3. 智能生产

赛博物理系统（Cyber Physical Systems，CPS）应用于智能制造中，通过一种新的形式将智能机器、存储系统和生产设施结合，使人、机、物相互独立地交换信息、触发动作和自主控制，实现一种智能的、高效的、个性化的、自组织的生产方式，构建出智能工厂，实现智能生产。赛博物理生产系统是基于"数字孪生"构建的生产系统，可实现"人—机—物"之间、物理系统和赛博系统之间的网络互联、信息共享，从而在赛博空间对生产过程进行实时仿真、优化决策和精准执行。

4. 智能管理

智能管理是指新一代信息技术、管理科学、先进制造技术和制造工程相互结合、相互渗透而产生的新应用，旨在综合利用先进管理理论、方法、技术系统，提高企业生产质量和效率，拓展价值增值空间，保证生产运营系统安全，满足大规模批量定制生产、个性化小批量生产的现代生产需求。

智能管理主要包含制造运营管理和商务运营管理。制造运营管理涉及设备、仓储、能源、生产、跟踪和质量的各个方面，如收货和运输、生产和工艺、工程和优化、生产绩效报告和分析、详细生产计划和日程安排、工厂和设备维护、原材料/能源采购和库存、生产跟踪和可视化、人力资源和劳动力、质量保证等。商务运营管理包括生产需求和供应、产品和生产定义、产品和生产能力、业务和生产绩效等企业计划。

5. 智能服务

智能服务主要包含 4 个层次。

第一层：内部基础设施中的信息和通信技术使实体产品和服务更容易与数字世界连接，而外部基础设施则需要有一个高速互联网络用以处理大量数据。

第二层：连接物理平台。每个连接的设备都可以理解为互联网中产生新数据的节点，所有节点建立了一个新的连接网络，拥有丰富的数据。这些连接的设备既可以是移动电话、汽车，也可以是生产过程中使用的机器。

第三层：软件定义平台。在这一层级，由传统的托管或使用云来提取分析现有数据，以便将基本信息与新知识联系起来。

第四层：服务平台。该平台为每个客户提供数字和物理服务。

13.5.2 基础实训模块

在认知基础模块的基础上，通过产品三维设计、数控加工编程和工业机器人编程三个实例，进一步讲解产品三维建模、数控加工、机器人编程及 PLC 编程，加深学生对智能制造生产线的认识。

1. 产品三维设计实例

如图 13-12 所示，以"东方红 3"科考船船身为例，演示建模过程。

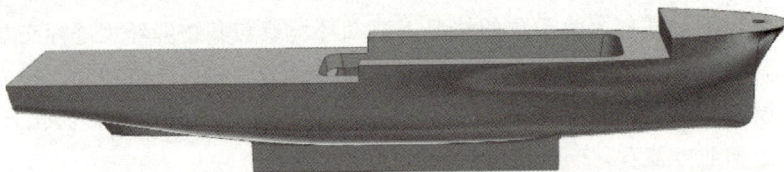

图 13-12　船身模型

（1）创建项目文档　打开 NX 建模软件，单击"新建"命令，选择"模型"并输入名称，单击"确定"按钮，进入零件建模界面，如图 13-13 所示。

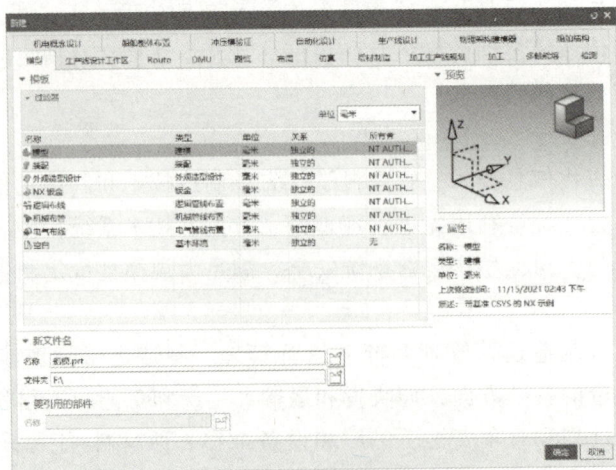

图 13-13　创建项目文档

（2）创建基本轮廓　单击工具栏"草图"命令，选择 XY 视基准面进行草图绘制。首先，对船身基本轮廓进行创建。通过"直线"/命令，在水平方向创建长度为 300mm 的直线。通过"样条曲线"/命令绘制轮廓。选择 XZ 视基准面进行草图绘制，通过"直线"/和"圆弧"/命令创建草图，如图 13-14 所示。

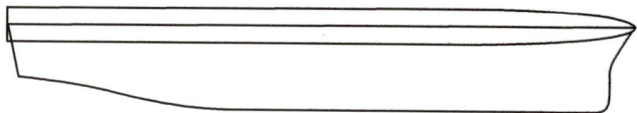

图 13-14　创建基本轮廓

（3）创建侧部轮廓　单击基准平面◇命令，通过 YZ 视基准面创建多个平行基准面，也可通过阵列特征创建基准面。通过"直线"/、"圆弧"/、"样条曲线"/、"几何约束"⊠、"综合投影"/等命令在各个基准面上完成二维图绘制，如图 13-15 所示。

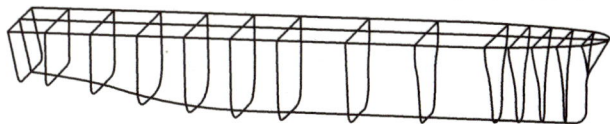

图 13-15　创建侧部轮廓

（4）创建实体 1　首先，通过"组曲线"/、"曲线网络"/等命令创建船模曲面片体；接下来通过"组合"/、"修建片体"/、"延伸片体"/等命令修剪片体；最后通过"修建片体"/命令完成实体建模，如图 13-16 所示。

图 13-16　创建实体 1

（5）创建外部草图　单击"草图"命令，分别选择 XY、XZ 上下视基准面进行草图绘制。通过"直线"/、"圆弧"/等命令完成草图绘制，如图 13-17 所示。

a)

b)

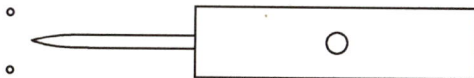

c)

图 13-17　创建外部草图

a）前视图　b）俯视图　c）仰视图

（6）创建实体 2　单击"拉伸"命令，逐步选择三个草图，通过选择方向、限制高度、设置不同布尔运算完成实体创建，如图 13-18 所示。

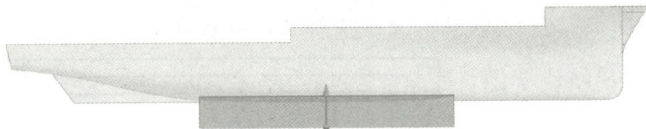

图 13-18　创建实体 2

（7）设置外观　单击"艺术外观任务" 命令，选择合适的颜色和材料，完成船身的结构设计，如图 13-19 所示。

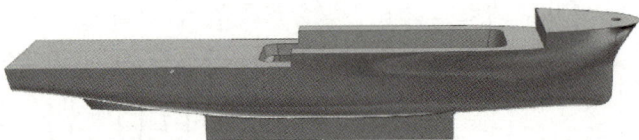

图 13-19　设置外观

2. 数控加工编程实例

东方红 3 号科考船外观具有复杂的空间曲面，各曲面间过渡光洁平滑、图案清晰可见，因此选用五轴联动加工中心进行加工。加工前，首先利用 ESPRIT 软件完成零件编程，接下来设计工装夹具，解决工件装夹问题，最后利用纽威 NW650F 五轴联动加工中心加工完成零件，零件毛坯材料为铝合金，如图 13-20 所示。

（1）难点分析

1）工件夹持。船模毛坯上下有"岛屿"，外观形状复杂且需要正反装夹，难以将工件直接固定在工作台上。为解决这一问题，设计如图 13-22 所示的夹具，该夹具采用两侧面的定位方案。

2）零件加工。船模外观较为复杂，因此选用 ESPRIT 软件对其进行自动编程，并解决程序的编制与后处理问题。加工时，刀具主轴要摆动一定角度，因此要避免刀具和工件发生干涉和

图 13-20　数控加工

过切。由于零件存在较多细小的加工部位，需选用球头立铣刀进行加工。

（2）船模编程及其加工参数的设定

1）零件正面加工。零件采用正反装夹，需要先对其进行第二次夹持位置加工，防止第二次装夹误差过大。为节省加工时间，采用"三轴开粗"方式和"动态铣削"策略对毛坯粗加工。由于曲面区域余量较大，开粗时分层深度较大，造成轮廓余量不均匀，所以需对曲面部分进行二次开粗，选用"等高粗加工"策略，设定每刀背吃刀量为 0.5mm，加工仿真效果如图 13-21 所示。

粗加工参数如下。

① 刀具：ϕ10mm 四刃立铣刀，刀长 47mm。

② 加工参数：转速 7000r/min，进给速度 15mm/min。

③ 加工策略：面加工，动态铣削，等高粗加工。

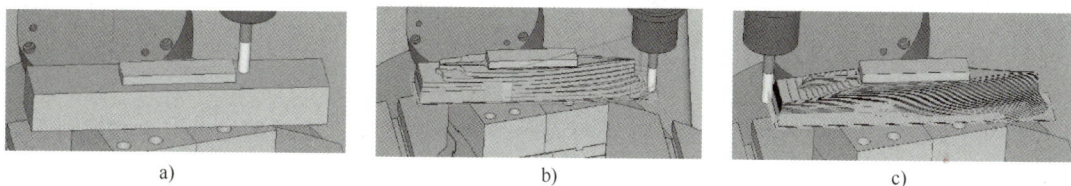

图 13-21　零件正面粗加工

a）面加工　b）动态铣削　c）等高粗加工

④ 粗加工总深度为 45mm，加工余量为 0.25mm。

⑤ 刀具逼近工件避让：安全平面之上 50mm。

精加工时，为保证曲面的表面粗糙度，选用球头立铣刀。为实现刀具到工作台的避让，采用固定角度刀轴方式，如图 13-22 所示。

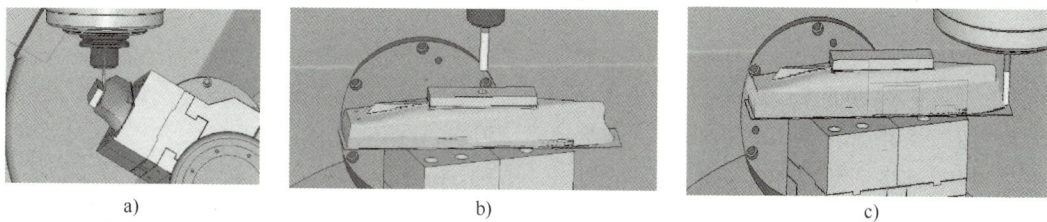

图 13-22　零件正面精加工

a）五轴复合加工　b）钻孔加工　c）等高精加工

精加工参数如下。

① 刀具：$R3$ 球头立铣刀，刀长 47mm。

② 加工参数：转速 12000r/min，进给速度 2500mm/min。

③ 加工策略：等高精加工，五轴复合加工，钻孔加工。

④ 步距为 0.1mm，加工余量为 0。

⑤ 刀具逼近工件避让：安全平面之上 50mm。

2）零件反面加工。采用"三轴开粗"方式和"等高粗加工"策略对毛坯进行粗加工，设定每刀背吃刀量为 0.5mm，加工仿真效果如图 13-23 所示。

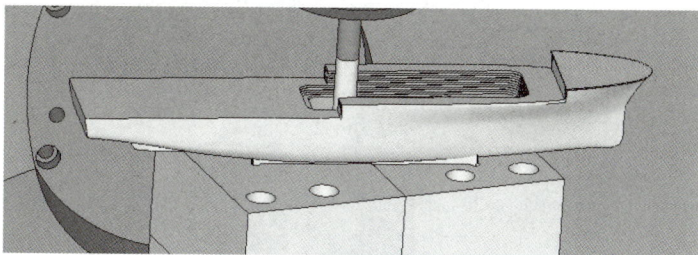

图 13-23　零件反面粗加工

粗加工参数如下。

① 刀具：ϕ10mm 四刃立铣刀，刀长 30mm。

② 加工参数：转速 8000r/min；进给速度 2500mm/min。

③ 加工策略：面加工，动态铣削，等高粗加工，钻孔加工。

④ 粗加工总深度为25mm，加工余量为0.1mm。

⑤ 刀具逼近工件避让：安全平面上50mm。

精加工时，选用平底铣刀。加工斜直纹面时，为保证质量，采用五轴侧刃方式进行，如图13-24所示。

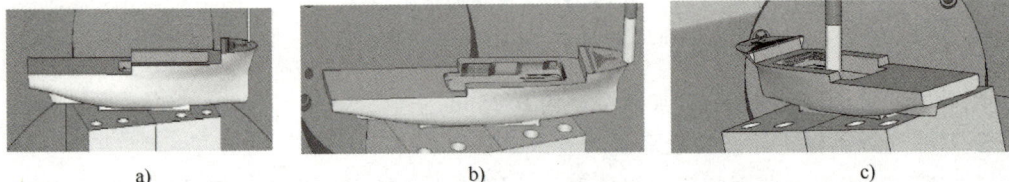

图 13-24　零件反面精加工

a）型腔加工　b）平坦面精加工　c）五轴Swarf加工

精加工参数如下。

① 刀具：ϕ10mm 四刃立铣刀，刀长30mm。

② 加工参数：转速12000r/min；进给速度2500mm/min。

③ 加工策略：型腔加工，平坦面精加工，五轴Swarf加工。

④ 步距为0.1mm，加工余量为0。

⑤ 刀具逼近工件避让：安全平面之上50mm。

3. 工业机器人编程实例

描轨工作站由两台KUKA教学机组成。通过描轨工作站学习，掌握KUKA机器人编程调试、PLC编程调试，如图13-25所示。

工作任务：操作示教器，实现机器人从工具支架上取出画笔、夹取画笔描轨、将画笔返回工具支架的任务。

图 13-25　描轨工作站

（1）工作站组成　描轨工作站主要由KUKA机器人和夹具模块组成。该工作站采用气缸夹取方式取放画笔，即气缸夹紧时夹取画笔，气缸松开时放下画笔；配套操作台上布有描轨路径；三支画笔由上至下依次摆放，置于工具支架上，如图 13-26 所示。

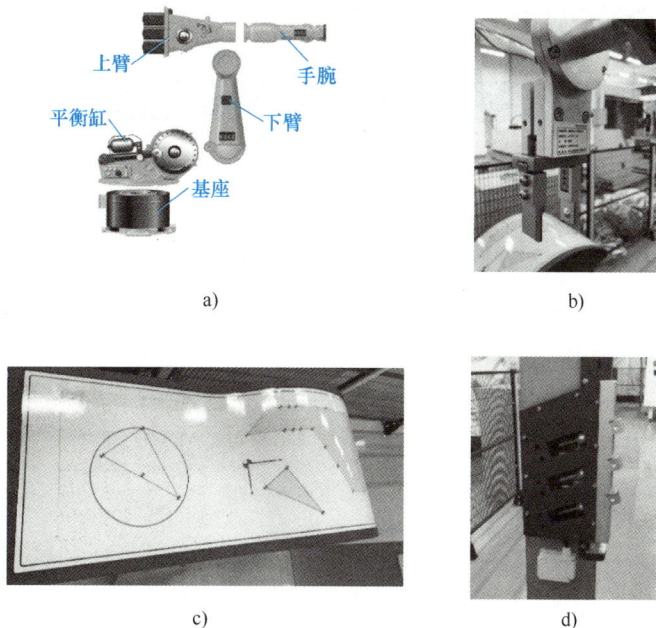

a)

b)

c)

d)

图 13-26　描轨工作站组成

a）KUKA 机器人　b）夹具模块　c）操作台　d）工具支架

（2）安全检查

1）检查电源和气源开关，保持设备在通电通气状态。

2）检查工具支架上是否放满三支画笔。

3）检查并确认机器人夹爪是否能夹取画笔。

4）检查并确认操作台上是否放置物品。

5）检查设备周边，确定无杂物和无关人员。

（3）编程流程　机器人等待动作信号，收到信号后拿取画笔 1→描画轨迹 1→归还画笔 1→拿取画笔 2→描画轨迹 2→归还画笔 2→拿取画笔 3→描画轨迹 3→归还画笔 3，完成一整套流程后，等待下一次的开始动作信号，如图 13-27 所示。

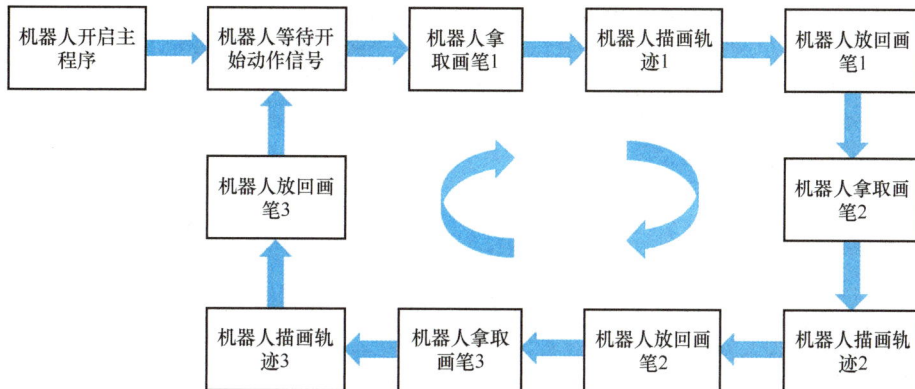

图 13-27　编程流程

（4）机器人程序设计与编写　首先，根据控制要求绘制机器人 IO 分配表和程序流程，然后编写主程序和子程序。编写子程序前，要事先设定好机器人运行轨迹及程序点。机器人 IO 分配情况见表 13-2。

表 13-2　机器人 IO 分配情况

信号	类型	备注
DI20	Digital Input	开始动作
DI28	Digital Input	画笔 1 在笔架上
DI29	Digital Input	画笔 2 在笔架上
DI30	Digital Input	画笔 3 在笔架上
DI31	Digital Input	夹爪打开状态
DI32	Digital Input	夹爪闭合状态
OUT27	Digital Output	关闭/打开夹爪

可供参考的主程序如下。

```
DEF main_ standard （ ）        //主程序名称
INI                           //程序开始标志
Loop                          //循环启动
PTP p_ home Vel＝30 ％ PDAT3 Tool ［1］：Tool1 Base ［0］    //原点待命
WAIT FOR $ IN ［28］ AND $ IN ［29］ AND $ IN ［30］        //等待画笔放满信号
WAIT FOR $ IN ［20］           //等待开始动作信号
pick_ pen1 （ ）               //调用拿取画笔 1 子程序
WAIT Time＝2 sec              //等待 2s
draw_ route1 （ ）             //调用描画轨迹 1 子程序
WAIT Time＝2 sec
return_ pen （ ）              //调用归还画笔子程序
WAIT Time＝2 sec
pick_ pen2 （ ）
WAIT Time＝2 sec
draw_ route2 （ ）
WAIT Time＝2 sec
return_ pen （ ）
WAIT Time＝2 sec
pick_ pen3 （ ）
WAIT Time＝2 sec
draw_ route3 （ ）
WAIT Time＝2 sec
return_ pen （ ）
WAIT Time＝2sec
endloop                       //进入下一次循环
END                           //程序结束标志
```

（5）机器人程序运行　通过 KCP 旋钮开关将运行方式切换至"T1"手动模式。调试模式转至"MSTEP"单步调试模式，即可开始手动调试机器人程序，如图 13-28 所示。

a)

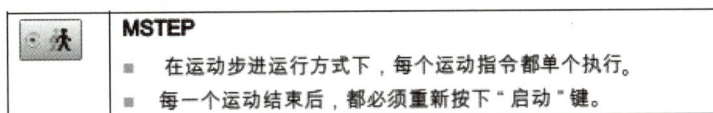

b)

图 13-28　调整运行模式

a)"T1"手动模式　b)"MSTEP"单步调试模式

选定要进行调试的程序，并进入调试界面。将机器人"使能"按钮按至中间状态并保持，按下"启动"键，程序指针指在所选程序的第一条语句。每条语句运行完成后，重新按下"启动"键，进行下一步骤的运动调试。单步调试顺利的前提下，可以将运行方式切换至"AUT"自动运行模式，切换至"GO"连续步骤调试，如图 13-29 所示。

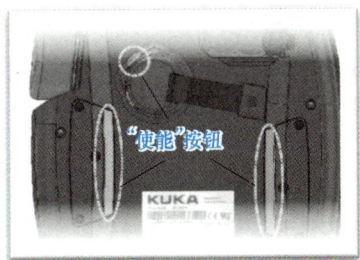

a)

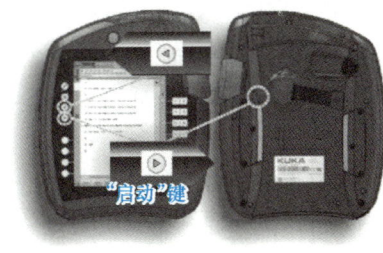

b)

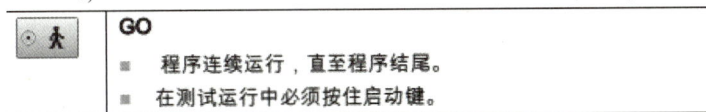

c)

图 13-29　连续运行

a)"使能"按钮　b)"启动"键　c)"GO"连续步骤

（6）PLC 程序编写　采用西门子 S7-1200 PLC 编写程序，首先需要知道 PLC 的 IO 变量分配。在描轨工作站中，PLC 会触发机器人主程序开始动作，接收光电传感器和控制面板按钮的输入信号、输出控制夹爪开闭信号，并将机器人所对应的信号通过 profinet 配置传递给 KUKA 机器人 I/O 端口，信号配置见表 13-3。

表 13-3　PLC 输入输出端口信号配置

序号	地址	变量名	功能说明
1	I0.0	手动/自动旋钮	手动/自动模式切换
2	I0.1	急停开关	急停

（续）

序号	地址	变量名	功能说明
3	I0.2	启动按钮	启动
4	I0.4	画笔1传感器	PLC判断画笔1是否在笔架上
5	I0.5	画笔2传感器	PLC判断画笔2是否在笔架上
6	I0.6	画笔3传感器	PLC判断画笔3是否在笔架上
7	I1.0	夹爪打开传感器	判断夹爪是否打开
8	I1.1	夹爪闭合传感器	判断夹爪是否闭合
9	I10.7	机器人闭合夹爪	机器人闭合夹爪
10	Q0.0	启动绿灯	启动按钮显示灯
11	Q0.2	闭合夹爪	PLC闭合夹爪
12	Q10.0	开始动作	机器人主程序开始信号
13	Q11.0	画笔1状态	机器人判断画笔1是否在笔架上
14	Q11.1	画笔2状态	机器人判断画笔2是否在笔架上
15	Q11.2	画笔3状态	机器人判断画笔3是否在笔架上
16	Q11.3	夹爪打开状态	机器人判断夹爪是否打开
17	Q11.4	夹爪闭合状态	机器人判断夹爪是否闭合

图 13-30 所示为控制面板按钮 PLC 程序。急停按钮未被按下且启动按钮在自动模式下，可以保持按钮绿灯常亮。另外，启动按钮还可触发机器人描轨主程序开始动作。

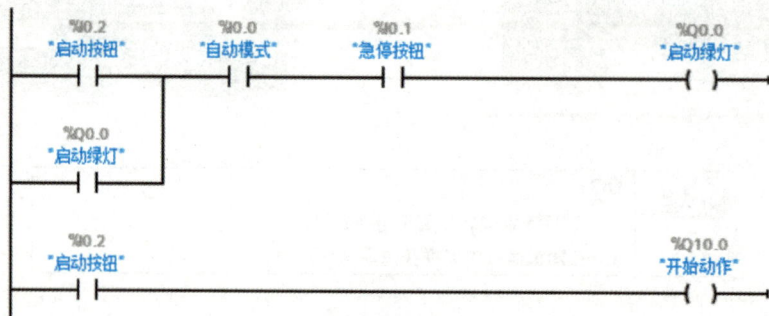

图 13-30　控制面板按钮 PLC 程序

图 13-31 所示为 PLC 与机器人信号对接程序。将传感器的信号传递给机器人输入端口，将夹爪闭合功能传递给机器人输出端口。

（7）任务运行

1）编译并下载该 PLC 程序至 PLC 设备。

2）示教机器人运动轨迹。

3）选定机器人描轨主程序 main_standard.src，选择 AUT 自动运行模式。

4）确定笔架上放满画笔，且机器人运行范围内没有人或其他障碍物。

5）将机器人运行速度调至默认运行速度的 30%。

6）按下面板上的"启动"按钮。

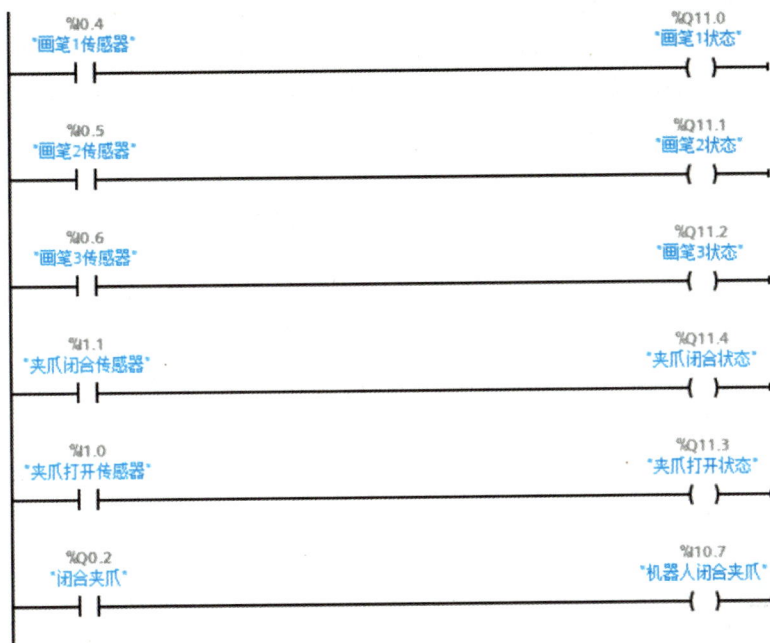

图 13-31　PLC 与机器人信号对接程序

7）多次运行并优化程序。

练习与思考

13-1　简述智能制造的本质。

13-2　简述智能制造的显著特征。

13-3　分析德国工业 4.0 参考架构模型与我国智能制造系统架构的差异。

13-4　简述智能制造工艺规划的组成部分。

13-5　简述智能实训平台的组成部分。

13-6　简述智能制造的基本构成要素。

13-7　简述产品三维设计的基本方法。

13-8　简述数控加工编程的基本策略。

13-9　创建产品的三维模型，并编制其数控加工程序。

13-10　简述工业机器人的编程思路。

13-11　结合实际工业机器人编写其运行程序。

拓展阅读

郑志明：推动中国智能制造走向世界

2022 年"大国工匠年度人物"发布仪式现场，揭晓了十位"大国工匠年度人物"，广西汽车集团有限公司首席技能专家郑志明身着蓝色工装阔步走上舞台。

1. 痴迷创新，填补行业空白

2017 年，车桥厂需要制造一条后桥壳自动化焊接生产线。该产线由气密性检测仪、液压调直机、加工机床、机器人工作站、环焊专机等多种复杂设备组成，要求新生产线自动化程度达到80%以上，比原生产线减少操作岗位40%以上。郑志明与团队多次评审、优化、讨论、验证，最终拿出自动化生产线的整体数模和方案，顺利完成这项艰巨的任务。该项目实施后可以基本实现全线自动化生产后桥总成，投产后，产量保持不变的情况下，整线每年可以节约人工成本30万元。目前该线是国内唯一一条自主研发的微型汽车后桥壳自动化焊接生产线，有效填补了国内自动化后桥壳焊接生产线空白。

2. "炼"成全能工匠，发挥榜样力量

1997年，郑志明从职高毕业，进入广西汽车集团有限公司成为一名钳工学徒。其间，他每天坚持早出晚归，在生产一线磨炼技能。日复一日的刻苦练习，他的技能已经炉火纯青。除此之外，他还挤出时间自学了UG三维建模技术、数控编程，并开始在机器人设计制造领域探索，成了自动化技术领域小有名气的"专家"。从"柳州工匠"到"广西工匠"，再到"大国工匠"，郑志明每一次获奖，对工友来说都是激励和鼓舞，郑志明的徒弟们更深感自豪。

郑志明喜欢毫无保留地把"独门秘籍"传授给徒弟们——先后带出高级技工、技师、高级技师、公司特聘专家等50余人。2014年，以郑志明名字命名的国家级技能大师工作室成立。他带领团队先后自主研制完成工艺装备900多项，参与设计制造自动化生产线10余条。

郑志明清楚地认识到：要打造一支知识型、技能型、创新型劳动者大军，"大国工匠"必须发挥好自身引领、示范和带动作用，培育出更多优秀技术人才。

心中有梦想，脚下有力量。从普通钳工到智能装备研发专家，郑志明在平凡的岗位上，和中国智造一同阔步前行。

参 考 文 献

［1］ 刘强. 智能制造概论 ［M］. 北京：机械工业出版社，2021.

［2］ 闫占辉. 工程训练教程 ［M］. 北京：机械工业出版社，2021.

［3］ 胡庆夕，张海光，何岚岚. 现代工程训练基础实践教程 ［M］. 北京：机械工业出版社，2021.

［4］ 李培根，高亮. 智能制造概论 ［M］. 北京：清华大学出版社，2021.

［5］ 陈海波，于兆勤. 工程通识训练 ［M］. 北京：机械工业出版社，2020.

［6］ 王广春，赵国群. 快速成型与快速模具制造技术及其应用 ［M］. 3 版. 北京：机械工业出版社，2013.

［7］ 赵越超，董世知，范培卿. 工程训练 ［M］. 北京：机械工业出版社，2020.

［8］ 朱华炳，田杰. 制造技术工程训练 ［M］. 2 版. 北京：机械工业出版社，2020.

［9］ 王铁成，张艳蕊，师占群. 工程训练简明教程 ［M］. 北京：机械工业出版社，2019.

［10］ 郭永环，姜银方. 工程训练 ［M］. 4 版. 北京：北京大学出版社，2017.

［11］ 国家制造强国建设战略咨询委员会，中国工程院战略咨询中心. 智能制造 ［M］. 北京：电子工业出版社，2016.

［12］ 曹凤国. 激光加工 ［M］. 北京：化学工业出版社，2015.